PRAXISHANDBUCH

Unternehmensgründung

in 50 Fragen und Antworten

2. Auflage

dbv

Autorin:

Margit Michlits

ist Steuerberaterin in Bruckneudorf und Wien, außerdem Mitglied in zahlreichen Ausschüssen der Kammer der Wirtschaftstreuhänder und Fachvortragende zu diversen steuerlichen Themen sowie zum Thema Unternehmensgründung an der Akademie der Wirtschaftstreuhänder.

Webseite: www.dein-steuerberater.at

Idee und Konzept von Alfred und Martin Grünstäudl

2. Auflage
Mai 2016

ISBN: 978-3-7041-0655-1 (Print)
978-3-7041-2057-1 (E-Book)
dbv-Verlag – Fachverlag für Steuer- und Wirtschaftsrecht
8010 Graz, Geidorfgürtel 24, Tel (0316) 38 30 33; Fax (0316) 38 30 43
1030 Wien, Faradaygasse 6, Tel (01) 796 35 62-24, Fax (01) 796 35 62-25
Internet: www.dbv.at, email: office@dbv.at

Aus Gründen der einfacheren Lesbarkeit wird auf die geschlechtsspezifische Differenzierung, wie zB Künstler/in, verzichtet. Entsprechende Begriffe gelten im Sinne der Gleichbehandlung grundsätzlich für beide Geschlechter.

Druck und Herstellung
dbv-Druck-, Beratungs- und Verlagsgesellschaft mbH, Graz

Vorwort

Österreich: Ein Land der Gründer?

Da Sie dieses Buch lesen, beabsichtigen Sie wahrscheinlich, ein Unternehmen in Österreich zu gründen. Damit sind Sie mittlerweile in bester Gesellschaft. Deutlich mehr als 400.000 Unternehmen gibt es hierzulande bereits, von denen mehr als die Hälfte Einzelkämpfer sind. Insgesamt wurden in Österreich in den letzten acht Jahren pro Jahr ca 30.000 Unternehmen neu gegründet – in den Jahren 1993 bis 1995 waren es im Vergleich dazu nicht einmal 15.000 pro Jahr.

Die Gründe für diese Entwicklung liegen auf der Hand: Es kam zu einem deutlichen Umdenken in der Bevölkerung. Die berufliche Selbstständigkeit wird zunehmend zu einer attraktiven Option in der eigenen Karriereplanung. Immer mehr berufstätige Menschen in Österreich wissen es zu schätzen, dass man durch die Selbstständigkeit freier in seinen Entscheidungen wird, sich die Zeit besser und flexibler einteilen kann und sein eigener Chef ist. Ist man mit seinem Unternehmen erfolgreich, steigt außerdem in der Regel auch das Einkommen. Viele Gründer sind hierzulande auch der Meinung, dass sich als Selbstständiger Familie und Beruf besser vereinbaren lassen – dies ist einer der Gründe, warum die Frauenquote unter den Gründern von Jahr zu Jahr ansteigt (aktuell liegt diese bei ca 40% in Österreich).

Einige Worte zum vorliegenden Buch...

Leider kommen auf den Gründer auch zahlreiche Herausforderungen zu. So ist zB die Selbstständigkeit mit einer großen Einkommensunsicherheit behaftet. Zudem erzielen die meisten Unternehmen in den ersten Monaten oder gar Jahren keine großartigen Einnahmenüberschüsse, mit denen sie den eigenen Lebensunterhalt und den ihrer Familien bestreiten könnten. Auch die Neukundengewinnung erweist sich in der Anfangszeit als problematischer als oft angenommen.

Außerdem sind viele formelle und bürokratische Hürden zu nehmen: Man denke nur an die Anmeldung beim Finanzamt, die Gewerbeanmeldung, die Errichtung des Gesellschaftsvertrages, den Mietvertragsabschluss sowie die laufende Buchhaltung und Lohnverrechnung.

Doch keine Angst: Mit dem vorliegenden Buch haben Sie eine praktische Hilfe zur Hand, mit der Sie sich sehr gut auf das „Abenteuer Selbstständigkeit" vorbereiten können.

Besonderen Wert habe ich deshalb in diesem Buch darauf gelegt, dass es einen ganzheitlichen Überblick über alle wichtigen Themen gibt, und dass nicht bloß einzelne Bereiche wie zB das Steuerrecht abgedeckt werden. Ich habe bemerkt, dass die meisten Bücher für Gründer einen großen Schwerpunkt auf bestimmte Themen legen. Oftmals werden vor allem das Steuer- und Gewerberecht sowie die Rechtsformen detailliert behandelt. Ebenso wichtige Bereiche wie Positionierung, Neukundengewinnung, Mietverträge und dergleichen werden hingegen überhaupt nicht angesprochen. Ich bin einen anderen Weg gegangen und wollte einen kurzen aber dennoch in die Tiefe gehenden Gesamtüberblick zur Unternehmensgründung in Österreich liefern – und zwar möglichst praxisorientiert.

Zu diesem Zweck habe ich die aus unserer Erfahrung 50 wichtigsten Fragen beantwortet, die sich Gründer im Vorfeld einer Unternehmensgründung immer wieder stellen bzw stellen sollten. Damit hebt sich das Buch in seinem Aufbau klar von anderen Büchern zum Thema Unternehmensgründung ab. Die einzelnen Themen werden nicht wie sonst üblich in einem fortlaufenden Fließtext Thema für Thema abgehandelt. Vielmehr wird eingangs jeweils eine wichtige Frage gestellt, welche dann von mir detailliert beantwortet wird.

Bei den Fragestellungen bin ich aber sehr wohl nach Struktur vorgegangen. Die einzelnen Fragen sind sieben Bereichen zugeordnet, und zwar den Bereichen Ablauf der Unternehmensgründung, Strategie & Kundengewinnung, Finanzierung & Finanzplanung, Rechnungswesen & Controlling, Steuern & Sozialversicherung, Gewerberecht & Rechtsformen sowie sonstige rechtliche Fragen.

Gewichtet habe ich die Fragen nach meiner Einschätzung ihrer jeweiligen Wichtigkeit – der objektiven Wichtigkeit der Frage an sich sowie der subjektiven Wichtigkeit für den Gründer. Somit ist das Kapitel zu den Steuer- und Sozialversicherungsfragen das längste geworden – einfach weil dem typischen Gründer hier die meisten Fragen unter den Nägeln brennen.

Abgerundet wird das Buch mit Tipps zu weiterführender Literatur, unter der sich auch viele Webseiten und kostenlose eBooks befinden.

Beim Schreiben des Buches habe ich stets die Sichtweise von Gründern eines Gewerbebetriebes eingenommen. Nicht eingehen konnte ich auf die spezifischen Probleme der Gründung in freien Berufen, da dies den Rahmen des Buches gesprengt hätte – man denke nur beispielsweise an die vielen Ausnahmen der freien Berufe im Sozialversicherungsrecht und an die unterschiedlichsten berufsrechtlichen Voraussetzungen zur Ausübung der Tätigkeiten.

Ich hoffe, dass ich Ihnen mit dem vorliegenden Buch bei Ihrem Aufbruch ins „Abenteuer Selbstständigkeit" helfen kann und wünsche Ihnen viel Erfolg dabei!

Margit Michlits
www.dein-steuerberater.at

Inhaltsverzeichnis

Seite

Vorwort 3

Kapitel 1 Fragen zum Ablauf der Unternehmensgründung

1.1 Wie läuft die Gründung eines Einzelunternehmens ab? 13
1.1.1 Besorgung der NeuFö-Blätter 13
1.1.2 Eintragung ins Firmenbuch 14
1.1.3 Antrag auf Betriebsanlagengenehmigung 14
1.1.4 Anmeldung des gewerberechtlichen Geschäftsführers bei der Gebietskrankenkasse 15
1.1.5 Anmeldung des Gewerbes 15
1.1.6 Anmeldung von Mitarbeitern bei der Gebietskrankenkasse 16
1.1.7 Meldung bei der Gemeinde und Beantragung einer Kommunalsteuernummer 17
1.1.8 Meldung beim Finanzamt und Beantragung einer Steuernummer 17
1.1.9 Meldung bei der Sozialversicherungsanstalt der gewerblichen Wirtschaft 17
1.2 Wie läuft die Gründung einer OG/KG ab? 18
1.2.1 Besorgung der NeuFö-Blätter 18
1.2.2 Abschluss eines Gesellschaftsvertrages 19
1.2.3 Eintragung ins Firmenbuch 19
1.2.4 Antrag auf Betriebsanlagengenehmigung 19
1.2.5 Anmeldung des gewerberechtlichen Geschäftsführers bei der Gebietskrankenkasse 19
1.2.6 Anmeldung des Gewerbes 20
1.2.7 Anmeldung von Mitarbeitern bei der Gebietskrankenkasse 21
1.2.8 Meldung bei der Gemeinde und Beantragung einer Kommunalsteuernummer 21
1.2.9 Meldung beim Finanzamt und Beantragung einer Steuernummer 21
1.2.10 Meldung bei der Sozialversicherungsanstalt der gewerblichen Wirtschaft 21
1.3 Wie läuft die Gründung einer GmbH ab? 22
1.3.1 Besorgung der NeuFö-Blätter 22
1.3.2 Eröffnung eines Bankkontos und Leistung der Einlagen 23
1.3.3 Abschluss eines Gesellschaftsvertrages und Bestellung der Organe 23
1.3.4 Eintragung ins Firmenbuch 24
1.3.5 Antrag auf Betriebsanlagengenehmigung 24

Seite

1.3.6 Anmeldung des gewerberechtlichen Geschäftsführers bei der Gebietskrankenkasse 25
1.3.7 Anmeldung des Gewerbes 25
1.3.8 Anmeldung von Mitarbeitern bei der Gebietskrankenkasse 25
1.3.9 Meldung bei der Gemeinde und Beantragung einer Kommunalsteuernummer 25
1.3.10 Meldung beim Finanzamt und Beantragung einer Steuernummer 25
1.3.11 Meldung des Gesellschaftergeschäftsführers bei der Sozialversicherungsanstalt der gewerblichen Wirtschaft 26

Kapitel 2 Fragen zu Strategie und Kundengewinnung

2.1 Warum scheitern so viele Gründungen? 27
2.1.1 Die Ursachen für das Scheitern 27
2.1.2 Das Erfolgsdreieck der Unternehmensgründung 28
2.2 Sollte ich mich von anderen abheben? 29
2.2.1 Die (zweifelhaften) Vorzüge des Kopierens 30
2.2.2 Wann Kopieren nicht funktioniert 30
2.2.3 Die Lösung: Angebot differenzieren und Nutzen bieten! 31
2.3 Brauche ich eine bahnbrechende Idee, um Erfolg haben zu können? 32
2.3.1 Das Geschäftskonzept ist wichtiger als die Idee! 33
2.3.2 Möglichkeiten zur Alleinstellung 34
2.4 Wie komme ich zu einer guten Geschäftsidee und wie bewerte ich diese objektiv? 36
2.4.1 Grundlegende Fragestellungen 37
2.4.2 Fragen zu bestehenden Problemen und Leistungen 38
2.4.3 Fragen zur Tragfähigkeit der Geschäftsidee 39
2.5 Wie positioniere ich mich am besten? 41
2.5.1 Findung der differenzierenden Idee 42
2.5.2 Geschäftskonzept entwickeln 42
2.5.3 Die Positionierung kommunizieren 43
2.5.4 Die Positionierung beweisen 43
2.6 Welche Voraussetzungen sollte jeder Gründer mitbringen? 44
2.6.1 Freude an der Arbeit 44
2.6.2 Durchhaltevermögen 45
2.6.3 Lernfähigkeit 46
2.6.4 Unternehmerisches Denken 46

Seite

2.6.5 Glaube an den Erfolg ... 46
2.6.6 Streben nach Nutzen für den Kunden ... 47
2.6.7 Kostenbewusstsein ... 47
2.6.8 Unterstützung aus dem Umfeld ... 47
2.7 Ist der Standort wichtig für den Erfolg meines Unternehmens? ... 47
2.7.1 Die Standortwahl in der Realität ... 48
2.7.2 Wichtige Kriterien zur Standortwahl ... 49
2.8 Welche Maßnahmen der Risikovorsorge sollte ich treffen? ... 50
2.8.1 Absicherung gegen existenzielle Risiken ... 50
2.8.2 Absicherung gegen vorübergehende Zahlungsschwierigkeiten ... 51
2.8.3 Absicherung gegen gesundheitliche Risiken ... 52
2.9 Ist es als Gründer schwer an Kunden zu kommen? ... 52
2.9.1 Der Grund für die Zurückhaltung der Konsumenten ... 53
2.9.2 Ihre Chancen als Gründer ... 53
2.10 Wie komme ich zu genügend Kunden? ... 53
2.10.1 Kundengewinnung und Positionierung ... 55
2.10.2 Auf die Kundenbindung nicht vergessen! ... 56

Kapitel 3 Fragen zu Finanzierung und Finanzplanung

3.1 Wie soll ich mein Unternehmen finanzieren? ... 58
3.1.1 Der Kapitalbedarf ... 58
3.1.2 Die Kapitalbeschaffung ... 59
3.1.3 Private Reserven ... 60
3.2 Was muss ich wissen, damit mich meine Bank nicht übervorteilt? ... 61
3.2.1 Tipps zum Businessplan ... 61
3.2.2 Tipps zur Kreditausschreibung bei nicht geförderten Krediten ... 62
3.2.3 Tipps zum Zinsindikator ... 63
3.2.4 Tipps zum Bankaufschlag ... 63
3.2.5 Tipps zur Auswahl des Kreditangebotes ... 63
3.2.6 Tipps zu geförderten Krediten ... 64
3.2.7 Weitere Finanzierungstipps ... 64
3.3 Welche Förderungen kann ich als Gründer nutzen? ... 65
3.3.1 Geförderte Beratung ... 65
3.3.2 Haftungsübernahmen und Zuschüsse ... 66

Seite

3.3.3 Eigenkapitalförderungen 66
3.3.3.1 AWS Förderungen 66
3.3.3.2 Lehrlingsförderungen durch die Wirtschaftskammern 69
3.3.4 Gebühren- und Abgabenbefreiungen 69
3.3.5 Wichtige Webseiten in punkto Förderungen für Gründer 70
3.4 Brauche ich einen Businessplan? 71
3.4.1 Die zwei Beweggründe zur Businessplanerstellung 71
3.4.2 Die Vorteile der (Selbst-)Erstellung von Businessplänen 72
3.5 Was gehört alles in den Businessplan? 73
3.5.1 Die Executive Summary 73
3.5.2 Der Textteil des Businessplans 74
3.5.3 Der Zahlenteil des Businessplans 75
3.6 Wie sind Umsatz, Kosten und Liquiditätsbedarf zu planen? 75
3.6.1 Umsatzplanung 76
3.6.2 Investitions- und Finanzierungsplanung 78
3.6.3 Aufwandsplanung 79
3.6.4 Erfolgs- und Liquiditätsplanung 82
3.6.5 Umsatz- und Rohertragsplanung in Handwerksbetrieben 84
3.7 Wie viel Umsatz muss ich mindestens erwirtschaften? 85
3.7.1 Der Break-Even-Point (Gewinnschwelle bzw Mindestumsatz) 86
3.7.2 Beispielhafte Berechnung des Break-Even-Points 87

Kapitel 4 Fragen zu Rechnungswesen und Controlling

4.1 Was sollte ich über die Buchhaltung wissen? 88
4.1.1 Buchhaltung und Gewinnermittlung 88
4.1.2 Aufzeichnungspflichten in der Buchhaltung 90
4.1.3 Die Organisation der Buchhaltung 92
4.1.4 Monatsauswertungen 94
4.2 Soll ich meine Buchhaltung selbst machen? 96
4.2.1 Buchhaltung selber machen oder auslagern? 96
4.2.2 Die Wahl des richtigen Dienstleisters 97
4.3 Wieso sinkt mein Kontostand, obwohl ich einen Gewinn ausweise? 97
4.3.1 Der Grund für dieses Phänomen 97
4.3.2 Grundwissen zum Cashflow 98
4.3.3 Die Ermittlung des Cashflows 98

Seite

4.3.4 Der Free Cashflow als Schlüsselkennzahl 99
4.4 Wie behalte ich den Überblick über Erfolg und Finanzen? 100
4.4.1 Einfache Controllingmaßnahmen 100
4.4.2 Analyse wichtiger Kennzahlen 101
4.4.3 Finanzplanung 103

Kapitel 5 Fragen zu Steuern und Sozialversicherung

5.1 Wie melde ich mich beim Finanzamt und bei der Sozialversicherung an? 104
5.1.1 Die Meldung beim Finanzamt 104
5.1.2 Die Meldung bei der Sozialversicherungsanstalt 106
5.2 Welche Abgabetermine, Erklärungstermine und Zahlungsfristen habe ich einzuhalten? 106
5.2.1 Fällige Abgaben 106
5.2.2 Details zu den Abgabenarten 108
5.2.3 Erklärungsfristen 110
5.3 Wie funktionieren Steuer- und Sozialversicherungsvorschreibungen? 111
5.3.1 Die Steuervorschreibung 112
5.3.2 Die Sozialversicherungsvorschreibung 113
5.4 Wie hoch ist meine Abgabenbelastung? 115
5.4.1 Vergleich der Abgabenbelastung zwischen Einzelunternehmen und GmbH 115
5.4.2 Kernaussagen aus den Berechnungen 117
5.5 Was lässt sich alles von der Steuer absetzen und was nicht? 118
5.5.1 Steuerliche Abzugsverbote 119
5.5.2 Besonderheiten zu einzelnen Betriebsausgaben 120
5.6 Wie hoch ist die Abgabenbelastung, die ich für meine Mitarbeiter zu tragen habe? 123
5.6.1 Die Beitragsermittlung bei voll versicherungspflichtigen Arbeitnehmern . 123
5.6.2 Die Abgabenbelastung bei Lehrlingen und geringfügig beschäftigten Dienstnehmern 126
5.7 Wie funktionieren Umsatzsteuer und Vorsteuerabzug? 127
5.7.1 Umsatzsteuer vs Vorsteuer 128
5.7.2 Zeitpunkt des Entstehens der Steuerschuld 129
5.7.3 Höhe der Umsatzsteuer 129
5.7.4 Steuerbefreite Umsätze 130

Seite

5.8 Wann bin ich vorsteuerabzugsberechtigt? 130
5.8.1 Grundwissen zur Vorsteuer 130
5.8.2 Voraussetzungen zum Vorsteuerabzug 132
5.9 Was ist bei Auslandsgeschäften im Zusammenhang mit der Umsatzsteuer zu beachten? 133
5.9.1 Geschäfte außerhalb der Europäischen Union 133
5.9.2 Geschäfte innerhalb der Europäischen Union 134
5.9.3 Der Leistungsort bei Dienstleistungen 135
5.10 Welche Konsequenzen sind im Falle einer Steuerhinterziehung zu befürchten? 136
5.10.1 Finanzordnungswidrigkeit 136
5.10.2 Abgabenverkürzung 136
5.10.3 Abgabenhinterziehung 137
5.10.4 Abgabenbetrug 137
5.11 Wie werden im Gewerblichen Sozialversicherungsgesetz (GSVG) die Beitragsvorauszahlungen ermittelt? 138
5.11.1 Die Beitragsermittlung im GSVG 138
5.11.2 Mindest- und Höchstbeitragsgrundlagen im GSVG 140
5.12 Was geschieht im Falle einer Mehrfachversicherung – zB zwischen ASVG und GSVG? 140
5.12.1 Mehrfachversicherung in der Kranken- und Pensionsversicherung 140
5.12.2 Mehrfachversicherung in der Unfallversicherung 141
5.12.3 Mehrfachversicherung in der Mitarbeiter- und Selbstständigenvorsorge . 141
5.13 Wie sehen die Leistungen in der GSVG-Krankenversicherung aus? 141
5.13.1 Auswirkungen von Sach- und Geldleistungsberechtigung 142
5.13.2 Anwendung von Sach- und Geldleistungsberechtigung 142
5.13.3 Wahlmöglichkeiten in der gewerblichen Krankenversicherung 143
5.14 Welche freiwilligen Versicherungen im GSVG gibt es? 143
5.14.1 Höherversicherung in der gesetzlichen Pensionsversicherung 143
5.14.2 Höherversicherung in der gesetzlichen Unfallversicherung 144
5.14.3 Freiwillige Arbeitslosenversicherung für Selbstständige 144
5.14.4 Krankenzusatzversicherung für Selbstständige 145

Seite

Kapitel 6 Fragen zum Gewerberecht und zu den Rechtsformen

6.1 Brauche ich eine Gewerbeberechtigung? ... 145
6.1.1 Tätigkeiten außerhalb der Gewerbeordnung ... 145
6.1.2 Gewerbsmäßige Ausübung der Tätigkeit ... 146
6.1.3 Arten von Gewerbeberechtigungen ... 146
6.2 Wie komme ich zu einer Gewerbeberechtigung? ... 148
6.2.1 Die Gewerbeanmeldung ... 148
6.2.2 Allgemeine Gewerbeantrittsvoraussetzungen ... 149
6.2.3 Besondere Gewerbeantrittsvoraussetzungen ... 150
6.3 Brauche ich einen gewerberechtlichen Geschäftsführer? ... 151
6.3.1 Verpflichtende Bestellung ... 151
6.3.2 Basiswissen zum gewerberechtlichen Geschäftsführer ... 152
6.4 Brauche ich eine Betriebsanlagengenehmigung? ... 152
6.4.1 Genehmigungspflichtige Betriebsanlagen ... 153
6.4.2 Antrag auf Betriebsanlagengenehmigung ... 154
6.5 Welche Rechtsformen gibt es? ... 155
6.5.1 Einteilung der Unternehmens- und Gesellschaftsformen ... 155
6.5.2 Übersicht über die wichtigsten österreichischen Rechtsformen ... 157
6.6 Wie wähle ich die passende Rechtsform aus? ... 160
6.6.1 Abgabenrechtliche Auswahlkriterien ... 160
6.6.2 Gesellschaftsrechtliche Auswahlkriterien ... 162
6.6.3 Betriebswirtschaftliche Auswahlkriterien ... 163

Kapitel 7 Fragen zu sonstigen rechtlichen Problemen

7.1 Wie nutze ich die Gebührenbefreiungen des NeuFöGs? ... 165
7.1.1 Die Befreiungen für Neugründer ... 165
7.1.2 Die Voraussetzungen zur Förderung ... 166
7.2 Wann muss ich mich ins Firmenbuch eintragen lassen und was bringt mir das? ... 167
7.2.1 Die Eintragungspflicht ... 167
7.2.2 Der Eintrag ins Firmenbuch ... 168
7.2.3 Der Firmenname ... 169
7.3 Worauf muss ich bei Abschluss eines Mietvertrages achten? ... 169
7.3.1 Mietvertrag und Mietrechtsgesetz (MRG) ... 170

Seite

7.3.2 Gebühren und Steuern bei Mietverträgen 170
7.3.3 Tipps zum Mietvertragsabschluss 171
7.4 Was ist bei der Anstellung von Mitarbeitern zu beachten? 172
7.4.1 Rechtliche Probleme im Bewerbungsgespräch 173
7.4.2 Dienstzettel und Dienstvertrag 173
7.4.3 Meldung von Arbeitsverhältnissen 175
7.4.4 Die Einstufung im Kollektivvertrag 176
7.4.5 Pflicht zur Führung von Arbeitszeitaufzeichnungen 177
7.5 Brauche ich Allgemeine Geschäftsbedingungen (AGB)? 177
7.5.1 Der Vertragsabschluss mit Allgemeinen Geschäftsbedingungen 178
7.5.2 Allgemeine Geschäftsbedingungen bei Vertragsabschlüssen im Internet . 178
7.6 Was muss rechtlich bei Werbung und Verkauf beachtet werden? 179
7.6.1 Die Geschäftsfähigkeit 179
7.6.2 Der Verbraucherschutz 180
7.6.3 Gewährleistung, Garantie und Produkthaftung 181
7.6.4 Der Vertragsrücktritt 182
7.6.5 Besonderheiten im Fernabsatz und im elektronischen Geschäftsverkehr . 183
7.6.6 Besonderheiten beim E-Mail-Versand 184

Anhang

Nützliche Weblinks 185
Kostenlose eBooks und Checklisten 185
Stichwortverzeichnis 187

Zusätzlich stehen Ihnen weitere Tipps und Tricks unter www.dbv.at/downloads/ im Menüpunkt „Ergänzungen zu dbv-Werken" zur Verfügung
Passwort: 0655

Kapitel 1

Fragen zum Ablauf der Unternehmensgründung

1.1 Wie läuft die Gründung eines Einzelunternehmens ab?

Inhaber eines Einzelunternehmens ist immer eine einzelne Person, die das ganze Risiko des Unternehmens trägt. Im Gegenzug führt diese Person das Unternehmen auch alleine und bekommt den ganzen Gewinn alleine zugeteilt.

Ein Einzelunternehmen entsteht prinzipiell bereits mit Aufnahme der Tätigkeit. Es bedarf hierzu keines speziellen Gründungsaktes oder Vertrages. Einige Erfordernisse sind trotzdem zu erfüllen, wie zB die Gewerbeanmeldung, die Genehmigung einer Betriebsanlage (falls vorhanden), die eventuell notwendige Bestellung eines gewerberechtlichen Geschäftsführers (falls keine Eigenberechtigung bzw Konzession vorliegt) und die Anmeldung etwaiger Mitarbeiter bei der Gebietskrankenkasse (jedenfalls vor Arbeitsbeginn der Mitarbeiter!).

Um einige Dinge müssen Sie sich sogar erst nach der Gründung kümmern, wie zB die Anmeldung beim Finanzamt und bei der Sozialversicherungsanstalt der gewerblichen Wirtschaft. Die Besorgung von NeuFö-Blättern zur Förderung der Neugründung von Betrieben und die Anmeldung zum Firmenbuch erfolgen hingegen freiwillig und sind nicht zwingend nötig.

Im Folgenden möchte ich in chronologischer Reihenfolge alle Schritte kurz beschreiben, die – ob verpflichtend oder freiwillig – im Rahmen der Gründung eines Einzelunternehmens auftreten.

1.1.1 Besorgung der NeuFö-Blätter

Zur Förderung der Neugründung von Betrieben im Rahmen des Neugründungsförderungsgesetzes (NeuFöG) werden bestimmte im Gesetz genannte Abgaben und Gebühren nicht erhoben. Voraussetzung für die Förderung ist, dass die Abgaben und Gebühren unmittelbar mit der Gründung im Zusammenhang stehen.

Im Rahmen des NeuFöGs kommt es zu folgenden **Gebühren- und Abgabenbefreiungen** für das Einzelunternehmen (gilt nur für Neugründungen, im Falle von Betriebsübernahmen gilt Abweichendes):

- Befreiung von Stempelgebühren und Bundesverwaltungsabgaben.
- Befreiung von Gerichtsgebühren für die eventuelle Eintragung ins Firmenbuch.
- Befreiung von diversen Lohnnebenkosten (Inanspruchnahme binnen der ersten 36 Monate der Selbstständigkeit, Förderdauer maximal 12 Monate): der Dienst-

geberbeitrag zum Familienlastenausgleichsfonds (DB), der Zuschlag zum Dienstgeberbeitrag (DZ), der Wohnbauförderungsbeitrag und der gesetzliche Unfallversicherungsbeitrag werden dabei erlassen.

Für die Inanspruchnahme der Förderung muss eine Erklärung über die Neugründung unterschrieben und bei den jeweiligen Behörden vorgelegt werden. Um zu diesen NeuFö-Blättern, und damit in den Genuss der Förderung, zu kommen, wenden Sie sich am besten an die Wirtschaftskammer und lassen sich dort die Erklärungen ausstellen. Ansprechpartner hierzu sind die jeweiligen Bezirksstellen, wo Sie auch vor Ort die Formulare erhalten.

Näheres zum Neugründungsförderungsgesetz (NeuFöG) erfahren Sie unter *Tz 7.1* zur Frage „Wie nutze ich die Gebührenbefreiungen des NeuFöGs?“.

1.1.2 Eintragung ins Firmenbuch

Die Firmenbucheintragung ist bei der Gründung eines Einzelunternehmens nicht verpflichtend. Unter Umständen können Sie sich allerdings dafür entscheiden, weil Sie zB einen Prokuristen bestellen möchten. Nur ins Firmenbuch eingetragene Unternehmen können nämlich überhaupt einen Prokuristen bestellen.

Näheres zur Firmenbucheintragung erfahren Sie unter *Tz 7.2* zur Frage „Wann muss ich mich ins Firmenbuch eintragen lassen und was bringt mir das?“.

1.1.3 Antrag auf Betriebsanlagengenehmigung

Sollten Sie ein Gewerbe mittels einer dazu notwendigen Betriebsanlage ausüben wollen, dann ist es notwendig, zuerst eine Genehmigung von der zuständigen Behörde (Bezirkshauptmannschaft oder Magistrat) einzuholen.

Notwendig ist das Einholen einer solchen Betriebsanlagengenehmigung immer dann, wenn diese wegen ihrer Betriebsweise, wegen ihrer Ausstattung oder sonst irgendwie dazu geeignet ist,

- das Leben oder die Gesundheit von Menschen, Eigentum oder sonstige Rechte von Nachbarn zu gefährden;
- die Nachbarn durch Geruch, Lärm, Rauch, Staub, Erschütterung oder in anderer Weise zu belästigen;
- und/oder eine nachteilige Wirkung auf die Beschaffenheit von Gewässern hat.

Für den Betrieb eines Büros (beispielsweise als Anwalt) ist daher keine solche Betriebsanlagengenehmigung notwendig – bei Betrieb einer Reparaturwerkstätte und einer Lackiererei jedoch sehr wohl.

Da falsche oder unvollständige Einreichunterlagen in der Praxis die Hauptgründe für Verzögerungen im Verfahren sind, sollten Sie sich unbedingt rechtzeitig mit der Wirtschaftskammer und der Genehmigungsbehörde Ihres Bundeslandes in Verbindung setzen.

Näheres zur Betriebsanlagengenehmigung erfahren Sie unter *Tz 6.4* zur Frage „Brauche ich eine Betriebsanlagengenehmigung?".

1.1.4 Anmeldung des gewerberechtlichen Geschäftsführers bei der Gebietskrankenkasse

Sollten Sie einen gewerberechtlichen Geschäftsführer beschäftigen, da Sie selbst nicht über die nötigen Voraussetzungen zur Gewerbeausübung verfügen, dann müssen Sie diesen noch vor der Gewerbeanmeldung bei der zuständigen Gebietskrankenkasse anmelden. Diese Anmeldung ist deshalb nötig, da bei der Gewerbeanmeldung verpflichtend eine Bestätigung der Gebietskrankenkasse über das aufrechte Beschäftigungsverhältnis vorgelegt werden muss. Der gewerberechtliche Geschäftsführer ist dann für die Einhaltung der gewerberechtlichen Vorschriften verantwortlich.

Näheres zum gewerberechtlichen Geschäftsführer erfahren Sie unter *Tz 6.3* zur Frage „Brauche ich einen gewerberechtlichen Geschäftsführer?".

1.1.5 Anmeldung des Gewerbes

Als Nächstes können Sie daran gehen, Ihr Gewerbe anzumelden. Die Anmeldung kann persönlich, schriftlich und mittlerweile in den meisten Bundesländern sogar elektronisch (bei freien Gewerben) erfolgen. Im elektronischen Wege erledigt dies bereits die Wirtschaftskammer für Sie (zB im Rahmen der NeuFö-Beratung). Diese nimmt die erforderlichen Daten auf und scannt die Dokumente ein. Anschließend übermittelt die Wirtschaftskammer die Daten an die Gewerbebehörde (Bezirkshauptmannschaft oder Magistrat).

Die Gewerbeanmeldung muss die genaue Bezeichnung des Gewerbes und den Standort enthalten. Weiters sind folgende **Urkunden** vorzulegen:

- Reisepass bzw Geburtsurkunde und Staatsbürgerschaftsnachweis;
- Heiratsurkunde, falls der aktuelle Name vom Geburtsnamen abweicht;
- Meldebestätigung;
- Aufenthaltserlaubnis bei Drittstaatsangehörigen (also Nicht-EU-Bürgern);
- Strafregisterbescheinigung (nicht älter als 3 Monate), falls Sie nicht in Österreich wohnhaft sind bzw seit weniger als fünf Jahren in Österreich wohnhaft sind;
- Erklärung über das Nichtvorliegen von Gewerbeausschlussgründen (diese wären zB bestimmte Finanzvergehen);
- falls vorhanden: Bestätigung nach dem Neugründungsförderungsgesetz (NeuFöG) über die Neugründung seitens der Wirtschaftskammer (WKO);
- falls vorhanden: urkundlicher Nachweis akademischer Grade;
- eventuell eine Vermögensschadenhaftpflichtversicherung (bei bestimmten Gewerben).

Bei reglementierten Gewerben müssen der Gewerbeanmeldung zusätzlich noch Belege über die Erfüllung des Befähigungsnachweises angeschlossen werden (zB Meisterprüfungszeugnis, Unternehmerprüfungszeugnis, Studienabschlusszeugnis etc); zumindest aber ein Bescheid über die Feststellung der individuellen Befähigung.

Setzen Sie einen **gewerberechtlichen Geschäftsführer** ein, so benötigen Sie obige Unterlagen auch für den gewerberechtlichen Geschäftsführer und zusätzlich noch

- eine Bestätigung der Gebietskrankenkasse über die Anmeldung des gewerberechtlichen Geschäftsführers als Arbeitnehmer für mindestens die Hälfte der gesetzlichen Normalarbeitszeit,
- Ihre Dienstgeberkontonummer,
- eine schriftliche Erteilung der Anordnungsbefugnis für den gewerberechtlichen Geschäftsführer
- und eine schriftliche Einverständniserklärung des gewerberechtlichen Geschäftsführers betreffend seine Bestellung und der Erteilung der Anordnungsbefugnis (Erklärung für gewerberechtliche Geschäftsführer gem § 39 Gewerbeordnung [GewO 1994]).

Näheres zur Gewerbeanmeldung erfahren Sie unter *Tz 6.2* zur Frage „Wie komme ich zu einer Gewerbeberechtigung?“. Näheres zu den Arten von Gewerben erfahren Sie unter *Tz 6.1* zur Frage „Brauche ich eine Gewerbeberechtigung?“.

1.1.6 Anmeldung von Mitarbeitern bei der Gebietskrankenkasse

Seit 1.1.2008 gelten verschärfte Meldebestimmungen von Arbeitnehmern. Dies betrifft sowohl echte Dienstnehmer, als auch freie Dienstnehmer, fallweise Beschäftigte und Lehrlinge. Die Anmeldung muss nun bereits **vor** Beschäftigungsbeginn an die Gebietskrankenkasse erstattet werden.

Die Anmeldung kann entweder in Form einer sogenannten Avisomeldung (Teilmeldung) und anschließenden Vollmeldung innerhalb von einer Woche oder sofort in Form einer Vollmeldung erstattet werden. Im Falle von fallweise Beschäftigten ist eine Avisomeldung für jeden einzelnen Arbeitstag durchzuführen. Die Vollmeldung ist dann jeweils bis zum 7. eines jeden Monats nachzureichen. Grundsätzlich sind diese Meldungen über ELDA (elektronisches Meldesystem der Gebietskrankenkassen) durchzuführen.

In Ausnahmefällen (Unzumutbarkeit oder Ausfall der Datenfernübertragungseinrichtung) kann die Meldung auch via Fax erfolgen. Faxvorlagen finden Sie auf den Internetseiten der Gebietskrankenkassen.

1.1.7 Meldung bei der Gemeinde und Beantragung einer Kommunalsteuernummer

Möchten Sie Mitarbeiter beschäftigen, dann sollten Sie sich auch bei der zuständigen Gemeinde melden. Diese Meldung unterliegt keinen Formvorschriften.

Die dann zu zahlende Kommunalsteuer beträgt 3% der Lohnsumme und ist auch für geringfügig Beschäftigte zu zahlen. Allerdings gelten hier Begünstigungen für Kleinbetriebe. Übersteigt demnach die gesamte Monatslohnsumme pro Monat eines Betriebes nicht € 1.460,--, so kann ein Freibetrag in Höhe von € 1.095,-- abgezogen werden. Wird die Freigrenze von € 1.460,-- überschritten, unterliegt der gesamte Betrag der Kommunalsteuer.

Näheres zur Abgabenbelastung erfahren Sie unter *Tz 5.6* zur Frage „Wie hoch ist die Abgabenbelastung, die ich für meine Mitarbeiter zu tragen habe?“.

1.1.8 Meldung beim Finanzamt und Beantragung einer Steuernummer

Beim Finanzamt müssen Sie sich innerhalb eines Monats ab Beginn Ihrer gewerblichen Tätigkeit melden. Für diese Meldung gibt es keinerlei Formvorschriften – Sie können das also sogar mündlich erledigen. Nach der Anmeldung bekommen Sie vom Finanzamt einen Fragebogen zugeschickt, den Sie ausgefüllt wieder zurücksenden müssen.

Näheres zur Meldung beim Finanzamt erfahren Sie unter *Tz 5.1* zur Frage „Wie melde ich mich beim Finanzamt und bei der Sozialversicherung an?“

1.1.9 Meldung bei der Sozialversicherungsanstalt der gewerblichen Wirtschaft

Nach der Gewerbeanmeldung bzw Beginn Ihrer beruflichen Tätigkeit müssen Sie sich wie oben beschrieben beim Finanzamt melden. Gleichzeitig sollten Sie auch eine Meldung an die Sozialversicherungsanstalt der gewerblichen Wirtschaft (SVA) vornehmen, die Ihnen anschließend einen entsprechenden Fragebogen zuschickt, welchen Sie ausgefüllt zurücksenden müssen (im Zweifel wenden Sie sich am besten an einen Steuerberater).

Falls Sie diese Meldung nicht von sich aus erledigen, schickt Ihnen die SVA diesen Fragebogen nach einiger Zeit zu, da Sie von der Gewerbeanmeldung seitens der Bezirkshauptmannschaft bzw des Magistrats informiert wird.

Näheres zur Meldung bei der Sozialversicherungsanstalt erfahren Sie unter *Tz 5.1* zur Frage „Wie melde ich mich beim Finanzamt und bei der Sozialversicherung an?“.

1.2 Wie läuft die Gründung einer OG/KG ab?

Zur Gründung einer OG (Offene Gesellschaft) bzw einer KG (Kommanditgesellschaft) sind zumindest zwei Gesellschafter nötig. Bei der **OG** haften alle Gesellschafter für die Schulden der Gesellschaft unmittelbar und auch mit ihrem Privatvermögen. Bei der **KG** trifft dies nur auf die sogenannten Komplementäre zu. Die sogenannten Kommanditisten bei der KG haften hingegen nur beschränkt in Höhe der Haftsumme, die im Firmenbuch eingetragen wurde.

Zur Gründung einer OG bzw einer KG ist ein Gesellschaftsvertrag abzuschließen. Allerdings besteht für diesen Gesellschaftsvertrag kein bestimmtes Formerfordernis (und damit auch keine Notariatsaktspflicht wie bei der GmbH). Es empfiehlt sich jedoch der schriftliche Abschluss. Ein weiterer Unterschied zur Gründung eines Einzelunternehmens ist, dass OG und KG verpflichtend ins Firmenbuch einzutragen sind. Zur Erlangung der erforderlichen Gewerbeberechtigung bedarf es außerdem der Bestellung eines gewerberechtlichen Geschäftsführers. Dieser gewerberechtliche Geschäftsführer muss entweder ein vollhaftender Gesellschafter (Komplementär) sein, oder aber ein Arbeitnehmer, der zumindest für die Hälfte der wöchentlichen Normalarbeitszeit angestellt ist (wenn kein vollhaftender Gesellschafter die Voraussetzungen mitbringt).

1.2.1 Besorgung der NeuFö-Blätter

Zur Förderung der Neugründung von Betrieben im Rahmen des Neugründungsförderungsgesetzes (NeuFöG) werden bestimmte im Gesetz genannte Abgaben und Gebühren nicht erhoben. Voraussetzung für die Förderung ist, dass die Abgaben und Gebühren unmittelbar mit der Gründung im Zusammenhang stehen.

Im Rahmen des NeuFöGs kommt es zu folgenden **Gebühren- und Abgabenbefreiungen** bei der OG/KG (gilt nur für Neugründungen, im Falle von Betriebsübernahmen gilt Abweichendes):

- Befreiung von Stempelgebühren und Bundesverwaltungsabgaben;
- Befreiung von Gerichtsgebühren für die Eintragung ins Firmenbuch;
- Befreiung von Gerichtsgebühren für die eventuelle Eintragung ins Grundbuch bei Einbringung von Grundstücken auf gesellschaftsvertraglicher Basis;
- Befreiung von der Grunderwerbsteuer für die Einbringung von Grundstücken auf gesellschaftsvertraglicher Basis;
- Befreiung von diversen Lohnnebenkosten (Inanspruchnahme binnen der ersten 36 Monate der Selbstständigkeit, Förderdauer maximal 12 Monate): Dienstgeberbeitrag zum Familienlastenausgleichsfonds (DB), Zuschlag zum Dienstgeberbeitrag (DZ), Wohnbauförderungsbeitrag und gesetzlicher Unfallversicherungsbeitrag.

Für die Inanspruchnahme der Förderung muss eine Erklärung über die Neugründung unterschrieben und bei den jeweiligen Behörden vorgelegt werden. Um zu diesen

NeuFö-Blättern, und damit in den Genuss der Förderung, zu kommen, wenden Sie sich am besten an die Wirtschaftskammer und lassen sich dort die Erklärungen nach einer Beratung ausstellen. Ansprechpartner hierzu sind die jeweiligen Bezirksstellen, wo Sie auch vor Ort die Formulare erhalten.

Näheres zum Neugründungsförderungsgesetz (NeuFöG) erfahren Sie unter *Tz 7.1* zur Frage „Wie nutze ich die Gebührenbefreiungen des NeuFöGs?“.

1.2.2 Abschluss eines Gesellschaftsvertrages

Die OG und KG werden durch Abschluss eines Gesellschaftsvertrages errichtet. Dieser Gesellschaftsvertrag unterliegt keinerlei Formerfordernissen, sondern kann sowohl schriftlich als auch mündlich abgeschlossen werden – wobei der schriftliche Abschluss unbedingt zu empfehlen ist. Bei der inhaltlichen Ausgestaltung des Gesellschaftsvertrages einer Personengesellschaft ist man weitgehend frei. Wichtige Inhalte sind jedoch unter anderem: Regelungen zur Geschäftsführung, zur Gewinn- und Verlustverteilung, zu den Konsequenzen bei Ableben bzw Ausscheiden eines Gesellschafters und zur Auflösung der Gesellschaft.

1.2.3 Eintragung ins Firmenbuch

Die Firmenbucheintragung ist bei der OG und der KG verpflichtend. Diese Gesellschaftsformen entstehen erst mit der Eintragung im Firmenbuch. Die Firmenbuchanmeldung erfolgt in der Regel durch einen Notar. Verfassen können den Antrag zur Eintragung allerdings auch die Gesellschafter selbst. Der Notar hat lediglich die Unterschriften unter dem Antrag zu beglaubigen.

Näheres zur Firmenbucheintragung erfahren Sie unter *Tz 7.2* zur Frage „Wann muss ich mich ins Firmenbuch eintragen lassen und was bringt mir das?“.

1.2.4 Antrag auf Betriebsanlagengenehmigung

Hinsichtlich des Antrags auf Betriebsanlagengenehmigung liegen dieselben Bestimmungen vor, wie bei Gründung eines Einzelunternehmens. Näheres dazu entnehmen Sie daher bitte *Tz 1.1.3*.

1.2.5 Anmeldung des gewerberechtlichen Geschäftsführers bei der Gebietskrankenkasse

Falls nicht schon ein Gesellschafter, der zur gesetzlichen Vertretung nach außen befugt ist, die gewerberechtlichen Voraussetzungen erfüllt, muss ein diesbezüglich befähigter, sozialversicherungspflichtiger Arbeitnehmer mit mindestens der Hälfte der wöchentlichen Normalarbeitszeit dafür beschäftigt werden. Dieser wird dann die Gesellschaft in gewerberechtlicher Hinsicht nach außen vertreten. Der gewerberechtliche Geschäftsführer muss noch vor der Gewerbeanmeldung bei der zuständigen Gebietskrankenkasse angemeldet werden. Diese Anmeldung ist deshalb nötig, da bei der Gewerbeanmeldung verpflichtend eine Bestätigung der Gebietskrankenkasse über das aufrechte Beschäftigungsverhältnis vorzulegen ist.

Näheres zum gewerberechtlichen Geschäftsführer erfahren Sie unter *Tz 6.3* zur Frage „Brauche ich einen gewerberechtlichen Geschäftsführer?".

1.2.6 Anmeldung des Gewerbes

Als nächstes können Sie daran gehen, Ihr Gewerbe bei der Gewerbebehörde anzumelden (das Gewerbe muss dabei immer auf die Gesellschaft und nicht auf die Gesellschafter lauten). Die Anmeldung kann persönlich, schriftlich und mittlerweile in den meisten Bundesländern sogar elektronisch (bei freien Gewerben) erfolgen. Im elektronischen Wege erledigt dies bereits die Wirtschaftskammer für Sie (zB im Rahmen der NeuFö-Beratung). Diese nimmt die erforderlichen Daten auf und scannt die Dokumente ein. Anschließend übermittelt die Wirtschaftskammer die Daten an die Gewerbebehörde (Bezirkshauptmannschaft oder Magistrat).

Die Gewerbeanmeldung muss die genaue Bezeichnung des Gewerbes und den Standort enthalten. Weiters sind folgende **Urkunden** vorzulegen (durch die maßgeblichen vollhaftenden Gesellschafter):

- Reisepass bzw Geburtsurkunde und Staatsbürgerschaftsnachweis;
- Heiratsurkunde, falls der aktuelle Name vom Geburtsnamen abweicht;
- Meldebestätigung;
- Aufenthaltserlaubnis bei Drittstaatsangehörigen (also Nicht-EU-Bürgern);
- Strafregisterbescheinigung (nicht älter als drei Monate), falls Sie nicht in Österreich wohnhaft sind bzw seit weniger als fünf Jahren in Österreich wohnhaft sind;
- Erklärung über das Nichtvorliegen von Gewerbeausschlussgründen (diese wären zB bestimmte Finanzvergehen);
- falls vorhanden: Bestätigung nach dem Neugründungsförderungsgesetz (NeuFöG) über die Neugründung seitens der Wirtschaftskammer (WKO);
- falls vorhanden: urkundlicher Nachweis akademischer Grade;
- Firmenbuchauszug (nicht älter als 6 Monate);
- eventuell eine Vermögensschadenhaftpflichtversicherung (bei bestimmten Gewerben).

Bei reglementierten Gewerben müssen der Gewerbeanmeldung zusätzlich noch Belege über die Erfüllung des Befähigungsnachweises angeschlossen werden (zB Meisterprüfungszeugnis, Unternehmerprüfungszeugnis, Studienabschlusszeugnis etc); zumindest aber ein Bescheid über die Feststellung der individuellen Befähigung.

Sollten Sie einen angestellten gewerberechtlichen Geschäftsführer einsetzen, dann benötigen Sie zusätzlich zu den genannten Unterlagen:

- eine Bestätigung der Gebietskrankenkasse über die Anmeldung als Arbeitnehmer für mindestens die Hälfte der gesetzlichen Normalarbeitszeit;

- die Dienstgeberkontonummer;
- eine schriftliche Erteilung der Anordnungsbefugnis für den gewerberechtlichen Geschäftsführer und
- eine schriftliche Einverständniserklärung des gewerberechtlichen Geschäftsführers betreffend seine Bestellung und der Erteilung der Anordnungsbefugnis.

Näheres zur Gewerbeanmeldung erfahren Sie unter *Tz 6.2* zur Frage „Wie komme ich zu einer Gewerbeberechtigung?“. Näheres zu den Arten von Gewerben erfahren Sie unter *Tz 6.1* zur Frage „Brauche ich eine Gewerbeberechtigung?“.

1.2.7 Anmeldung von Mitarbeitern bei der Gebietskrankenkasse

Hinsichtlich der Anmeldung von Mitarbeitern bei der Gebietskrankenkasse liegen dieselben Bestimmungen vor, wie bei Gründung eines Einzelunternehmens. Näheres dazu entnehmen Sie daher bitte *Tz 1.1.6*.

1.2.8 Meldung bei der Gemeinde und Beantragung einer Kommunalsteuernummer

Hinsichtlich der Meldung bei der Gemeinde und Beantragung einer Kommunalsteuernummer liegen dieselben Bestimmungen vor, wie bei Gründung eines Einzelunternehmens. Näheres dazu entnehmen Sie daher bitte *Tz 1.1.7*.

1.2.9 Meldung beim Finanzamt und Beantragung einer Steuernummer

Beim Finanzamt müssen Sie sich innerhalb eines Monats ab Beginn Ihrer gewerblichen Tätigkeit melden. Für diese Meldung gibt es keinerlei Formvorschriften – Sie können das also sogar mündlich erledigen. Nach der Anmeldung erhalten Sie vom Finanzamt einen Fragebogen zugeschickt, den Sie ausgefüllt wieder zurücksenden müssen. Hiermit beantragen Sie gleichzeitig auch eine Steuernummer beim Finanzamt für die OG/KG und die Gesellschafter (falls für diese noch keine Steuernummer vorliegt).

Näheres zur Meldung beim Finanzamt erfahren Sie unter *Tz 5.1* zur Frage „Wie melde ich mich beim Finanzamt und bei der Sozialversicherung an?“

1.2.10 Meldung bei der Sozialversicherungsanstalt der gewerblichen Wirtschaft

Nach der Gewerbeanmeldung bzw dem Beginn Ihrer beruflichen Tätigkeit müssen Sie sich wie oben beschrieben beim Finanzamt melden. Gleichzeitig sollten Sie als Gesellschafter auch eine Meldung an die Sozialversicherungsanstalt (SVA) vornehmen, die Ihnen anschließend einen entsprechenden Fragebogen zuschickt, welchen Sie ausgefüllt zurücksenden müssen (im Zweifel wenden Sie sich am besten an einen

Steuerberater). Alle voll haftenden Gesellschafter einer OG oder KG (die Mitglied der Wirtschaftskammer ist) sind nämlich GSVG-pflichtversichert.

Falls Sie die Meldung nicht von sich aus machen, schickt Ihnen die SVA diesen Fragebogen nach einiger Zeit zu, da Sie von der Gewerbeanmeldung seitens der Bezirkshauptmannschaft bzw des Magistrats informiert wird.

Näheres zur Meldung bei der Sozialversicherungsanstalt erfahren Sie unter *Tz 5.1* zur Frage „Wie melde ich mich beim Finanzamt und bei der Sozialversicherung an?".

1.3 Wie läuft die Gründung einer GmbH ab?

Die GmbH (Gesellschaft mit beschränkter Haftung) kann auch durch nur eine Person gegründet werden. Das Besondere an der GmbH (im Gegensatz zur OG und zur KG) ist, dass sämtliche Gesellschafter nur beschränkt mit ihrer Stammeinlage haften. Das Mindeststammkapital beträgt dabei grundsätzlich € 35.000,-- und ist zumindest zur Hälfte bar einzuzahlen (zumindest dann, wenn eine Gründungsprüfung vermieden werden soll, die bei einer Sachgründung notwendig wäre). Für alle noch nicht eingezahlten Stammeinlagen haftet jeder Gesellschafter solidarisch.

Für GmbHs, die ab dem 1.3.2014 neu gegründet werden, kann das sogenannte Gründungsprivileg in Anspruch genommen werden: Hier muss das Stammkapital vorerst nur € 10.000,-- betragen und davon müssen mindestens € 5.000,-- in bar eingezahlt werden. Sacheinlagen sind hier ausgeschlossen.

Spätestens 10 Jahre nach Eintragung der GmbH im Firmenbuch endet dieses Privileg. Bis dahin muss das Stammkapital auf die üblichen € 10.000,-- aufgestockt werden.

Wichtig dabei ist, dass die Nutzung der Gründungsprivilegierung sowohl im Gesellschaftsvertrag als auch im Firmenbucheintrag aufgenommen wird und dabei auf das reduzierte Stammkapital hingewiesen wird.

Zur Gründung einer GmbH ist verpflichtend ein Gesellschaftsvertrag abzuschließen. Dieser unterliegt jedoch im Unterschied zur OG/KG bestimmten Mindestvoraussetzungen und Formvorschriften. So ist der Gesellschaftsvertrag der GmbH mittels Notariatsakt abzuschließen. Auch im Rahmen der Firmenbucheintragung ergeben sich einige Besonderheiten bei der GmbH.

1.3.1 Besorgung der NeuFö-Blätter

Zur Förderung der Neugründung von Betrieben im Rahmen des Neugründungsförderungsgesetzes (NeuFöG) werden bestimmte im Gesetz genannte Abgaben und Gebühren nicht erhoben. Voraussetzung für die Förderung ist, dass die Abgaben und Gebühren unmittelbar mit der Gründung im Zusammenhang stehen.

Im Rahmen des NeuFöGs kommt es zu folgenden **Gebühren- und Abgabenbefreiungen** bei der GmbH (gilt nur für Neugründungen, im Falle von Betriebsübernahmen gilt Abweichendes):

- Befreiung von Stempelgebühren und Bundesverwaltungsabgaben.
- Befreiung von Gerichtsgebühren für die Eintragung ins Firmenbuch.
- Befreiung von Gerichtsgebühren für die eventuelle Eintragung ins Grundbuch bei Einbringung von Grundstücken auf gesellschaftsvertraglicher Basis.
- Befreiung von der Grunderwerbsteuer für die Einbringung von Grundstücken auf gesellschaftsvertraglicher Basis.
- Befreiung von diversen Lohnnebenkosten (Inanspruchnahme binnen der ersten 36 Monate der Selbstständigkeit, Förderdauer maximal 12 Monate): Dienstgeberbeitrag zum Familienlastenausgleichsfonds (DB), Zuschlag zum Dienstgeberbeitrag (DZ), Wohnbauförderungsbeitrag und gesetzlicher Unfallversicherungsbeitrag.

Für die Inanspruchnahme der Förderung muss eine Erklärung über die Neugründung unterschrieben und bei den jeweiligen Behörden vorgelegt werden. Um zu diesen NeuFö-Blättern (und damit in den Genuss der Förderung) zu kommen, wenden Sie sich am besten an die Wirtschaftskammer und lassen sich dort die Erklärungen nach entsprechender Beratung ausstellen. Ansprechpartner hierzu sind vor allem die jeweiligen Bezirksstellen, wo Sie auch vor Ort die Formulare erhalten.

Näheres zum Neugründungsförderungsgesetz (NeuFöG) erfahren Sie unter *Tz 7.1* zur Frage „Wie nutze ich die Gebührenbefreiungen des NeuFöGs?“.

1.3.2 Eröffnung eines Bankkontos und Leistung der Einlagen

Die Geschäftsführung hat ein Bankkonto bei einem inländischen Kreditinstitut zu eröffnen, auf das die Mindeststammeinlage einzuzahlen ist. Weiters ist eine Bankbestätigung über die Einzahlung der bei der Gründung bar zu leistenden Stammeinlage einzuholen und dem Notar vorzulegen. Diese Bestätigung benötigen Sie für die Firmenbucheintragung.

1.3.3 Abschluss eines Gesellschaftsvertrages und Bestellung der Organe

Die GmbH wird durch Abschluss eines Gesellschaftsvertrages errichtet. Dieser Gesellschaftsvertrag unterliegt jedoch Formerfordernissen und muss verpflichtend in Form eines Notariatsaktes abgeschlossen werden. Der Notariatsakt ist eine vom Notar für die Parteien erstellte schriftliche Urkunde über ein Rechtsgeschäft, die durch die Mitwirkung des Notars mit der Kraft einer öffentlichen Urkunde ausgestattet wird.

Bei der inhaltlichen Ausgestaltung des Gesellschaftsvertrages einer GmbH sind die Gesellschafter weniger frei als Gesellschafter einer Personengesellschaft (OG/KG). Wichtige Inhalte sind ua Firma und Sitz der Gesellschaft, Unternehmensgegenstand,

Höhe des Stammkapitals und Höhe der Stammeinlagen im Einzelnen. Zumeist werden im Gesellschaftsvertrag auch gleich die Geschäftsführer der GmbH bestellt. Diese können jedoch auch mittels Beschluss der Gesellschafter ernannt werden und müssen nicht unbedingt Gesellschafter der GmbH sein.

TIPP

Geschäftsführervertrag abschließen!

Zusätzlich wäre aus zivil-, steuer- und sozialversicherungsrechtlicher Sicht auch der Abschluss eines Geschäftsführervertrages empfehlenswert. Der Geschäftsführervertrag unterliegt keinen Formerfordernissen und muss daher auch nicht in Notariatsaktsform erstellt bzw auch nicht von einem Notar beglaubigt werden. Am besten sprechen Sie darüber einmal mit Ihrem (künftigen) Steuerberater.

Zusätzlich zum Abschluss eines Gesellschaftsvertrages in Notariatsaktsform müssen Sie auch Musterzeichnungserklärungen sämtlicher Geschäftsführer von einem Notar beglaubigen lassen (diese benötigen Sie im Rahmen der Firmenbucheintragung).

1.3.4 Eintragung ins Firmenbuch

Die GmbH entsteht rechtlich erst mit der Eintragung im Firmenbuch. Sämtliche Geschäftsführer (und nicht die Gesellschafter wie bei der OG/KG) haben die Gesellschaft zur Eintragung ins Firmenbuch anzumelden, wobei die Unterschriften auf der Firmenbucheingabe von einem Notar beglaubigt sein müssen.

Für die Firmenbucheintragung sind folgende **Unterlagen** notwendig:

- Liste der Gesellschafter;
- Liste der Geschäftsführer;
- Gesellschaftsvertrag in notarieller Ausfertigung;
- Nachweis der Bestellung der Geschäftsführer (wenn außerhalb des Gesellschaftsvertrages bestellt);
- beglaubigte Musterzeichnungserklärungen sämtlicher Geschäftsführer;
- Bankbestätigung über die Einzahlung des Stammkapitals;
- Erklärung der Geschäftsführer, dass sich die Einlagen in deren freien Verfügung befinden;
- NeuFö-Blatt.

Näheres zur Firmenbucheintragung erfahren Sie unter *Tz 7.2* zur Frage „Wann muss ich mich ins Firmenbuch eintragen lassen und was bringt mir das?“.

1.3.5 Antrag auf Betriebsanlagengenehmigung

Hinsichtlich des Antrags auf Betriebsanlagengenehmigung liegen dieselben Bestimmungen vor, wie bei Gründung eines Einzelunternehmens: Näheres dazu entnehmen Sie bitte der *Tz 1.1.3.*

1.3.6 Anmeldung des gewerberechtlichen Geschäftsführers bei der Gebietskrankenkasse

Wenn der im Firmenbuch eingetragene Geschäftsführer nicht die gewerberechtlichen Voraussetzungen erfüllt, ist ein Dienstnehmer bei der Gebietskrankenkasse anzumelden, der die Gesellschaft in gewerberechtlicher Hinsicht nach außen vertritt. Diese Anmeldung ist deshalb nötig, da bei der Gewerbeanmeldung verpflichtend eine Bestätigung der Gebietskrankenkasse über das aufrechte Beschäftigungsverhältnis vorgelegt werden muss.

Näheres zum gewerberechtlichen Geschäftsführer erfahren Sie unter *Tz 6.3* zur Frage „Brauche ich einen gewerberechtlichen Geschäftsführer?“.

1.3.7 Anmeldung des Gewerbes

Hinsichtlich der Anmeldung des Gewerbes liegen dieselben Bestimmungen vor, wie bei Gründung einer Personengesellschaft. Der einzige Unterschied besteht darin, dass die Urkunden nicht durch die Gesellschafter (wie bei OG und KG), sondern durch die Geschäftsführer vorzulegen sind. Näheres dazu entnehmen Sie bitte der *Tz 1.2.6.*

1.3.8 Anmeldung von Mitarbeitern bei der Gebietskrankenkasse

Hinsichtlich der Anmeldung von Mitarbeitern bei der Gebietskrankenkasse liegen dieselben Bestimmungen vor, wie bei Gründung eines Einzelunternehmens. Näheres dazu entnehmen Sie daher bitte der *Tz 1.1.6.*

1.3.9 Meldung bei der Gemeinde und Beantragung einer Kommunalsteuernummer

Hinsichtlich der Meldung bei der Gemeinde und Beantragung einer Kommunalsteuernummer liegen dieselben Bestimmungen vor, wie bei Gründung eines Einzelunternehmens. Näheres dazu entnehmen Sie daher bitte der *Tz 1.1.7.*

1.3.10 Meldung beim Finanzamt und Beantragung einer Steuernummer

Beim Finanzamt müssen Sie die GmbH innerhalb eines Monats ab Beginn ihrer gewerblichen Tätigkeit melden. Für diese Meldung gibt es keinerlei Formvorschriften – Sie können das also sogar mündlich erledigen. Nach der Anmeldung bekommen Sie vom Finanzamt einen Fragebogen zugeschickt, den Sie ausgefüllt samt Unterschriftsprobenblatt wieder zurücksenden müssen. Gleichzeitig hiermit beantragen Sie auch eine Steuernummer für die GmbH selbst. Bitte vergessen Sie auch nicht auf die Meldung beim Finanzamt als wesentlich beteiligter Gesellschafter-Geschäftsführer.

Näheres zur Meldung beim Finanzamt erfahren Sie unter *Tz 5.1* zur Frage „Wie melde ich mich beim Finanzamt und bei der Sozialversicherung an?“

1.3.11 Meldung des Gesellschaftergeschäftsführers bei der Sozialversicherungsanstalt der gewerblichen Wirtschaft

Nach der Gewerbeanmeldung bzw Beginn Ihrer beruflichen Tätigkeit müssen Sie sich wie oben beschrieben beim Finanzamt melden. Gleichzeitig sollten Sie als wesentlich beteiligter Gesellschafter-Geschäftsführer auch eine Meldung an die Sozialversicherungsanstalt (SVA) vornehmen, die Ihnen anschließend einen entsprechenden Fragebogen zuschickt, welchen Sie ausgefüllt zurücksenden müssen (im Zweifel wenden Sie sich am besten an einen Steuerberater). Zu beachten ist hierbei, dass die bloße Gesellschafterstellung bei der GmbH noch zu keiner Sozialversicherungspflicht führt.

Wenn ein Gesellschafter jedoch gleichzeitig als Geschäftsführer der GmbH tätig ist, dann sind grundsätzlich zwei Fälle zu unterscheiden:

a) bei einer Beteiligung bis 25% besteht ASVG-Versicherungspflicht;

b) bei einer Beteiligung von mehr als 25% besteht grundsätzlich GSVG-Versicherungspflicht (in diesem Fall müssen Sie sich bei der SVA melden).

Näheres zur Meldung bei der Sozialversicherungsanstalt erfahren Sie unter *Tz 5.1* zur Frage „Wie melde ich mich beim Finanzamt und bei der Sozialversicherung an?“.

Kapitel 2
Fragen zu Strategie und Kundengewinnung

2.1 Warum scheitern so viele Gründungen?

Die Statistik Austria hat zur Überlebensrate von neu gegründeten Unternehmen eine interessante Studie zur Verfügung gestellt. Darin ist ersichtlich, dass nach einem Jahr bereits ca 10% der Selbstständigen ihr Unternehmen – ob freiwillig oder unfreiwillig – wieder aufgeben. Nach zwei Jahren sind es knapp 20%, die das Handtuch werfen und nach drei Jahren knapp 30%. Vier Jahre nach Gründung sind nur noch etwa zwei Drittel der Unternehmen aktiv.

In Deutschland stellt sich die Lage ähnlich dar. Interessanterweise ist die Lage in unserem wirtschaftlich wichtigsten Nachbarland sogar noch schlimmer. Glaubt man manchen Statistiken, so scheitern in Deutschland sogar ca 50% aller Unternehmen innerhalb der ersten fünf Jahre nach der Gründung.

2.1.1 Die Ursachen für das Scheitern

Schaut man einmal genauer hin, dann erkennt man leicht, dass vor allem **drei Gründe** für das Scheitern der eigenen Selbstständigkeit verantwortlich sind, nämlich mangelnde persönliche Voraussetzungen des Gründers für die Herausforderungen der Selbstständigkeit, ein mangelhaftes bzw nicht vorhandenes Gründungskonzept und eine schlechte Finanzierung des Unternehmens. Zusammengefasst kann man sagen, dass viele Gründer das Problem haben, sich nicht gründlich genug auf die Selbstständigkeit vorzubereiten.

Doch gerade die Gründungsvorbereitung ist die zentrale Phase, um später erfolgreich selbstständig sein zu können. Es ist ganz einfach leichter, eine Geschäftsidee im Vorhinein auf Markttauglichkeit, Kundennutzen etc zu überprüfen, sich Gedanken über die richtigen Lieferanten zu machen, ein Team sich ergänzender Personen zusammenzustellen und die laufende Finanzierung des Geschäftsbetriebes zu planen, als diese Aufgaben während des „laufenden Motors" eines bereits bestehenden Unternehmens durchzuführen.

Nicht selten sieht nämlich in vielen Unternehmen die Realität nach einigen Monaten bzw Jahren so aus, dass sich der Unternehmer aufgrund von Verpflichtungen des Tagesgeschäfts nicht mehr wirklich für wichtige strategische Entscheidungen freispielen kann. Es sind nun mal (vielleicht auch nur scheinbar) wichtige Termine einzuhalten, und wenn doch einmal Zeit bleibt, hat man oft anderes zu tun, als eine Strategie auszuklügeln. Der durchschnittliche Unternehmer arbeitet also vor allem im Unternehmen und vergisst dabei auch am Unternehmen zu arbeiten – ein grober Fehler!

Versäumen Sie es daher nicht, sich vor der Gründung eingehend zu überlegen, wo Sie mit Ihrem Unternehmen hin wollen, bevor Sie der stressige Unternehmensalltag einholt. Gerade vor der Gründung des Unternehmens haben Sie in der Regel genug Zeit, um an Ihrem Unternehmenskonzept zu arbeiten. Es sind in dieser Phase noch keine Kundentermine einzuhalten und es gibt auch noch keine Mitarbeiter, die Sie um Ihren Rat bitten.

Die Praxis zeigt leider dennoch, dass in der Zeit vor der Gründung viel zu häufig enorme Versäumnisse auftreten. Gerade Klein- und Kleinstgründungen, allen voran Ein-Personen-Unternehmer, legen wenig Wert auf eine gründliche Vorbereitung der Selbstständigkeit. Aufgrund der geringen Größe und Komplexität des Unternehmens wird einer guten Vorbereitung meist kein allzu großer Wert zugesprochen. Leider kommt die Einsicht zu spät, wenn die Kunden ausbleiben und das Bankkonto immer weiter ins Minus rutscht.

Auch Kleinstunternehmer sollten daher einer sorgfältigen Gründungsvorbereitung einen hohen Wert und genügend Zeit beimessen!

2.1.2 Das Erfolgsdreieck der Unternehmensgründung

Wie ich bereits angedeutet habe, entstehen erfolgreiche Unternehmen vor allem aus der Verbindung dreier Elemente – man könnte auch von einem Erfolgsdreieck der Unternehmensgründung sprechen:

- **Die persönlichen Voraussetzungen als Unternehmer:** Manche Investoren betonen, dass sie vor allem in das Management und nicht in Ideen investieren. Eine schlechte Idee gut umgesetzt habe bessere Erfolgsaussichten als eine gute Idee schlecht umgesetzt. Dies verdeutlicht die Wichtigkeit der passenden persönlichen Voraussetzungen für eine erfolgreiche Selbstständigkeit.

  Prüfen Sie daher Ihre persönlichen Voraussetzungen genau und vor allem objektiv! Seien Sie ehrlich zu sich selbst! Einerseits erkennen Sie dadurch, ob Sie zum Unternehmer taugen oder ob Sie besser die Finger von der Selbstständigkeit lassen. Andererseits erfahren Sie so, in welchen Bereichen Sie sich noch verbessern müssen. Doch keine Angst: Es ist nicht nötig, dass Sie alle positiven Eigenschaften in sich vereinen, die für einen Unternehmer vorteilhaft sein könnten, schließlich kann so manche gute Eigenschaft auch etwaige Defizite wettmachen.

  Näheres zu den notwendigen persönlichen Voraussetzungen als Unternehmer erfahren Sie unter *Tz 2.6* zur Frage „Welche Voraussetzungen sollte jeder Gründer mitbringen?".

- **Das Geschäftskonzept des Unternehmens:** Ohne Geschäftsidee kein Geschäft. Mit der Idee ist der kreative Prozess aber noch lange nicht abgeschlossen – er beginnt erst! Viele Existenzgründer sind anfänglich begeistert von ihrer Idee und verkennen dabei, dass diese bestenfalls Ausgangspunkt einer langen Entwicklung sein kann und noch harte Prüfungen bestehen muss, bevor sie als ausgereiftes Geschäftskonzept Aussicht auf Markterfolg haben wird.

Näheres zur Geschäftsidee erfahren Sie unter *Tz 2.3* zur Frage „Brauche ich eine bahnbrechende Idee, um Erfolg haben zu können?“ und unter *Tz 2.4* zur Frage „Wie komme ich zu einer guten Geschäftsidee und wie bewerte ich diese objektiv?“.

- **Die optimierte Finanzierung des Unternehmens:** Von der schlechten Finanzierungssituation vieler österreichischer und deutscher Unternehmen hört man oft. Vor allem bei Klein- und Mittelbetrieben stellt sich der Eigenkapitalanteil zumeist als besonders schlecht dar. Laut einer Studie der KMU Forschung Austria aus dem Jahr 2012/2013 sind 14% der KMU in Österreich stark überschuldet (negatives Eigenkapital von 30% und mehr)! Der durchschnittliche Eigenkapitalanteil der österreichischen KMU ist mit rund 21% gerade noch akzeptabel. Nur rund 75% der KMU verfügen überhaupt über ein positives Eigenkapital.

  Doch auch die Sicherung der Finanzierung nach der Gründung, eine sorgfältige Finanzplanung und vor allem auch die Fristigkeiten bei der Finanzierung müssen beachtet werden. Zusätzlich sollten Sie auch über Ihre privaten Reserven nachdenken.

  Weitere Informationen zu dieser Thematik erhalten Sie unter *Tz 3.1* zur Frage „Wie sollte ich mein Unternehmen finanzieren?“.

2.2 Sollte ich mich von anderen abheben?

Menschen gründen Unternehmen aus den unterschiedlichsten Motiven. Sie erwarten sich zum einen finanzielle Vorteile, zum anderen vielleicht auch soziale Anerkennung oder die Möglichkeit, selbstbestimmt zu leben und zu arbeiten. Auch Unzufriedenheit mit dem aktuellen Arbeitsplatz oder das Problem der vorübergehenden Arbeitslosigkeit sind häufig ein Grund, um sich selbstständig zu machen. In manchen Fällen ist der Wunsch, eine eigene Idee umzusetzen und ein schnell wachsendes Unternehmen aufzubauen das vorrangigste Motiv für die Gründung des eigenen Unternehmens.

Die Motive reichen also von der Deckung des eigenen Lebensbedarfs der Gründerperson bis hin zum Wunsch, ein großes und florierendes Unternehmen aufzubauen. Je nach Motiv ist es dann mehr oder weniger wichtig, sich von anderen Unternehmen abzuheben und dem Kunden einen unwiderstehlichen Nutzen zu bieten.

Achtung

Auch wenn Sie sich mit Ihrer Selbstständigkeit nur Ihren Lebensunterhalt (und vielleicht den Ihrer Familie) verdienen mochten, schadet es nicht, sich in wichtigen Punkten von Ihrer Konkurrenz zu unterscheiden. Wenn Sie alles so machen wie die anderen auch, dann werden Sie nämlich austauschbar und können sich nur noch einen unerbittlichen Preiskampf liefern – auch wenn das Kopieren anderer sogar mitunter seine (nicht allzu großen) Vorteile hat, wie Sie gleich sehen werden.

2.2.1 Die (zweifelhaften) Vorzüge des Kopierens

Stellen Sie sich einmal vor, Sie möchten sich als Tischler selbstständig machen. Sie haben bereits jahrelang in einem aufrechten Dienstverhältnis als Tischler bei einer großen Firma gearbeitet und beschließen nun, den Schritt zu wagen, endlich Ihr eigener Chef zu sein. Es wäre naheliegend, einfach so weiterzumachen, wie man das jahrelang auch als Nichtselbstständiger gekannt hat bzw sich den ein oder anderen Kniff von bestehenden selbstständigen Tischlern abzukupfern. Schließlich ist das der Usus in dieser Branche und wenn es alle so machen, dann kann das ja nicht ganz verkehrt sein.

Die Vorteile dieser „Strategie“: Sie müssen sich nicht allzu viele eigene Gedanken machen und Sie werden wahrscheinlich bereits von Beginn an zahlende Kunden haben – vielleicht sogar ehemalige Kunden Ihres bisherigen Arbeitgebers, die Sie von dort abgeworben haben, vielleicht auch den ein oder anderen Bekannten oder Verwandten. Die Leistungen, die Sie anbieten, sind allen bereits zur Genüge bekannt und der Erklärungsbedarf der Produkte ist gering – schließlich machen das ja noch hundert andere Tischler genauso. Ein gewisser Erfolg kann sich somit bereits am Anfang einstellen. Aus diesem Grund ist auch das wahrgenommene Risiko weit geringer als bei innovativeren Gründungsvorhaben.

Doch leider bleibt es oft bei diesem Anfangserfolg, da man seinen Kunden keinen zwingenden Nutzen bieten kann. Meist bleiben diese Unternehmen daher – ob gewollt oder nicht – in der Existenzsicherungsphase gefangen. An starkes Wachstum ist nicht zu denken und auch die Profitabilität solcher Firmen lässt in vielen Fällen zu wünschen übrig. Die Ursache hierfür ist vor allem der zumeist intensive Wettbewerb, oftmals verbunden mit eingetretenen Sättigungstendenzen des Marktes (kein Marktwachstum mehr, mitunter schrumpft der Markt bereits). Umsatzwachstum geschieht oftmals nur zu Lasten der Profitabilität – also über den Preis als einziges Unterscheidungsmerkmal. Doch an der Preisschraube können auch die anderen drehen, was zu einem noch unerbittlicheren Preiskampf führt – eine Spirale nach unten beginnt. Im schlechtesten Fall sinken mit steigenden Umsätzen in so einer Situation sogar die Gewinne, dh je mehr Sie arbeiten, umso weniger verdienen Sie.

2.2.2 Wann Kopieren nicht funktioniert

Gerade habe ich das Beispiel des Tischlers genannt. Dies ist wohl ein Beruf, wo man mal schnell den Anbieter wechselt. Man vertraut schließlich darauf, dass jeder Tischler Erfahrung hat und irgendwann seine Meisterprüfung gemacht hat und somit weiß, was er tut. Außerdem sehen wir schlussendlich ja das Ergebnis seiner Arbeit und wir trauen uns auch zu, die Qualität dieser Arbeit zu beurteilen.

Doch wie sieht die Sache zum Beispiel bei einem Steuerberater aus? Trauen Sie sich da wirklich zu, die Qualität seiner Arbeit beurteilen zu können? Ich glaube, die Wenigsten können auf diese Frage objektiv mit „Ja“ antworten. Deshalb ist es auch so schwierig als frisch gebackener Steuerberater eine florierende Kanzlei von Null weg aufzubauen. Viele entscheiden sich daher eher dafür, eine bereits bestehende Kanzlei zu übernehmen, wenn der Wunsch nach Selbstständigkeit besteht. Kopieren hat hier absolut keinen Sinn - überlegen Sie mal: Welchen Grund soll ein Unternehmer haben, zu einem Steuerberater zu wechseln, der nichts anders macht als alle anderen und sich noch dazu gerade erst selbstständig gemacht hat?

Gerade bei wissensintensiven Dienstleistungen kann der Kunde die Qualität der Leistung nicht objektiv beurteilen und vergleichen kann der Kunde die Qualität der Leistungen der verschiedenen Anbieter schon gar nicht – viel zu groß ist mittlerweile die Konkurrenz in den meisten Branchen und viel zu ähnlich sind sich die Unternehmen in ihrem Leistungsangebot. Niemand möchte der sein, der „anders" ist. Erschwerend kommt hinzu, dass die meisten Unternehmen auch noch von sich behaupten, die besten Leistungen anzubieten – ob dies nun der Wahrheit entspricht oder nicht. Kunden werden aber zunehmend skeptischer und glauben schon längst nicht mehr jeden Werbeslogan. Davon abgesehen, werden die meisten Werbeeinschaltungen aufgrund der heutigen Reizüberflutung sowieso nicht mehr richtig wahrgenommen.

Am Markt etablierte Unternehmen haben deshalb einen enormen Vorteil gegenüber neu gegründeten Unternehmen. Sie sind bereits bekannt und können jede Menge Referenzen vorweisen. Mit einem langjährig bestehenden Unternehmen fühlen sich viele Kunden auf der sicheren Seite und suchen gar nicht nach besseren Alternativen.

2.2.3 Die Lösung: Angebot differenzieren und Nutzen bieten!

Um die Frage „Sollte ich mich von anderen abheben?" also zu beantworten: Ich glaube, dass sich Gründer in entscheidenden Punkten sehr wohl von der Konkurrenz abheben sollten. Allerdings müssen Sie nicht gleich die gesamte Branche revolutionieren, um Erfolg haben zu können. Nutzen Sie stattdessen lieber Herkömmliches und verbinden Sie es mit einem unwiderstehlichen Nutzen, den die Konkurrenz nicht bietet.

Um diesen Gedanken zu veranschaulichen, und um Ihnen zu zeigen, wo Sie überall ansetzen können, um einen besonderen Nutzen für Ihre Kunden zu erlangen, stelle ich Ihnen kurz das Modell des maximierten Wertgewinnes nach *Kotler/Armstrong* vor:

Ein Käufer zieht ein Angebot nämlich erst dann in Betracht, wenn für ihn ein sogenannter Wertgewinn entsteht. Auswählen wird der Käufer dann jenes Produkt, das den höchsten Wertgewinn unter den angebotenen Alternativen erwarten lässt. Wertgewinn ist hierbei das Resultat aus Wertsumme abzüglich Kostensumme. Ein Wertgewinn entsteht also nur dann, wenn der wahrgenommene Wert des Produktes höher ist als die Kosten.

Das eigene Angebot kann deshalb gleich auf zwei Arten verbessert werden:

Erhöhung der Wertsumme

- Verbesserung des Produktes (Qualität, Aufmachung etc);
- Verbesserung des Services und der Beratung;
- Ausbildung der Mitarbeiter (soziale Kompetenz);
- Verbesserung des Unternehmensimages und Aufbau einer Marke.

Senkung der Kostensumme

- Senkung des Verkaufspreises;
- Senkung des Zeitaufwandes (Lieferung, Montage etc);
- Senkung der psychischen Beanspruchung (zB durch Garantien);
- Senkung des Energieaufwandes (zB durch einfachen Bestellprozess).

Durch Schätzung der Wertsumme und der Kostensumme des Kunden für relevante Konkurrenzprodukte im Vergleich zu den eigenen Produkten kann dann das eigene Angebot besser eingeschätzt werden. Nun haben Sie auch die Möglichkeit, Verbesserungen am eigenen Angebot vorzunehmen und somit den Wertgewinn für den Kunden zu erhöhen und damit einen unwiderstehlichen Nutzen zu bieten.

Vielleicht verwundert es Sie, dass man an so vielen Stellschrauben drehen kann, um das eigene Angebot gegenüber jenem der Konkurrenz zu verbessern. Meist denkt man bei der Erhöhung des Nutzens für den Kunden nur an zwei Dinge: man erhöht die Produktqualität oder senkt den Preis. Viel seltener wird der Service verbessert, werden die Mitarbeiter geschult oder wird eine unverwechselbare Markenidentität geschaffen (wobei der letzte Punkt zugegeben wirklich schwierig ist).

Auch auf Kostenseite wird gerne übersehen, dass der Preis nicht alles ist. Schnelle und vor allem pünktliche Lieferung machten zB Amazon so erfolgreich. Und wer kennt nicht den „typischen" Handwerker, der (fast) immer zu spät oder gar nicht kommt? Ein stets pünktlicher und zu 100% zuverlässiger Handwerker würde sich schon allein aus diesem Grund von der Masse abheben. Auch Garantien können dazu beitragen, ein Produkt günstiger – weil risikoloser – darzustellen. Gerade Garantien eignen sich hervorragend, um Kaufunsicherheiten auszuräumen. Schlussendlich können Sie auch durch hohe Transparenz und einfache Bestellprozesse den Energieaufwand für den potentiellen Kunden senken.

Überlegen Sie sich gleich mal, an welchen Stellschrauben Sie drehen könnten, um Ihren Kunden künftig einen unwiderstehlichen Nutzen zu bieten!

2.3 Brauche ich eine bahnbrechende Idee, um Erfolg haben zu können?

Wohl kaum jemand kennt nicht das in ganz Europa agierende Einrichtungshaus Ikea. Das Unternehmen wurde bereits im Jahre 1943 in Schweden gegründet und bescherte dem Gründer Ingvar Kamprad ein Milliardenvermögen. Fast niemand konnte sich damals vorstellen, dass eine derartige Nachfrage nach Möbeln besteht, die der Kunde auch noch selbst zusammenbauen muss. Ingvar Kamprad glaubte an seine Idee und designte Möbel, die ohne Spezialwerkzeug und ohne spezielles Know-how zusammensetzbar waren.

Dabei war es keineswegs sicher, dass sich Käufer für diese Art von Möbeln interessieren und sie schlussendlich kaufen würden. Bestimmt hatte Ingvar Kamprad viele schlaflose Nächte und vielleicht hat ihm auch sein Bekanntenkreis abgeraten. Trotzdem hielt er durch und der Rest ist Geschichte.

Für die meisten von uns – mich selbst eingeschlossen – ist das sicher nicht der richtige Weg. Ich würde wahrscheinlich bei den ersten größeren Schwierigkeiten entnervt aufgeben und vorschnell das Handtuch werfen – lange bevor meine Geschäftsidee Früchte tragen könnte. Die gute Nachricht: Man kann auch durchaus gewohnte Bahnen einschlagen und sich trotzdem erfolgreich von seiner Konkurrenz abheben. Denn es geht nicht unbedingt um bahnbrechende Ideen und geniale Geistesblitze bei der erfolgreichen Gründung eines Unternehmens. Vielmehr kommt es darauf an, strukturierte Denkarbeit zu leisten, ein tragfähiges Konzept zu erarbeiten und nach einem unwiderstehlichen Nutzen für seine Kunden zu suchen.

2.3.1 Das Geschäftskonzept ist wichtiger als die Idee!

Wie ich bereits unter *Tz 2.2* zur Frage „Sollte ich mich von anderen abheben?" dargestellt habe, ist das Kopieren anderer Unternehmen und Unternehmer nicht der Weisheit letzter Schluss. Trotzdem bin ich der Meinung, dass auch das Gegenteil, nämlich alles anders zu machen, nicht für jedermann geeignet ist. Denn diese Vorgehensweise hat einen großen Nachteil: Die Menschen sind nur ungern zu Veränderungen bereit und lehnen alles Neue zunächst eher ab. Möglich, dass sich der Erfolg trotzdem mit der Zeit einstellt – die meisten Gründer werden dies aber leider nicht erleben, weil sie längst aufgegeben haben. Daher ist der Mittelweg für die meisten von uns der Beste: In gewohnten Bahnen und in einer gewohnten Branche gründen, jedoch nach einem zwingenden Nutzen für die Kunden suchen, den die Konkurrenz so nicht bietet und auch nicht in naher Zukunft bieten will oder bieten kann.

Das heißt für Sie, dass Sie weniger Zeit in die Findung einer bahnbrechenden Idee als vielmehr in die Ausarbeitung eines tragfähigen Geschäftskonzeptes investieren sollten. Selbst wenn Sie Ihre unternehmerische Laufbahn rund um eine bahnbrechende Idee aufbauen möchten, ist die Idee trotzdem nur der erste Schritt. Danach müssen Sie immer noch daran gehen, um diese Idee herum ein wirtschaftlich tragfähiges Unternehmen aufzubauen. Als Mittel der Wahl zur Ausarbeitung eines Geschäftskonzeptes hat sich die Erstellung eines Businessplanes bewährt.

Nähere Infos zur Businessplanerstellung erhalten Sie unter *Tz 3.5* zur Frage „Was gehört alles in den Businessplan?".

Doch bevor Sie an die Erstellung eines solchen Businessplans gehen, sollten Sie sich zuerst noch ausführlich Gedanken über Ihre Möglichkeiten zur Alleinstellung (dazu gleich im Anschluss) und zum Ablauf Ihrer Positionierung am Markt machen.

Zur erfolgreichen Positionierung am Markt erhalten Sie unter *Tz 2.5* zur Frage „Wie positioniere ich mich am besten?" noch viele wertvolle Informationen.

2.3.2 Möglichkeiten zur Alleinstellung

Damit Sie nicht ständig Preiskämpfe austragen müssen, sollten Sie sich ein Alleinstellungsmerkmal am Markt erarbeiten, durch das Sie Ihren Kunden einen unwiderstehlichen Nutzen gewähren. Im Grunde haben Sie dafür neben der bereits angesprochenen Gründung eines Unternehmens auf Basis einer bahnbrechenden Idee noch drei weitere Möglichkeiten:

Erster sein in der Region

Erster zu sein bedeutet nicht unbedingt insgesamt – also weltweit – als Erster ein bestimmtes Produkt bzw eine bestimmte Dienstleistung anzubieten. Vielmehr genügt es schon, dass Sie in Ihrer Region der Erste sind. Erster zu sein bedeutet aber auch nicht, physisch der Erste zu sein. Was wirklich zählt, ist, dass Sie in den Köpfen Ihrer Zielgruppe als der Erste wahrgenommen werden. Sie müssen also durch geeignete Kommunikationsmaßnahmen dafür sorgen, dass Ihnen niemand zuvorkommt und Sie zuerst in die Köpfe und damit ins Gedächtnis der Kunden gelangen.

Der Erste genießt jede Menge Vorteile:

- Er wird als der Ursprüngliche angesehen. Es schwingt somit ein Hauch von Tradition mit.
- Menschen sind bequem. Sie wollen sich oft gar nicht mit anderen Angeboten auseinandersetzen, die gleichwertig oder sogar etwas besser sind. Der Zweite hat deshalb bereits schlechtere Karten.
- Wenn Menschen halbwegs zufrieden sind, dann riskieren Sie zumeist keinen Anbieterwechsel, denn das wäre ja mit einem Risiko verbunden.
- Menschen folgen Siegertypen. Wenn Sie der Erste sind, dann sind Sie automatisch Marktführer. So etwas zieht Kunden magisch an.

Wahrscheinlich werden Sie jetzt denken, dass man als Gründer nur schwer mit irgendetwas der Erste sein kann. Doch es ist möglich. Sie müssen sich nur etwas anstrengen und für Ihre Branche ein besonderes Alleinstellungsmerkmal finden, das keiner Ihrer unmittelbaren Konkurrenten in der Region innehat. Danach müssen Sie zusehen, dass potentielle Kunden von Ihrem Alleinstellungsmerkmal Wind bekommen und Sie so als Erster in die Köpfe der Leute gelangen. Dabei müssen Sie nicht mal ein revolutionäres neues Produkt am Markt einführen. Es genügt bereits, sich besondere Konzepte von brancheninternen oder branchenfremden Unternehmen abzugucken, die nicht in derselben Region tätig sind wie Sie.

Unter *Tz 2.2.3* wird das Modell des maximierten Wertgewinnes kurz vorgestellt. Nun stellt sich Ihnen vielleicht die Frage, wie sich der Umstand, Erster zu sein, auf den Wertgewinn auswirkt (natürlich merken Sie die Auswirkungen der meisten Vorteile erst nach Jahren der selbstständigen Tätigkeit):

Wenn Sie Erster sind, haben Sie gegenüber allen anderen einen nicht zu unterschätzenden Zeitvorsprung. Diesen Zeitvorsprung können Sie nutzen, um Ihr Produkt besser zu machen. Zudem glauben Kunden auch, dass Ihr Produkt besser sein muss als das Ihrer Nachfolger, da Sie ja schließlich schon länger am Markt sind und mehr Erfahrung besitzen. Sie sind das „Original".

Als Erster sind Sie nach einigen Jahren wahrscheinlich bekannter als die Anderen, da man schon länger die Gelegenheit hatte, Sie kennenzulernen. Somit verfügen Sie zumeist auch über ein besseres Unternehmensimage als die Konkurrenz.

Dadurch, dass es Sie schon länger gibt, Sie bekannter sind und in den Augen der Konsumenten eine bessere Qualität abliefern, können Sie mehr Produkte absetzen, was wiederum zu geringeren Durchschnittskosten pro Leistungseinheit führt. Obwohl Sie also gar keinen großartigen Grund dazu hätten, können Sie besser als die Konkurrenz (die es nötiger hätte) die Preise senken – und zwar, ohne sich dabei zu ruinieren.

Der größte Vorteil des Ersten ist aber vielleicht, dass dieser Umstand die psychische Beanspruchung beim Käufer senkt. Dadurch, dass es Sie bereits am längsten gibt, müssen Sie die meiste Erfahrung haben. Kunden gehen bei Ihnen demnach das geringste Kaufrisiko ein.

Besser sein als die Konkurrenz

Besser sein zu wollen, ist zwar immer gut, doch es ist bei weitem wichtiger, Erster zu sein. Trotzdem kann auch diese Strategie Früchte tragen:

- Liefern Sie Garantien wie zB eine Zufriedenheits- oder Geld-Zurück-Garantie ➲ dies senkt die psychische Beanspruchung beim Kunden
- Präsentieren Sie Referenzen an guten Bestandskunden (holen Sie sich aber unbedingt die Zustimmung hierfür ein) ➲ auch dies senkt die psychische Beanspruchung beim Kunden
- Bieten Sie einen Service, den Ihre Kunden zu schätzen wissen und den Ihre unmittelbare Konkurrenz nicht bietet ➲ dies erhöht die Wertsumme durch besseren Service
- Investieren Sie in Ihre Mitarbeiter (vor allem in wissensintensiven Branchen) ➲ auch dies erhöht die Wertsumme
- Holen Sie sich die richtigen Mitarbeiter, also jene, die ihre Arbeit gerne machen und unternehmerisch denken ➲ dies ist ein weiterer Faktor zu Erhöhung der Wertsumme
- Drehen Sie den Spieß um und fahren Sie eine Hochpreisstrategie. Sorgen Sie dann dafür, dass Ihre Produkte und Serviceleistungen von entsprechend hoher Qualität sind und auch Ihre Mitarbeiter vom Angebot überzeugt sind ➲ dies erhöht die Wertsumme durch Verbesserung des Unternehmensimages

Spezialisiert sein

Die Spezialisierung ist die Königsdisziplin, die zur Alleinstellung gegenüber der Konkurrenz führt. Viele Gegner der Spezialisierung wenden zwar ein, dass man dadurch zu abhängig von einem Produkt wird, dennoch überwiegen klar die Vorteile:

- Durch Spezialisierung sind geradezu herausragende Leistungen möglich. Spezialisten erbringen bessere Leistungen als Generalisten, da sie sich auf ein kleines Gebiet konzentrieren können, ihre Kräfte also bündeln.
- Durch Spezialisierung steigt die Produktivität. Spezialisten haben naturgemäß eine sehr viel höhere Produktivität, da sie für das gleiche Ergebnis weit weniger Energie aufwenden müssen. Der Spezialist muss sich nicht immer wieder aufs Neue in eine Aufgabe hineindenken, wie dies bei Generalisten zu beobachten ist.
- Spezialisten erwecken Erwartungen hoher Kompetenz. Dadurch besitzen Spezialisten eine hohe natürliche Anziehungskraft beim Konsumenten. Diese Erwartungen übertragen sich auch auf andere Gebiete.
- Durch Spezialisierung steigt auch die Profitabilität. Da man von den Kunden als Spezialist mit besonderem Know-how angesehen wird, kann man höhere Preise und Honorare verlangen als die Konkurrenz.
- Spezialisierung bedeutet Sicherheit inmitten der hohen Informationsflut. Der Spezialist kann viel schneller entscheiden, was für ihn wichtig ist und was nicht.
- Durch Spezialisierung fällt schlussendlich auch die Werbung leichter. Die Werbung kann gezielt jenen Fachbereich betonen, auf den man sich spezialisiert hat. Somit wird man rascher bekannt.

Spezialisiert zu sein, kann sich stark auf den Wertgewinn (*siehe Tz 2.2.3*), den Sie Ihren Kunden liefern, auswirken:

Durch Spezialisierung wird sich die Qualität der Produkte oder Leistungen verbessern, Sie werden wahrscheinlich auch einen besseren Service bieten können, Ihre Mitarbeiter werden besser geschult sein (eben durch die Konzentration auf ein klar abgegrenztes Fachgebiet) und Sie werden zudem durch eine Spezialisierung in den meisten Fällen schneller bekannt und können sich somit eine unverwechselbare Markenidentität schaffen.

Auf Kostenseite kann durch Spezialisierung der Zeitaufwand beim Kunden reduziert werden, da Sie durch die Konzentration auf ein bestimmtes Fachgebiet ökonomischer arbeiten. Vor allen Dingen senkt Spezialisierung aber die psychische Beanspruchung beim Kunden. Der Spezialist muss sich schließlich besser auskennen als ein Anbieter in Bauchladenmanier. Das sagt einem schon der Hausverstand.

2.4 Wie komme ich zu einer guten Geschäftsidee und wie bewerte ich diese objektiv?

Zumeist denkt man bei Geschäftsideen an Brainstorming und daran, möglichst kreative und komplizierte Ideen für Produkte und Leistungen zu entwickeln. Aber gerade komplizierte Ideen sind gar nicht nötig, ja sogar kontraproduktiv. Wie wollen Sie später komplizierte Produkte oder Dienstleistungen verkaufen, die Sie dem Kunden kaum erklären können? Gute Ideen sind außerdem fast nie spontane Einfälle. Vielmehr kommen Sie zu den besten Ideen, wenn Sie systematisch vorgehen und die nachfolgenden Fragen hierzu beantworten.

TIPP

Fragen schriftlich ausarbeiten!

Nehmen Sie diese Fragen ernst und arbeiten Sie sie unbedingt schriftlich aus! Notieren Sie dazu zuerst alle Gedanken und Ideen, die Ihnen zu der jeweiligen Frage einfallen. Bewerten sollten Sie Ihre Ideen erst später. Wichtig ist, dass Sie jeder Ihrer Ideen eine Chance geben.

2.4.1 Grundlegende Fragestellungen

Um zu einer guten Geschäftsidee zu gelangen, sollten Sie sich zuallererst Gedanken über sich selbst machen. Was möchten Sie persönlich mit Ihrer Selbstständigkeit erreichen? Welche Ziele haben Sie und wann würden Sie sagen, dass Sie Erfolg haben? Sie sollten sich auch klar werden, wo genau Ihre Interessen liegen, und ob diese Interessen mit Ihren persönlichen Stärken im Einklang zu bringen sind:

Was ist Erfolg für Sie?

Zuerst sollten Sie für sich selbst definieren, was es für Sie bedeutet, Erfolg zu haben. Was muss passieren, dass Sie sich persönlich als erfolgreicher Unternehmer einschätzen? Jeder definiert Erfolg anders, daher kommt es vor allem auf Ihre Definition von Erfolg an, ob Sie eine innovative Geschäftsidee brauchen, oder ob Sie eher in gewohnten Bahnen gründen sollten.

Für den Einen mag Erfolg bedeuten, dass sein Unternehmen zügig wächst und gedeiht, er viele Mitarbeiter beschäftigt, öffentliche Bekanntheit erlangt und somit aus unzähligen Zeitungen lacht. Dieser Typ von Unternehmer sieht sich dann als erfolgreich, wenn er möglichst viel Aufmerksamkeit erhält, bekannt ist und für sein unternehmerisches Geschick bewundert wird.

Für jemand anderen mag vor allem die Möglichkeit, hohe Gewinne zu erwirtschaften, Hauptantrieb für den Gang in die Selbstständigkeit sein. Denn gerade als Selbstständiger ist die Höhe der möglichen Gewinne – zumindest theoretisch – nach oben hin unbegrenzt. Dieser Unternehmertyp macht sich wenig aus öffentlicher Anerkennung. Hauptsache ist, dass der Gewinn stimmt.

Ein anderer Gründer wiederum pfeift sowohl auf öffentliche Anerkennung als auch auf möglichst hohe Gewinne. Er möchte schlichtweg von seiner Arbeit gut leben können, Spaß haben und unabhängig sein.

Es gibt sicher noch viele andere Gründertypen, von denen jeder **seinen Erfolg** anders definiert. Die Frage ist nun, welche Ziele Sie mit einer Gründung verfolgen? Sind Sie eher der, der Verantwortung übernehmen und sich seinen Lebensunterhalt mit der selbstständigen Tätigkeit verdienen möchte oder streben Sie nach höchstmöglichen Gewinnen oder gar nach Macht und Einfluss?

Was machen Sie am liebsten?

Der Schriftsteller Mark Twain sagte einmal, dass jene Arbeit den meisten Gewinn bringt, die wir gerne machen. Fragen Sie sich deshalb, ob jene Arbeit, der Sie zwanzig Jahre lang nachgegangen sind, wirklich jene ist, die Sie interessiert und die Sie auch als Selbstständiger für die nächsten Jahre ausüben möchten.

TIPP

Nicht nur möglichen Gewinnen nachlaufen!

Fragen Sie sich, ob Sie in dem von Ihnen gewählten Geschäftsfeld/in dieser Branche auch noch in zehn Jahren tätig sein möchten. Eine Selbstständigkeit, die nur mit dem Ziel eingegangen wird, für ein paar Jahre „abzukassieren", führt selten zum Erfolg. Sie sollten der Tätigkeit auch gerne nachgehen, denn es gibt in der Selbstständigkeit niemanden mehr, der Ihnen Befehle erteilt. Sie müssen sich also selbst tagtäglich zur Arbeit motivieren – das wird Ihnen niemand abnehmen.

Was können Sie am besten?

Natürlich ist es auch vorteilhaft, wenn Sie sich genau auf jene Tätigkeit konzentrieren, wo Sie bereits großes Know-how und einen reichen Erfahrungsschatz besitzen. Haben Sie zwanzig Jahre in einem bestimmten Beruf gearbeitet, dann sind Sie vielleicht ein Meister Ihres Fachs und die Leute in der Region verbinden genau diesen Beruf mit Ihrem Namen - ein großer Vorteil in punkto Neukundengewinnung.

Trotzdem ist dieser Aspekt nur sekundär. Wenn Sie genau diese Arbeit nicht mehr gerne machen, dann sollten Sie auch einen Quereinstieg in Erwägung ziehen und ganz von vorn in einer anderen Branche starten – mit entsprechender Vorbereitung natürlich.

Auch ein Quereinstieg bringt erhebliche Vorteile mit sich: Sie denken als Quereinsteiger anders als die Leute, die jahrelang nichts anderes gemacht haben. Sie gehen gänzlich unvoreingenommen an die Sache heran und stellen damit auch viele Dinge in Frage, die in der Branche bereits als ungeschriebene Gesetze gelten.

2.4.2 Fragen zu bestehenden Problemen und Leistungen

Sobald Sie die grundlegenden Fragen zu Ihrer Person beantwortet haben und wissen, welche Ziele Sie mit der Selbstständigkeit anstreben und welcher Arbeit Sie gerne nachgehen möchten, können Sie darangehen, bestehende Leistungen zu hinterfragen:

Welche Probleme haben Kunden?

Durch die Beantwortung dieser simplen Frage kommen Sie oftmals auf Lösungen, die zwar innovativ, aber zugleich auch einfach in ihrer Durchführung sind. Auf manche Lösungen kommt man ja gerade nicht, weil diese so simpel und einfach sind. Erfahrungsgemäß sind aber einfache Lösungen die besten – sie sind einfach zu erklären und daher auch einfach an den Mann zu bringen.

TIPP

Denken Sie aus Sicht des Kunden!

Nehmen Sie die Sichtweise Ihrer (potentiellen) Kunden ein. Denken Sie nutzenorientiert. Was möchte ein Kunde, was bringt ihm den höchstmöglichen Nutzen? Welche Bedürfnisse und Wünsche hat mein Kunde und welche Probleme gibt es erst noch zu lösen? Wenn Sie immer nur gewinnorientiert denken, dann werden sich Ihnen die besten Ideen gar nicht erst erschließen.

Was können Sie an bestehenden Leistungen verbessern?

Oft genügt es bereits, bestehende Produkte bzw Dienstleistungen durch ein besonderes Design, eine zusätzliche Serviceleistung oder durch Variationen am Produkt so weit zu verändern, dass dieses als anders und oftmals als besser wahrgenommen wird. Allein dadurch haben Sie bereits ein Unterscheidungsmerkmal gegenüber der Konkurrenz – auch ohne eine bahnbrechende neue Idee oder neue Produkte.

Was machen Unternehmen falsch?

Sie ärgern sich mal wieder über Ihre Autowerkstatt, über den Elektriker, den EDV-Händler oder Ihren Friseur? Sie wissen was alles anders zu machen wäre, damit Sie sich als Kunde ernst genommen fühlen? Sie würden dort mehr und öfters einkaufen, wenn sich das Unternehmen so und so verhalten und diese und jene Leistung anbieten würde? Ihre Freunde und Bekannten haben ähnliche Erfahrungen gemacht und sind derselben Meinung wie Sie?

Perfekt: Nun wissen Sie, wie es besser gehen könnte. Wie wäre es denn, wenn Sie diese Ideen aufgreifen und damit in die Selbstständigkeit starten – sofern natürlich Ihre Interessen und Voraussetzungen mit der Idee vereinbar sind?

2.4.3 Fragen zur Tragfähigkeit der Geschäftsidee

Sobald Sie eine aus Ihrer Sicht gute Geschäftsidee gefunden haben, sollten Sie in einem nächsten Schritt beginnen, die Idee auf Ihre Tragfähigkeit hin zu überprüfen. Beachten Sie jedoch, dass dies nur eine erste Grobprüfung Ihrer Idee ist! Durch Ausarbeitung eines Businessplans (und da vor allem durch den Teil „Finanzplanung") unterziehen Sie Ihre Idee ohnehin noch einer Detailprüfung.

Was könnte alles schiefgehen?

Ja, Sie haben richtig gelesen, diese Frage sollten Sie sich unbedingt stellen! Was könnte alles passieren, sodass Sie Ihre angestrebten Ziele nicht erreichen? Die Beantwortung dieser Frage ist um ein vielfaches produktiver als die Beantwortung der Frage nach den Chancen. Denn: Wenn Sie wissen, was alles schief gehen kann, dann können Sie Vorkehrungen treffen und Lösungen für Probleme entwickeln.

TIPP

Klären Sie mögliche Hemmschwellen der Kunden ab!

Fragen Sie sich vor allem, was Kunden davon abhalten könnte, die angebotenen Leistungen bei Ihnen zu kaufen. Welche Hemmschwellen könnten Kunden haben und wie können Sie diese Hemmschwellen abbauen? Denken Sie dabei aber bitte nicht nur an den Preis!

Ist das Marktpotential groß genug?

Gibt es in Ihrer Zielregion genügend potentielle Kunden, die Ihre Produkte oder Dienstleistungen nachfragen würden? Auch wenn zB die Spezialisierung häufig als der Königsweg angesehen wird, der zur Alleinstellung führt, so macht eine Spezialisierung längst nicht in allen Fällen Sinn. Sollten Sie beispielsweise vorhaben, sich in einer ländlichen Region selbstständig zu machen, kann eine sehr enge Spezialisierung mitunter Probleme bereiten. Es gibt unter Umständen nicht genug Kunden, die Ihre Leistungen nachfragen können. Auch wenn bekannte Spezialisten mitunter eine enorme Anziehungskraft besitzen und Kunden von weit her kommen, so können Sie sich auf diesen Effekt nicht verlassen.

Macht die Geschäftsidee auch Sinn?

Die Positionierung muss Sinn machen in der Branche, in der Sie sich bewegen. Es hat damit zu beginnen, was der Markt bis jetzt gehört, was er registriert und sich gemerkt hat. Daher genügt es nicht einfach zu behaupten, man sei besser als die Konkurrenz, biete besseren Service oder habe sich auf die Zielgruppe oder auf das Produkt XY spezialisiert. Die Kunden müssen Ihnen das auch glauben.

Deshalb muss einer der ersten Gedanken sein: Was hält mein Kunde von mir? Für was stehe ich selbst beim Kunden? Wie werde ich vom Kunden wahrgenommen? Für welche Eigenschaft bin ich bei potentiellen Kunden bereits bekannt? Glauben einem die Kunden wirklich, dass man auf die Zielgruppe oder das Produkt XY spezialisiert ist und sich dort besser auskennt als die Konkurrenz? Was müssen Sie vorweisen können, wie müssen Sie sein, damit Ihnen potentielle Kunden auf Ihr Alleinstellungsmerkmal auch wirklich vertrauen können?

Außerdem müssen Sie wissen oder herausfinden, wofür Ihre unmittelbare Konkurrenz steht. Wie werden Ihre Konkurrenten von der potentiellen Zielgruppe wahrgenommen? Welche besonderen Stärken und Schwächen weisen diese in den Augen der Zielgruppe auf? Kurzum: Wer besitzt welche Eigenschaft im Kopf der Kunden und wie können Sie dies geschickt ausnutzen?

TIPP

Wichtig ist immer nur die Kundenmeinung! Die eigene Meinung zählt in den meisten Fällen nicht! Versuchen Sie erst gar nicht, dagegen anzukommen. Der Kunde hat immer recht, auch wenn es objektiv betrachtet anders ist. Sie sollten das einfach akzeptieren und sich entsprechend darauf einstellen. Ignorieren Sie es, wird es Sie mit Sicherheit teuer zu stehen kommen. Kundenmeinungen sind – wenn überhaupt – nur sehr schwer und mit hohem finanziellen und zeitlichen Aufwand zu ändern.

2.5 Wie positioniere ich mich am besten?

Die zunehmende Werbeflut hat zu einer begrenzten Wahrnehmung bei den Verbrauchern geführt. Dies bedeutet, dass nur mehr bestimmte Aspekte der Umwelt und vor allem der Werbung wahrgenommen werden und andere Aspekte gänzlich ausgeblendet werden. Den meisten Unternehmen gelingt es somit nicht mehr, in zufriedenstellender Weise in die Köpfe ihrer Zielgruppen zu gelangen. Der Großteil der Unternehmen besitzt kein starkes Alleinstellungsmerkmal am Markt und wird deshalb zunehmend austauschbar. Die Folge ist, dass in den meisten Branchen ein starker Preiskampf herrscht. Dies drückt die Profitabilität der Unternehmen mitunter gefährlich nach unten.

Der einzig richtige Ausweg aus dieser Misere heißt Positionierung. Positionierung beschäftigt sich in erster Linie damit, Lücken im Markt zu finden, sie zu besetzen und den Kunden ein unwiderstehliches Nutzenargument zu liefern, das diese dazu veranlasst, immer wieder bei Ihrem Unternehmen zu kaufen.

Die Basis zur Positionierung haben Sie eigentlich schon gelegt, wenn Sie die bisherigen Fragen durchgearbeitet haben. Falls Sie dies noch nicht getan haben, dann sollten Sie dies nachholen, bevor Sie weiterlesen. Sie sollten bereits jetzt über eine gute Geschäftsidee verfügen (*siehe Tz 2.4* zur Frage „Wie komme ich zu einer guten Geschäftsidee und wie bewerte ich diese objektiv?"), sich Gedanken über Alleinstellungsmerkmale am Markt gemacht haben (*siehe Tz 2.3.2* zu den Möglichkeiten der Alleinstellung) sowie den groben Nutzenvorsprung Ihres Angebots gegenüber vergleichbarer Konkurrenzangebote kennen (*siehe Tz 2.2.3* zum Modell des maximierten Wertgewinns).

TIPP

Investieren Sie ausreichend Zeit in Ihre Positionierungsstrategie!

Hören Sie auf, nur in einzelnen Werbemaßnahmen zu denken. Investieren Sie lieber ausreichend Energie in die Erarbeitung einer guten Positionierungsstrategie für Ihr Unternehmen. Erst, wenn Sie eine Positionierungsstrategie für sich gefunden haben, sollten Sie damit beginnen, einzelne Werbemaßnahmen zu planen.

Um sich erfolgreich am Markt zu positionieren und sich positiv und vor allem nachhaltig von der Konkurrenz abzuheben, sind vier Schritte notwendig:

- Findung der differenzierenden Idee;
- Entwicklung eines tragfähigen Geschäftskonzeptes;
- Kommunikation Ihrer Positionierung am Markt;
- Beweisführung Ihrer Positionierung am Markt.

2.5.1 Findung der differenzierenden Idee

„Ihre" Geschäftsidee, also jene Idee, die zu Ihnen, Ihrer Einstellung, Ihren Zielen, Ihrer Erfahrung und zu Ihren Interessen passt, und die in Bezug auf Ihr Unternehmen und Ihre Zielgruppe Sinn macht, haben Sie ja bereits gefunden. Diesen Punkt können wir damit eigentlich schon abhaken. Der Vollständigkeit halber sei er hier aber noch einmal erwähnt.

Vor allem müssen Sie aber darauf achten, dass Ihre Idee eine gewisse Alleinstellung am Markt bietet. Sofern Sie also über keine bahnbrechende neue Idee verfügen, sollten Sie sich zumindest in anderer Hinsicht von der Konkurrenz abheben. Dies schaffen Sie vor allem, wenn Sie entweder Erster sind mit Ihrer Idee, objektiv besser sind als die Konkurrenz oder wenn Sie sich spezialisiert haben.

2.5.2 Geschäftskonzept entwickeln

Nun geht es um die Erarbeitung des Geschäftskonzepts. Die Wichtigkeit einer fundierten Planung kann für den späteren Erfolg gar nicht oft genug betont werden. Eine gute Idee zu haben ist zwar vorteilhaft, aber noch lange keine Erfolgsgarantie. Die Idee muss in einem nächsten Schritt in ein konkretes Geschäftskonzept umgewandelt werden, das die Idee verfeinert, verbessert und häufig auch nicht unwesentlich verändert.

Vor allem geht es bei der Entwicklung eines tragfähigen Geschäftskonzepts um folgende Aspekte:

- Gründung alleine oder im Team (verfügen Sie selbst über alle notwendigen Voraussetzungen?)
- Angebotenes Sortiment (und auch Auseinandersetzung mit jenen Dingen, die nicht angeboten werden, obwohl sie die Konkurrenz vielleicht im Programm hat)
- Herausstreichen des besonderen Nutzens (Warum soll ein Kunde ausgerechnet bei Ihnen kaufen und nicht bei der Konkurrenz?)
- Marktpotential in Ihrer Region
- Alternative Vertriebswege
- Analyse der Wettbewerbsintensität
- Konzept zur Kundengewinnung
- Unternehmensorganisation und Mitarbeiterrekrutierung
- Beschaffung der Produkte

- Planung der Umsetzung (Wann sind welche Schritte notwendig?)
- Planung der Finanzen (Finanzierung des Unternehmens zu Beginn und laufend)

Bewährt hat sich in punkto Geschäftskonzeptentwicklung die Ausarbeitung eines fundierten Businessplans. Wie Sie die Erstellung eines Businessplans am besten angehen, erfahren Sie unter anderem unter *Tz 3.5* zur Frage „Was gehört alles in den Businessplan?".

2.5.3 Die Positionierung kommunizieren

Wichtig bei der Kommunikation ihrer Positionierung ist es, dass Sie unbedingt der Versuchung widerstehen, möglichst viele unterschiedliche Vorteile über sich selbst zu kommunizieren. Denn: Genau das verunsichert und verwirrt den potentiellen Kunden, und eine Verunsicherung des Kunden sollten Sie unbedingt vermeiden! So bauen Sie sich kein unverwechselbares Markenimage auf.

Jeder Aspekt Ihrer Kommunikation muss demnach Ihre eine und unverwechselbare Positionierung transportieren – über Ihre Verkaufsprospekte, Zeitungsinserate, Pressemitteilungen und Firmenwebseite. Grundregel: Sie können dieses eine Alleinstellungsmerkmal gar nicht oft genug kommunizieren.

TIPP

Die Mitarbeiter müssen mitziehen!

Vernachlässigen Sie niemals Ihre Mitarbeiter! Diese sind die Ersten, denen Sie Ihre Positionierung näher bringen müssen. Ihre Mitarbeiter müssen die Ersten sein, die Ihre Positionierung glauben, diese unterstützen und aktiv mitgestalten wollen. Mitunter müssen Sie einiges an Zeit investieren, um die nötige Einstellung bei Ihren Mitarbeitern zu erzeugen.

2.5.4 Die Positionierung beweisen

Der Volksmund sagt treffend, dass Papier geduldig sei. Sie müssen daher die geplanten Maßnahmen, die Sie im Businessplan aufgeführt haben, auch umsetzen. In einem guten Businessplan, wie später noch beschrieben, findet sich auch ein Umsetzungsplan. Halten Sie sich an diesen Plan!

Zudem müssen Sie die gegenüber Ihren Kunden gemachten Versprechen einhalten. Wenn Ihnen Kunden Ihre Positionierung bereits glauben und zudem genügend Kundenpotential vorhanden ist, haben Sie den ersten wichtigen Schritt bereits getan. Nun dürfen Sie Ihre Kunden keinesfalls enttäuschen! Ihre Versprechungen müssen Sie nun unbedingt einhalten. Wenn Sie zB auf eine bestimmte Zielgruppe spezialisiert sind, sollten Sie dieser Zielgruppe einen Nutzen bieten können, den andere Anbieter nicht in ähnlicher Form bereitstellen können.

Nur wenn Sie erfolgreich und beständig die Beweisführung für Ihre Positionierung antreten, bleiben Sie glaubwürdig und bauen damit langfristig Vertrauen bei Ihren Kunden auf. Ein starkes Markenimage entsteht über jahrelange Einhaltung der abgegebenen Versprechen.

2.6 Welche Voraussetzungen sollte jeder Gründer mitbringen?

In diesem Punkt gehen die Meinungen stark auseinander. Manch einer führt hier hundert und mehr Fähigkeiten an, über die ein Gründer unbedingt verfügen sollte, zB hohes Fachwissen, kaufmännisches Denken, rechtliches Grundwissen, soziale Fähigkeiten, Fleiß und vieles mehr. Diese Ansicht teile ich nicht, denn wenn das so wäre, würde es in der Praxis kaum erfolgreiche Unternehmer geben, denn wer schafft es schon, alle positiven „Unternehmereigenschaftten" in sich zu vereinen.

Sicher fällt Ihnen auch spontan ein Unternehmer ein, der kein großer Netzwerker ist und trotzdem erfolgreich ein Unternehmen leitet. Oder Sie kennen einen Unternehmer, der Schwächen in kaufmännischen Dingen hat, jedoch auf die Unterstützung eines kompetenten Beraters vertraut bzw gut ausgebildete Mitarbeiter hat und der auf diese Weise eine Lösung für seine kaufmännischen Defizite gefunden hat. Vielleicht kennen Sie aber auch jemanden, der zwar als Gründer keine Ahnung von kaufmännischen Dingen hatte, ja nicht einmal Prozentrechnen konnte, sich dieses Wissen aber rasch angeeignet hat und nun ein florierendes Unternehmen besitzt.

Dies verdeutlicht bereits: Die meisten Fähigkeiten können Sie üben. Meist gründet man ein Unternehmen sowieso nicht von heute auf morgen, sondern man bereitet sich gründlich darauf vor. Sie können zB selbst im Internet recherchieren, Existenzgründerkurse besuchen und Beratungen durch die Wirtschaftskammer oder durch den Steuerberater nutzen – und zwar noch bevor Sie das Unternehmen gegründet haben. Manche Defizite können Sie sogar nach der Gründung noch ausmerzen.

Es gibt nur wenige Fähigkeiten/Eigenschaften, über die Sie unbedingt bereits vor der Gründung Ihres Unternehmens verfügen sollten:

- Freude an der Arbeit,
- Durchhaltevermögen,
- Lernfähigkeit,
- unternehmerisches Denken,
- Glaube an den Erfolg,
- Streben nach Nutzen für den Kunden,
- Kostenbewusstsein,
- Unterstützung aus dem Umfeld.

2.6.1 Freude an der Arbeit

Henry Ford sagte einmal, dass ein Geschäft, das nur Gewinne abwirft, ein schlechtes Geschäft sei. Damit hatte er recht. Zudem wird eine Tätigkeit, die einem nicht gefällt, auch nicht für lange Zeit hohe Gewinne abwerfen können. Selbst wenn man sich jeden Tag dazu überwinden kann, zu arbeiten, wird man dabei nie so produktiv sein, wie bei einer Arbeit, die einen mit Freude erfüllt.

TIPP

Sorgen Sie selbst für mehr Arbeitsfreude!

Zum Teil können Sie selbst dafür sorgen, dass Ihnen Ihre Arbeit besser gefällt:

- *Agieren Sie zielorientiert. Was möchten Sie in ein, zwei oder drei Jahren erreicht haben?*
- *Machen Sie sich den Sinn Ihrer Arbeit bewusst. Welches Problem lösen Sie bei Ihren Kunden? Warum gibt es Ihr Unternehmen?*
- *Nehmen Sie jeden Fortschritt wahr. Führen Sie Buch über Ihre kleineren und größeren Erfolge.*
- *Belohnen Sie sich selbst, wenn Sie einen wichtigen Arbeitsschritt erledigt haben.*
- *Gestalten Sie Ihren Arbeitsplatz so angenehm wie möglich.*
- *Finden Sie heraus, zu welcher Tageszeit Sie die meiste Energie für Ihre Arbeit haben. Zu diesem Zeitpunkt sollten Sie die wichtigste Aufgabe des Tages erledigen und sich möglichst durch nichts und niemanden stören lassen.*
- *Delegieren Sie ungeliebte Aufgaben. Machen Sie zB die Buchhaltung nicht selbst, wenn es Ihnen auf die Nerven geht.*

2.6.2 Durchhaltevermögen

Dieser Punkt hängt natürlich stark damit zusammen, ob Sie Ihre Arbeit mögen oder nicht. Trotz allem wird es immer mal wieder Tage geben, an denen es nicht so gut läuft und Sie am liebsten zuhause bleiben würden. Dann kommt es darauf an, ob Sie sich selbst wieder motivieren können oder nicht. In diesem Punkt sollten Sie unbedingt ehrlich mit sich selbst sein: Können Sie sich wirklich zur Arbeit motivieren oder brauchen Sie immer mal wieder einen kleinen Schubs von außen, zB von einem Vorgesetzten?

TIPP

Sorgen Sie selbst für mehr Durchhaltevermögen!

Durchhaltevermögen ist eine Tugend, die man hat oder nicht. Trotzdem bin ich der Meinung, dass es zwei Faktoren gibt, die das Durchhaltevermögen steigern können:

- ***Ziele:** Wenn Sie sich Ziele setzen, die nicht zu leicht aber auch nicht zu schwer zu erreichen sind, dann motiviert dies die meisten von uns zum Durchhalten. Schließlich möchte man seine Ziele auch erreichen.*
- ***Gewohnheiten und Routinen:** Es ist möglich, dass Sie einen fixen Tagesablauf brauchen, um besser am Ball bleiben zu können. Als Angestellter haben Sie den ja auch. Zum Beispiel könnten Sie den Arbeitstag auch als Selbstständiger immer zur selben Uhrzeit beginnen.*

2.6.3 Lernfähigkeit

Ist Ihnen schon einmal aufgefallen, dass es Büroangestellte gibt, die bereits seit 20 Jahren oder mehr denselben Job machen und trotzdem weniger können, als Kollegen, die erst seit einem oder zwei Jahren in diesem Job tätig sind?

Ich glaube nicht, dass der Grund dafür ist, dass die Person mit weniger Berufserfahrung einfach nur intelligenter ist. Ich glaube nicht einmal, dass Intelligenz einen besonders großen Einfluss auf den beruflichen Erfolg hat. Schließlich gibt es auch hoch intelligente Menschen, die einfach nicht das erreichen, was sie sich beruflich vorgenommen haben.

Ich glaube, dass die Antwort zu einem großen Teil darin liegt, dass viele Berufstätige einfach nie darüber nachdenken, was sie in ihrem Berufsleben richtig oder falsch gemacht haben und sich auch nie die Frage stellen, ob das was sie gerade tun zum Beispiel aus Sicht des Kunden überhaupt sinnvoll ist. Es wird einfach darauf los gearbeitet und kaum jemand lernt aus den gesammelten Erfahrungen. Erfahrungen alleine bringen überhaupt nichts. Erst die Fähigkeit, aus ihnen zu lernen, macht Erfahrungen wertvoll.

TIPP

Reflektieren Sie die vergangene Woche!

Reflektieren Sie jede Woche schriftlich die vergangene Arbeitswoche. Was ist gut gelaufen und was weniger gut? Sodann sollten Sie sich schriftlich darüber Gedanken machen, wie Sie bestimmte Fehler in Zukunft vermeiden. Setzen Sie in Zukunft diese Maßnahmen laufend im Arbeitsalltag um.

2.6.4 Unternehmerisches Denken

Wer zwar formell ein Unternehmen gründet, im Denken jedoch ein Angestellter bleibt, wird nie das volle Potential ausschöpfen können, das ihm die Selbstständigkeit bietet. Deshalb sollten Sie unbedingt eine neue Haltung annehmen, sobald Sie selbstständig sind. Unternehmerisches Denken ist gefragt. Als Angestellter konnten Sie noch damit argumentieren, dass Sie für ein bestimmtes Problem nicht zuständig sind. Als Selbstständiger kann Ihnen diese Einstellung Ihre Existenz kosten.

Zudem sollten Sie als Selbstständiger auch nach und nach die Fähigkeit entwickeln, sich in die Probleme von Kunden und Mitarbeitern einfühlen zu können und die Dinge aus der Sicht anderer zu sehen und verstehen zu lernen.

2.6.5 Glaube an den Erfolg

Es gibt eine alte Redensart, wonach Prophezeiungen die Tendenz haben, wahr zu werden, weil wir fest daran glauben. Unser Unterbewusstsein sorgt dann dafür, dass dieses Ereignis wirklich eintritt. Deshalb sollten Sie fest an den Erfolg Ihres Unternehmens glauben. Sollten Sie sich hingegen ständig einreden, dass es sowieso schief gehen wird, dann wird es das wahrscheinlich auch.

2.6.6 Streben nach Nutzen für den Kunden

Wirklich erfolgreiche Unternehmer denken nicht zuerst an den eigenen Gewinn, sondern vielmehr an den Nutzen für den Kunden. Das Interessante dabei ist, dass gerade dieser Unternehmertyp oft die höchsten Gewinne einfährt.

Das Wichtigste für Ihr Unternehmen sind nun einmal Ihre Kunden. Sie sind es schließlich, die Ihre Produkte kaufen und somit für Ihren Lebensunterhalt sorgen. Daher sollten Sie immer danach streben, dem Kunden einen unwiderstehlichen Nutzen zu bieten, der dafür sorgt, dass er bald wiederkommt und vielleicht noch andere zahlende Kunden mitnimmt.

2.6.7 Kostenbewusstsein

Ich habe bereits eine Menge Unternehmer kennengelernt, die aufgrund ihres verschwenderischen Verhaltens in Schwierigkeiten gekommen sind. Es stimmt zwar, dass man mit Sparen allein nicht reich wird, und dass man nicht am falschen Ende sparen sollte. Trotzdem: Ein gewisses Maß an Kostenbewusstsein sollte jeder angehende Unternehmer mitbringen. Rechnen Sie Angebote durch, vergleichen Sie verschiedene Angebote und überlegen Sie genau, ob Sie eine Investition wirklich brauchen. Legen Sie zudem in guten Zeiten finanzielle Reserven an. Schlechtere Zeiten kommen bestimmt irgendwann wieder.

2.6.8 Unterstützung aus dem Umfeld

Bei der Gründung eines Unternehmens sollten Sie nicht nur auf sich selbst, sondern auch auf Ihre Familie achten. Steht Ihr Partner hinter der Idee oder nicht? Sie sollten dies unbedingt rechtzeitig ansprechen. Doch nicht nur eine psychische Unterstützung ist vorteilhaft. Sie sollten auch für eine finanzielle Absicherung sorgen. Was passiert beispielsweise, wenn im Businessplan geplante Einnahmen länger auf sich warten lassen?

Nicht wenige Unternehmen scheitern Jahr für Jahr, weil der finanzielle und der familiäre Druck zu groß geworden ist und man genervt das Handtuch wirft – vielleicht kurz bevor das Unternehmen gute Erträge abgeworfen hätte. Sehr oft ist nämlich ein direkter Zusammenhang zwischen dem Unternehmenserfolg und dem Haussegen zu erkennen. Ignorieren Sie daher niemals die Einstellung Ihrer Familie zur beruflichen Selbstständigkeit und achten Sie vor allem auch auf ausreichende finanzielle Reserven. Nur so können Sie die schwierige Anfangszeit problemlos überstehen.

2.7 Ist der Standort wichtig für den Erfolg meines Unternehmens?

Die Standortfrage ist natürlich je nach Branche unterschiedlich wichtig. Trotzdem ist die Standortfrage für alle Unternehmen durch ein wichtiges Merkmal gekennzeichnet: Sie ist nur mit großem finanziellen und organisatorischen Aufwand rückgängig zu machen. Aufgrund dieser langfristigen Wirkung, sollte die Standortwahl ebenso wie allen anderen Handlungen der Gründungsvorbereitung hohes Gewicht eingeräumt werden. Ein falsch gewählter Standort kann existenzbedrohend sein!

Die Standortwahl eines Unternehmens hat unmittelbaren Einfluss auf die Kosten und Umsätze des Unternehmens. In punkto Kosten sind dies zB unterschiedliche Baukosten sowie regional unterschiedliche Investitionskosten des Betriebes. Im laufenden Betrieb sind auch Kosten wie Löhne und Gehälter je nach Region unterschiedlich hoch. Zudem gibt es je nach Region mitunter unterschiedliche Förderungen, die die Investitionskosten vermindern können oder eben nicht. Doch vor allen Dingen kann sich die Standortwahl stark auf die erzielbaren Umsätze auswirken. Diese hängen nämlich vor allem von der regionalen Kaufkraft im Umfeld des Betriebsstandortes und von der Einwohnerzahl in der Region ab. Mit kaum einer anderen strategischen Entscheidung können demnach so stark Kosten- und Umsatzerwartungen beeinflusst werden wie mit der Standortwahl!

Somit sollte die Standortwahl unbedingt strategisch getroffen werden – aufbauend auf der gewünschten Positionierung im Markt und unter Rücksichtnahme auf unterschiedlichste Standortkriterien (allen voran die Kriterien Kaufkraft und Einwohnerzahl der Region). Dabei muss die Standortfrage sogar bereits lange vor Beginn der eigentlichen Gründung gestellt werden.

2.7.1 Die Standortwahl in der Realität

Trotz des langfristigen Charakters, den die Standortwahl stets in sich birgt, wird sie in der Praxis nur selten entsprechend ernst genommen. Die Realität sieht vielmehr so aus, dass sich Gründer oft keine oder nur unzureichende Gedanken über den passenden Standort machen.

Nehmen wir zB einen jungen Gründer, der ein Gasthaus neu eröffnen möchte. Seine Eltern besitzen ein altes Gebäude, das sie schon lange nicht mehr nutzen. Dieses alte und heruntergekommene Gebäude befindet sich sehr abgelegen. Im Umkreis von zehn Kilometern gibt es nur vergleichsweise wenige Einwohner. Zudem ist auch die durchschnittliche Kaufkraft in solchen ländlichen Regionen meist gering. Die zwei wichtigsten Kriterien eines guten Standortes sind in diesem Beispiel also nicht erfüllt, nämlich das Kriterium einer ausreichenden Einwohnerdichte und das Kriterium einer möglichst hohen durchschnittlichen Kaufkraft.

Trotz allem wird jetzt dem Sohn „empfohlen", er solle doch dieses Anwesen für sein Vorhaben nutzen. Schließlich ist es verfügbar und es wäre schade darum, wo doch so viele Erinnerungen damit verbunden sind. Außerdem käme er so viel günstiger. Er muss das Haus ja nur renovieren und sich nicht um ein neues Objekt (Kauf oder Miete) kümmern.

Schließlich wird das Projekt tatsächlich so umgesetzt. Die Renovierungsarbeiten erweisen sich dann aber doch als umfangreicher als erwartet. Unterm Strich hätte es ihn nicht viel mehr gekostet, ein gänzlich neues Gasthaus an einem besseren und einwohnerreicherem Standort zu eröffnen.

Da der frischgebackene Unternehmer keine innovativen Ideen mit seinem Gasthaus verfolgt, also kein Alleinstellungsmerkmal am Markt besitzt, rackert er bald 60 bis 70 Stunden in der Woche und verdient trotzdem nicht mehr (wenn überhaupt) als vorher als Arbeitnehmer (mit geregelten Arbeitszeiten und ohne Unternehmerrisiko). Die erhofften Gäste bleiben aus. Aufgrund der hohen Kredite für den Umbau ist es aber nicht leicht, einfach wieder aufzuhören. Auf Jahre und Jahrzehnte hinaus hat er nun Verpflichtungen gegenüber der Bank, den Lieferanten, seinen Mitarbeitern und gegenüber seiner Familie.

Hätte er sich doch nur bessere Gedanken über den richtigen Standort gemacht!

2.7.2 Wichtige Kriterien zur Standortwahl

Um zum passenden Standort für Ihr Unternehmen zu kommen, sollten Sie einige wichtige Kriterien abwägen. Sie sollten sich insbesondere folgende Fragen stellen:

- Passt dieser Standort zu meiner gewählten Positionierung (vor allem das Umfeld)?
- Wie hoch ist die durchschnittliche Kaufkraft in dieser Region?
- Wie viele Einwohner leben in meinem unmittelbaren Aktionsradius (dieser Radius ist natürlich je nach gewählter Branche unterschiedlich)?
- Gibt es bereits direkte Konkurrenten im näheren Umfeld?
- Wie stark sind diese Konkurrenten? Bieten sie dasselbe wie ich? Haben meine Konkurrenten ein besonderes Alleinstellungsmerkmal/besondere Stärken im Vergleich zu mir?
- Wie sieht es mit dem Arbeitskräftepotential in der Region aus (ebenfalls unterschiedlich wichtig in Abhängigkeit von der gewählten Branche bzw der voraussichtlichen Unternehmensgröße)?
- Wie steht es um das Lohnniveau in der Region?
- Wie gut ist die Verkehrsanbindung?
- Wie sieht es mit der Kundenfrequenz/Fußgängerfrequenz aus (vor allem im Handel sehr wichtig)?
- Wie steht es um Bodenflächen und -qualitäten, klimatische Gegebenheiten und um die Luftqualität an diesem Standort (nur für manche Branchen entscheidend)?
- Gibt es ausreichende Parkmöglichkeiten für meine Kunden in der Nähe des Standorts?
- Ist der Standort später noch ausbaufähig (bei späterem Wachstum des Unternehmens)?
- Wie hoch sind die voraussichtlichen Kosten (Investitionskosten, Errichtungskosten, Kosten des Umbaus, Miete, Betriebskosten etc)?

2.8 Welche Maßnahmen der Risikovorsorge sollte ich treffen?

Unternehmer gehen mit Ihrer Geschäftstätigkeit ein, je nach Branche und Geschäftskonzept unterschiedlich hohes, unternehmerisches Risiko ein. Als künftiger Unternehmer müssen Sie sich beispielsweise darüber im Klaren sein, dass in Zukunft kein monatlich fixes Gehalt mehr auf Ihrem Bankkonto fließen wird. Die Selbstständigkeit ist immer auch mit einer großen Einkommensunsicherheit behaftet. Dabei geht es nicht nur um die monatlichen Zahlungseingänge. Auch die Zahlungsausgänge stehen im Vorhinein in ihrer Höhe nicht absolut fest. Kreditzinsen können sich erhöhen, Garantien und Gewährleistungsansprüche können schlagend werden und Rohstoffpreise können steigen.

Da Sie somit schon so viele Dinge nicht unmittelbar beeinflussen können, sollten Sie zumindest überall dort Risiken vermindern und absichern, wo es möglich und vom Aufwand-/Nutzenverhältnis her auch sinnvoll ist. Zu denken wären bei der Absicherung vor allem an existenzielle und gesundheitliche Risiken sowie an die Absicherung gegen vorübergehende Zahlungsschwierigkeiten.

2.8.1 Absicherung gegen existenzielle Risiken

Es gibt eine Reihe existenzieller Risiken, deren Absicherung Sie zumindest einmal überdenken sollten. Es sind dies vor allem größere Haftpflichtrisiken, eine eintretende Berufsunfähigkeit, eine plötzlich eintretende Krankheit, ein Unfall und der tragische Fall des plötzlichen Ablebens. Gegen all diese Risiken können Sie sich mit Hilfe von Versicherungen finanziell absichern, auch wenn Sie dafür eine regelmäßige Versicherungsprämie zahlen müssen. Ein Schutz gegen diese Risiken sollte dennoch zumindest überlegt werden.

Das Erfordernis, sich gegen die genannten Risiken abzusichern oder nicht, wird hierbei vor allem von Ihren persönlichen Verhältnissen und Erfordernissen abhängen. Wenn zB keine Familie von Ihnen abhängig ist, dann brauchen Sie auch keine Ablebensversicherung (außer eventuell für einen Kredit, weil es die Bank von Ihnen verlangt). Besprechen Sie Ihre Situation am besten mit einem Experten – zB einem unabhängigen Versicherungsmakler.

TIPP

EDV-Daten sichern!

Vergessen Sie nicht darauf, Ihre EDV-Daten periodisch zu sichern. Sollten Sie mehrere Mitarbeiter in Ihrem Büro beschäftigen, dann werden die Daten wahrscheinlich zentral auf einem Server gespeichert. Zusätzlich sollten Sie diese Daten täglich, zumindest aber wöchentlich, noch einmal auf ein externes Speichermedium kopieren – zB auf Band oder auf eine externe Festplatte. Diese Sicherungen sollten Sie unbedingt an einem gänzlich anderen Ort aufbewahren.

Im Falle eines Brandes bzw eines Einbruchs könnten ansonsten sowohl der Server als auch das Speichermedium verlorengehen.

Doch auch als Einzelkämpfer mit nur einem Computer dürfen Sie auf eine solche Sicherung nicht vergessen. Auch hier sollten Sie darauf achten, dass das Speichermedium an einem anderen Ort als der Computer aufbewahrt wird.

2.8.2 Absicherung gegen vorübergehende Zahlungsschwierigkeiten

Die einzige „Kontrolle" vieler Unternehmer, ob sie Erfolg haben oder nicht, ist der Blick auf den aktuellen Kontostand. Allerdings ist dies für die Beurteilung der unternehmerischen Performance viel zu wenig. Um Ihre jederzeitige Zahlungsfähigkeit im Unternehmen abzusichern, empfehle ich folgende Maßnahmen:

- Versuchen Sie so oft wie nur irgend möglich, Anzahlungen von ihren Kunden zu erhalten (sofern dies im Rahmen Ihres Geschäftsmodells möglich, sinnvoll und seriös ist).
- Schreiben und versenden Sie Rechnungen immer sofort nach Ausführung der jeweiligen Leistung.
- Bei größeren Vorhaben sollten Sie unbedingt Zwischenrechnungen stellen. Warten Sie nicht bis zum Abschluss des gesamten Projekts.
- Mahnen Sie offene Rechnungen ein. Es empfiehlt sich, ein strukturiertes Mahnwesen in Ihrem Unternehmen zu etablieren.
- Rechnungen, die schon lange nicht bezahlt wurden, sollten Sie auch einklagen (beachten Sie dabei die Verjährungsfrist von drei Jahren, wobei eine Mahnung allein die Verjährung nicht unterbricht!).
- Überprüfen Sie die Bonität Ihrer Kunden vor größeren Aufträgen. Holen Sie sich Auskünfte ein bei der Bank, beim Kreditschutzverband und/oder beim Firmenbuch.
- Vereinbaren Sie mit Ihrer Bank einen genügend hohen Kontokorrentkreditrahmen (damit Sie auch die Skonti Ihrer Lieferanten jederzeit ausnutzen können). Schließen Sie einen Vertrag hierüber und vereinbaren Sie nicht bloß mündlich einen internen Rahmen. Ansonsten muss sich die Bank im Krisenfall nicht daran halten! Bedenken Sie aber, dass Kontokorrentkredite unter Umständen sehr teuer sind.
- Finanzieren Sie längerfristige Investitionen niemals mit kurzfristigen Krediten. Falls die Bank den Kredit nämlich nicht mehr verlängern will, bekommen Sie ernsthafte Probleme.
- Nützen Sie den Rahmen beim Kontokorrentkredit in guten Zeiten niemals voll aus. Tätigen Sie vor allem längerfristige Investitionen niemals mittels der Ausweitung des Kontokorrentkredits.
- Verhandeln Sie, falls notwendig, über einen Zahlungsaufschub mit Ihren Lieferanten.

- Entgehen Sie der „Abgabenfalle“ durch zu hohe Privatentnahmen. Dadurch, dass Sie bei Einzelunternehmen und Personengesellschaften laufende Privatentnahmen tätigen können, die Einkommensteuer und die Sozialversicherung aber erst im Nachhinein fällig werden, schlittern viele Unternehmer schnell in Probleme. Vermeiden Sie dies und legen Sie genug Geld für die Zahlung Ihrer Steuern und Ihrer Sozialversicherung zur Seite! Im Falle unzureichender Liquiditätsvorsorge sollten Sie rechtzeitig einen Stundungs- oder Ratenantrag beim Finanzamt einbringen. Ihr Steuerberater hilft Ihnen da gerne weiter.
- Stellen Sie einen Ein- und Auszahlungsplan für die jeweils nächsten drei Monate auf. Seien Sie dabei ruhig eher pessimistisch, um über einen Risikopuffer zu verfügen.
- Analysieren Sie Ihre Kunden und Ihre Produkte anhand der Profitabilität. Verdienen Sie wirklich mit all Ihren Kunden und Produkten Geld, oder sind manche davon sogar verlustträchtig? Sollten verlustträchtige Kunden oder Produkte vorhanden sein, trennen Sie sich so schnell wie möglich von ihnen. Denken Sie dabei aber an Ihr Image und vermeiden Sie Unhöflichkeiten.

2.8.3 Absicherung gegen gesundheitliche Risiken

Als Unternehmer sind Sie in der Regel höheren gesundheitlichen Risiken ausgesetzt als der typische Arbeitnehmer. Eine auf Dauer angelegte 60-Stunden-Woche ist nicht gerade gesundheitsfördernd und sollte deshalb vermieden werden.

So viel Arbeit ist auch gar nicht notwendig, um erfolgreich selbstständig zu sein. Machen Sie sich lieber etwas unabhängiger von Ihrem Unternehmen, indem Sie alltägliche Dinge an Mitarbeiter weitergeben und nicht zum Kernbereich Ihres Geschäfts zählende Aufgaben auslagern (zB die Buchhaltung). Kümmern Sie sich stattdessen lieber um die wirklich wichtigen Dinge im Unternehmen. Hierbei kann es helfen, an die berühmte Pareto-Regel zu denken, wonach 20% der Aufgaben 80% des Erfolges ausmachen!

2.9 Ist es als Gründer schwer an Kunden zu kommen?

Die Kundengewinnung ist ein Bereich, den viele Gründer enorm unterschätzen. Sehr oft wird von Neugründern angenommen, dass Kunden ohnehin kommen werden, wenn das neue Unternehmen erst mal am Markt präsent ist. Bei der heutigen Konkurrenzdichte in fast allen Branchen und der Konkurrenz durch das Internet wartet aber selten jemand auf den nächsten Anbieter, der alles genau so macht wie schon Hunderte vor ihm.

Viele neue Unternehmen locken zwar zu Beginn einige Neugierige und vor allem auch Bekannte des Gründers an, doch um wirklich auf Dauer kostentragend und gewinnträchtig zu arbeiten, bedarf es weit mehr. Genügend Kunden als neu am Markt agierendes Unternehmen anzulocken, ist gar nicht so leicht wie viele denken.

2.9.1 Der Grund für die Zurückhaltung der Konsumenten

Besonders schwer haben es in punkto Kundengewinnung vor allem neue Dienstleistungsunternehmen. Denn bei Dienstleistungen kann der Kunde die Qualität der Leistung am wenigsten objektiv beurteilen. Miteinander vergleichen kann der Kunde die Qualität der Leistungen sowieso nicht – dafür fehlt ihm ganz in der Regel das nötige Know-How, um die Leistungen bewerten zu können.

Somit sucht sich der Kunde Ersatzkriterien zur Bewertung der Qualität der angebotenen Leistung. Solche Ersatzkriterien sind vor allem das Alter, die Erfahrung sowie Ausbildung des Unternehmers und der Mitarbeiter, der Standort des Unternehmens, das Alter des Unternehmens, der Ruf des Unternehmens in der Bevölkerung, die Bekanntheit des Unternehmens, Referenzen zufriedener Kunden, abgegebene Garantien des Unternehmens und die Freundlichkeit des Unternehmers und der Mitarbeiter.

Beim Ansehen dieser Ersatzkriterien zur Beurteilung der Qualität der Leistungen eines Unternehmens wird schnell klar: Als Gründer sind Sie gegenüber den etablierten Unternehmen schwer im Nachteil. Ihr Unternehmen wird erst noch bzw wurde neu gegründet, ein positives Image in der Bevölkerung konnten Sie sich wahrscheinlich noch nicht aufbauen, Ihr Unternehmen ist noch nicht bekannt und Referenzen haben Sie auch noch keine vorzuweisen.

2.9.2 Ihre Chancen als Gründer

Doch lassen Sie jetzt bitte nicht gleich den Kopf hängen! Was hier beschrieben wurde, bezieht sich vor allem auf jene neu gegründeten Unternehmen, die einfach nur die etablierte Konkurrenz kopieren und über kein Alleinstellungsmerkmal verfügen. Wenn Sie nämlich über kein Alleinstellungsmerkmal am Markt verfügen, haben Kunden keinen Grund, zu einem neuen Anbieter zu wechseln – denn bei einem neuen Anbieter ist das Kaufrisiko mit Abstand am größten. Wenn der Kunde bei etablierten Unternehmen die Qualität der Leistungen schon nicht richtig beurteilen kann, dann kann er es bei einem neuen Unternehmen schon gar nicht.

Die Zauberwörter in punkto Kundengewinnung für neu gegründete Unternehmen lauten deshalb: Kundennutzen, Alleinstellung und Positionierung. Infos hierzu erhalten Sie in den *Tz 2.2* bis *2.5* in diesem Buch.

2.10 Wie komme ich zu genügend Kunden?

Vor allem in der Anfangszeit ist es oft schwer an genügend Kunden zu kommen und diese erfolgreich vom eigenen Leistungsangebot zu überzeugen. Erschwerend kommt hinzu, dass Gründer zumeist nicht über hohe finanzielle Mittel verfügen, die sie für teure Werbeaktionen verwenden könnten.

Doch zum Glück brauchen Sie auch keine hohen finanziellen Mittel für eine effektive Neukundengewinnung! Zum Einen ist eine starke Positionierung schon von sich aus die beste Werbung, zum Anderen haben Sie zwei Möglichkeiten, um Werbung zu betreiben: Sie können Werbeaktionen starten, die viel Geld, aber wenig Zeit kosten, oder Sie starten Werbeaktionen, die weniger Geld, dafür aber umso mehr Zeit in Anspruch nehmen. Gründer sollten besser die zweite Option wählen, also Werbung, die zwar viel Zeit, aber umso weniger Geld beansprucht. Unserer Meinung nach ist das auch der effizientere und erfolgreichere Weg. Setzen Sie daher nicht ausschließlich auf konventionelle Werbeformen wie Zeitungsinserate. Diese sind verhältnismäßig teuer und bringen oft nur eine geringe Kundenresonanz. Beschreiten Sie ruhig auch alternative Wege.

Hier kurz einige Anregungen für Werbemaßnahmen, die Sie aus der Masse abheben können:

- **E-Mail-Marketing:** Sie könnten zB einen periodischen E-Mail-Newsletter an alle Ihre Kunden und Interessenten verschicken. Ein solcher Newsletterversand verursacht nur minimale Kosten und geht zudem schneller als der traditionelle Versand von Werbebriefen. Beachten Sie beim E-Mail-Marketing aber unbedingt die gesetzlichen Einschränkungen (*siehe hierzu Tz 7.6* zur Frage „Was muss rechtlich in punkto Werbung und Verkauf beachtet werden?").
- **Organisation von Kundenveranstaltungen:** Kundenveranstaltungen können ein ausgezeichnetes Mittel zur Bindung bestehender Kunden darstellen. Zudem wirken sich Kundenveranstaltungen positiv auf das Image des Unternehmens aus.
- **Unternehmensblog statt Firmenwebseite:** Im Grunde ist ein Blog nichts anderes als ein online geführtes Tagebuch, in dem die letzten Einträge zuoberst erscheinen. Blogs werden meist zu speziellen Themen geführt und eignen sich somit erstklassig für die Profilierung als Experte, indem Sie den Besuchern darin wertvolles Wissen vermitteln und Ihre Kompetenz und Leistungsfähigkeit aufzeigen.
- **Nutzung von Facebook und sozialen Netzwerken für Unternehmenszwecke:** Soziale Netzwerke wie Facebook können nicht nur privat genutzt werden, sondern auch sehr gut für Unternehmenszwecke. Leider schöpfen nur wenige kleine und mittlere Unternehmen dieses Potenzial aus. Große Betriebe sind bereits auf diesen Zug aufgesprungen.
- **Versenden einer Kundenzeitung:** Kundenzeitungen können sowohl zur Kundenbindung als auch zur Neukundengewinnung eingesetzt werden. Zudem sorgen Sie – gut umgesetzt – für einen nicht zu unterschätzenden Imagegewinn für das Unternehmen. Ähnlich wie bei der Nutzung von Blogs zeigen Sie hierdurch den Lesern Ihre Kompetenz und Leistungsfähigkeit.
- **Abhalten von Vorträgen und Seminaren:** Falls Sie ein guter Redner sind und kein Lampenfieber vor einem solchen Auftritt bekommen, dann eignen sich für Sie sicherlich auch Vorträge und Seminare, um bekannter zu werden. Auch hiermit beweisen Sie den Zuhörern Ihre Kompetenz und erzeugen somit Vertrauen.
- **Online PR:** Im Zuge der Online PR könnten Sie vor allem auf Online-Pressemitteilungen und Artikelmarketing setzen. Leider wird Online PR von den meisten Gründern und Kleinunternehmern nicht beachtet, obwohl es großes Potential bieten kann.

- **Schalten von Google-Anzeigen:** Werbung auf Google ist unter Kleinunternehmern eine ebenfalls stark vernachlässigte Werbeform. Dabei schaltet der Werbende Anzeigen, die jedoch nicht wahllos erscheinen, sondern erst nachdem die vom Werbenden definierten Suchwörter in der Suchmaske von Google eingegeben wurden. Gezahlt wird dann pro Klick.

WEBSEITENTIPP

Auf der Webseite www.gruendungswissen.at finden Sie rechts unter der Kategorie „Wirtschaft: Marketing und PR" eine Vielzahl an Tipps für erfolgreiche Neukundengewinnung und Kundenbindung. Unter anderem erhalten Sie dort zahlreiche kostenlose eBooks sowie Tipps zu einzelnen Werbemaßnahmen wie zB zur Schaltung effektiverer Zeitungsinserate.

Vergessen Sie aber nicht die Bindung von bestehenden Kunden an Ihr Unternehmen! Bestehende Kunden zum Wiederkauf zu bewegen ist um ein Vielfaches leichter als potentielle Kunden von einem Erstkauf zu überzeugen. Bestehende Kunden kennen Ihr Unternehmen bereits und wissen, welche Qualität sie von Ihnen erwarten können. Das wahrgenommene Risiko eines erneuten Kaufes ist aus Kundensicht weit geringer als das Risiko im Falle eines Erstkaufs. Stimmte beim letzten Mal die Qualität, dann stehen die Chancen gut, dass Kunden wiederkommen. Halten Sie Ihre Qualitätsversprechen daher unbedingt ein!

2.10.1 Kundengewinnung und Positionierung

Der erste Schritt im Rahmen der Kundengewinnung ist immer der, eine klare Positionierungsstrategie zu erarbeiten. Positionierung sollte dem Marketing und der Werbung stets vorangehen! Erst wenn eine Positionierungsstrategie vorhanden ist, kann begonnen werden, Marketing- und Werbemaßnahmen zu planen. Mit jeder Werbeaktion, die Sie durchführen, müssen Sie Ihr unverwechselbares Alleinstellungsmerkmal kommunizieren – in Werbebriefen, auf Ihrer Homepage, in Zeitungsinseraten und in Ihrer Kundenzeitung.

Wer mit Werbeaufwand allein ein Unternehmen ohne Alleinstellungsmerkmal einfach nur bekannt machen will, der vernichtet Geld. Bekanntheit allein bedeutet nämlich noch nicht, dass auch gekauft wird. Der Kunde muss den besonderen Vorteil, den Nutzen in Ihrem Angebot erkennen und Ihnen vertrauen – erst dann wird er Ihre Leistungen auch nachfragen.

Zudem fällt Ihnen Ihre Werbung auch viel leichter, wenn Sie bereits eine klare Positionierung erarbeitet haben:

Nehmen wir die Spezialisierung als Beispiel. Spezialisierung ist eine wahre Geheimwaffe, wenn es um Kundengewinnung geht. Stellen Sie sich vor, Sie sind in einen Rechtsstreit mit einem deutschen Unternehmer über Gewährleistungsansprüche verwickelt. Es geht um eine Menge Geld. Gehen Sie mit einem solchen Problem zu Ihrem Anwalt um die Ecke oder suchen Sie sich lieber einen Spezialisten? Sie werden sich natürlich einen Spezialisten suchen. Sie werden wahrscheinlich sogar dazu bereit sein, einige Zeit in die Suche eines solchen Spezialisten zu investieren - schließlich steht ja viel Geld auf dem Spiel.

Das Schöne für jenen Spezialisten ist, dass er nicht gleichzeitig potentielle Klienten mit vielen unterschiedlichen Bedürfnissen umwerben muss. Er hat die Möglichkeit, Sie mit Ihrem Gewährleistungsproblem zu umwerben - und eben alle anderen, die sich dem gleichen oder einem sehr ähnlichen Problem gegenüber sehen.

Das ist der Punkt: Der spezialisierte Anwalt muss sich nur darüber Gedanken machen, wie er von seiner Zielgruppe am besten gefunden wird. Er kann sich genau überlegen, wie diese Art von Kunde wohl am wahrscheinlichsten suchen wird. Wird er im Telefonbuch suchen? Dann wäre dort eine Einschaltung empfehlenswert. Wird er sich über die Rechtsanwaltskammer informieren? Dann müsste er sich dort als Spezialist eintragen lassen. Wird er einen anderen Anwalt fragen, wen dieser ihm empfehlen kann? Dann sollte der Anwalt versuchen, Kooperationen mit anderen Anwälten einzugehen. Wird er über Google suchen? Dann sollte dieser Anwalt dafür sorgen, dass er in den oberen Ergebnislisten aufscheint. Er könnte neben seiner Webseite einen spezialisierten Blog zum Thema und/oder eine Google AdWords-Kampagne starten (bezahlte Einträge in Google zum gesuchten Thema).

Ergänzend könnte dieser Anwalt versuchen, Fachartikel in Zeitungen, Zeitschriften und in diversen Internetpublikationen unterzubringen oder ein Buch zu diesem Thema zu schreiben. Vielleicht erinnert sich der Unternehmer mit seinem Problem sogar daran, irgendwann mal einen Artikel von diesem Anwalt gelesen zu haben. Vielleicht wird der spezialisierte Anwalt durch seine zahlreichen Bemühungen unter den anderen Anwälten als Spezialist in dieser Materie bekannt und somit ohne weiteres eigenes Zutun und ohne Kooperationsvereinbarung weiterempfohlen.

Überlegen Sie deshalb, wo Ihr Kunde nach Ihnen sucht. Genau dort müssen Sie Werbung machen und nirgends sonst!

2.10.2 Auf die Kundenbindung nicht vergessen!

Gleich von Beginn weg sollten Sie nicht nur an die Neukundengewinnung, sondern auch bereits an die Kundenbindung denken. Es kommt Ihnen zeit- und kostenmäßig viel günstiger, bestehende Kunden zum Wiederkauf zu bewegen, als potentielle Kunden zum Erstkauf. Das Vertrauen bestehender Kunden haben Sie ja bereits! Achten Sie daher darauf, Ihre Kunden nie zu enttäuschen und bieten Sie jene Qualität, die man von Ihnen aufgrund Ihrer Werbeversprechen auch erwartet.

In punkto Qualität geht es aber nicht immer nur um das Produkt oder die Leistung an sich. Wichtig sind auch die Kontakt- und Servicequalität. Bei der Kontaktqualität geht es um Freundlichkeit, Hilfsbereitschaft, aber auch um Dinge wie die Inneneinrichtung Ihres Verkaufslokals, um die technische Ausstattung usw. Bei der Servicequalität sollte der Kunde Dinge geboten bekommen, die er so nicht beim direkten Mitbewerb erhält. Allerdings geht es dabei natürlich um jenen Service, den der Kunde auch wertschätzt und bereit ist, dafür zu bezahlen. Der beste Service bringt nichts, wenn die gebotenen Leistungen dem Kunden gar nicht wichtig sind, sondern der Service einfach nur Ihre Kosten erhöht.

Bedenken Sie auch, dass zufriedene Bestandskunden durch das Aussprechen von Empfehlungen sogar Ihre besten Verkäufer sein können. Leider lassen die meisten Unternehmer hier große Potentiale ungenutzt. Der Grund, warum Empfehlungen so wirkungsvoll sind, ist, dass Empfehler durch ihre Unabhängigkeit ein höheres Vertrauen genießen als das Unternehmen selbst. Durch diesen Vertrauensbonus ist dann auch die Abschlussquote um ein Vielfaches höher.

Das Problem dabei ist leider, dass auch der zufriedenste Kunde nicht automatisch daran denken wird, für Sie Mundpropaganda zu machen und eine Empfehlung auszusprechen. Deshalb ist Eigeninitiative gefragt. Sie können Ihre Kunden zB um Empfehlungen bitten, finanzielle Anreize für Empfehlungen schaffen oder den Kunden um Empfehlungsadressen ersuchen.

Kapitel 3
Fragen zu Finanzierung und Finanzplanung

3.1 Wie soll ich mein Unternehmen finanzieren?

Wie ich bereits unter *Tz 2.1* zur Frage „Warum scheitern so viele Gründungen?“ erläutert habe, zählt die Finanzierung zu den wichtigsten Vorbereitungshandlungen im Zuge einer Unternehmensgründung. Die Notwendigkeit einer guten Finanzierungsstruktur kann für den Erfolg von Unternehmen gar nicht hoch genug eingeschätzt werden!

Doch leider halten sich viele Gründer nicht an diesen Grundsatz. Speziell in Klein- und Kleinstbetrieben ist das Eigenkapital oft viel zu niedrig. Laut einer Studie der KMU Forschung Austria besitzen 35% der Klein- und Mittelbetriebe in Österreich überhaupt kein Eigenkapital. Bei Kleinstunternehmen stellt sich die Lage sogar noch schlimmer dar. Dabei dient Eigenkapital vor allem auch als Risikopuffer in schlechten Zeiten.

Doch neben einer guten Finanzierungsstruktur – zu der ausreichend Eigenkapital gehört – muss sich der Gründer noch um weitere Finanzierungsaspekte Gedanken machen: Ist bekannt, welche finanziellen Mittel konkret für das Gründungsvorhaben benötigt werden? Sind ausreichend private Reserven verfügbar, um nicht bei der ersten auftretenden Schwierigkeit gleich das Handtuch werfen zu müssen?

3.1.1 Der Kapitalbedarf

Die detaillierte Ermittlung des anfänglichen und des laufenden Kapitalbedarfs gehört zu den wesentlichsten Aufgaben eines Gründers, trotzdem wird diesem Punkt nur sehr selten die notwendige Aufmerksamkeit geschenkt. Doch nur eine genaue Kapitalbedarfsplanung ist in der Lage, die Zahlungsfähigkeit in der Anfangsphase und darüber hinaus zu sichern.

Vermeiden Sie diesen Fehler und planen Sie daher genau:

- **Kapitalbedarf für Investitionen:** Bedenken Sie bei der Planung des Investitionsbedarfs auch die Nebenkosten wie Notariatskosten, Gebühren und Kapitalbeschaffungskosten.
- **Kapitalbedarf für das Waren- und Materiallager:** Aus Branchenvergleichszahlen können Sie relativ leicht bestimmen, wie oft sich der Lagerbestand pro Jahr „umschlägt“, das heißt, wie oft im Jahr Sie Ihr Lager im Schnitt komplett verkaufen und damit erneuern müssen. Außerdem sollten Sie sich über voraussichtliche Beschaffungszeiten erkundigen, sowie über Beschaffungskosten und eventuelle

Mengenrabatte. Aus all diesen Informationen können Sie dann den optimalen Lagerbestand ableiten.

> **TIPP**
>
> *Branchenvergleichszahlen von Ihrer Hausbank einholen!*
>
> *Um zu halbwegs aktuellen Branchenvergleichswerten zu gelangen – ohne viel Geld dafür auszugeben – fragen Sie am besten den Kundenbetreuer Ihrer Hausbank. Er wird Ihnen sicher weiterhelfen können.*

- **Laufender Kapitalbedarf:** Vergessen Sie nie auf die Planung des laufenden Kapitalbedarfes. Vor allem den Zeitraum zwischen Auftragseingang und Zahlungseingang müssen Sie finanziell überbrücken können. Speziell in der Zeit nach der Gründung des Unternehmens werden Sie viele Ausgaben tätigen müssen, denen eher nur wenige Einzahlungen gegenüber stehen werden. Erst im Laufe der Zeit wird sich das (hoffentlich) ändern.
- **Ihre Lebenshaltungskosten:** Sie selbst und gegebenenfalls auch Ihre Familie müssen von Ihrer selbstständigen Tätigkeit leben können. Erstellen Sie am besten eine genaue Aufstellung über Ihre Fixkosten pro Monat. Dazu zählen zB Miete oder Kreditrückzahlungen, Betriebskosten, Kosten für den Haushalt, für Kleider und für Lebensmittel, Kosten für Ihre Kinder, Kfz-Kosten wie Benzin und Reparaturen, Versicherungsbeiträge, Ausgaben für Freizeit und Urlaub, private Steuern und Ausgaben für Unvorhergesehenes.
- **Ausreichende Liquiditätsreserven:** Planen Sie unbedingt auch eine ausreichende Liquiditätsreserve, da gewisse Kosten höher sein können als ursprünglich geplant. Vor allem die Umsätze zu Beginn der Selbstständigkeit sollten zudem eher konservativ angesetzt werden, wodurch sich der geplante laufende Kapitalbedarf erhöht. Investitionskosten sind im Nachhinein auch oft um einiges höher als erwartet. Planen Sie auch dort einen Puffer ein und berücksichtigen Sie auch künftige Preissteigerungen.

3.1.2 Die Kapitalbeschaffung

Die Planung Ihres anfänglichen und laufenden Kapitalbedarfs liefert Ihnen als Ergebnis die Summe, die Sie brauchen, um erfolgreich starten zu können. Überlegen Sie, wie Sie dieses Geld am besten auftreiben und wie Sie vor allem die Finanzierungsstruktur Ihres Unternehmens gestalten:

- **Eigenkapitalfinanzierung:** Sie müssen vor allem selbst der erste Financier Ihres Unternehmens sein. Wer sonst soll Ihnen vertrauen, wenn Sie sich nicht zuerst selbst Geld anvertrauen? Ein bestimmter Anteil an Eigenkapital ist zudem notwendig, falls Sie um einen Bankkredit ansuchen. Die Bank möchte, dass auch der Gründer selbst Risiko trägt. Zudem dient Eigenkapital als Risikopuffer für unvorhergesehene Ereignisse und für Krisen im Unternehmen. Je höher das Eigenkapital im Unternehmen ist, desto weniger krisenanfällig ist es. Wie hoch der Eigenkapitalanteil mindestens sein muss, lässt sich nicht pauschal beantworten. Dies hängt vor allem vom Risiko Ihres Unternehmens ab. Fest steht auf jeden Fall, dass noch kein Unternehmen an einem zu hohen Eigenkapital zugrunde gegangen ist!

- **Fremdkapitalfinanzierung:** Fremdkapital bedeutet, dass Sie Zinsen und Tilgungen unabhängig von Ihrem laufenden Erfolg zahlen müssen. Außerdem ist Fremdkapital in der Regel nicht ohne Sicherheiten (zB Grundstücke, Gebäude, Anlagen) zu bekommen. Oft verlangt die Bank auch Bürgschaften, zB vom Ehepartner – womit dann oft die ganze Familie dem Erfolg oder Misserfolg des künftigen Unternehmens ausgeliefert ist. Vermeiden Sie daher unbedingt Bürgschaftsübernahmen durch die Familie.
- **Förderungen für Gründer:** Um Gründern den Start in die Selbstständigkeit etwas zu erleichtern, gibt es eine Reihe von Förderprogrammen, die sie nutzen können und sollten. Eine Übersicht zu den wichtigsten Förderungen für Gründer in Österreich gebe ich Ihnen unter *Tz 3.3* zur Frage „Welche Förderungen kann ich als Gründer nutzen?"
- **Die Goldene Finanzierungsregel:** Die sogenannte „Goldene Finanzierungsregel" besagt, dass langfristige Investitionen unbedingt durch langfristiges Kapital gedeckt werden sollten. Umgekehrt muss die kurzfristige Mittelverwendung nicht zur Gänze mit kurzfristigem Kapital gedeckt werden, sondern kann auch zum Teil langfristig finanziert werden. Dies gibt dem Unternehmen die nötige Bestandssicherheit.

  Für langfristige Investitionen sollten daher das Darlehen bzw der Abstattungskredit und natürlich Eigenkapital zur Finanzierung herangezogen werden. Die kurzfristige Mittelverwendung kann ebenso wieder durch langfristige Kredite bzw durch Eigenkapital gedeckt werden. Zusätzlich kann hierfür auch ein Kontokorrentkredit eingesetzt werden. Der Kontokorrentkredit ist ein Kredit, der einmal eingeräumt, immer wieder bis zu einem vorher vereinbarten Ausmaß ausgenützt werden kann.

TIPP

Kontokorrentrahmen schriftlich vereinbaren!

In der Vergangenheit wurde bei Kontokorrentkrediten oft nur ein geringer Rahmen im Vertrag vereinbart, da auf diesen Rahmen eine Kreditvertragsgebühr zu zahlen war (diese wurde mit 1.1.2011 aufgehoben). Der Rahmen wurde dann durch eine interne Vereinbarung ausgeweitet. Ein solcher interner Rahmen verpflichtet aber die Bank keineswegs, Ihnen wirklich in dieser Höhe Kredit zu gewähren – sie kann also diesen internen Rahmen jederzeit aufheben. Die Folge können schwerwiegende Liquiditätsengpässe sein. Vermeiden Sie also Vereinbarungen, die nur intern existieren. Durch den Wegfall der Kreditvertragsgebühr ergibt sich für Sie ohnehin kein Vorteil mehr daraus.

3.1.3 Private Reserven

Bedenken Sie bei aller Euphorie immer: Die meisten Unternehmer erzielen in den ersten Monaten (bei komplexeren Gründungen mitunter sogar Jahren) keine signifikanten Einnahmenüberschüsse, aus denen ihr Lebensunterhalt gedeckt werden kann. Sind Sie auch dafür gewappnet, dass Einnahmenüberschüsse sogar länger auf sich warten lassen als ursprünglich in der Finanzplanung angenommen? Viele Unternehmen scheitern, weil sie dem finanziellen Druck dieser Anfangszeit nicht standhalten – vor allem wenn man nicht nur auf sich alleine gestellt ist, sondern auch gleichzeitig eine Familie zu ernähren hat. Achten Sie daher auf ausreichend private Reserven!

TIPP

Ihr privates Guthaben sollten Sie unbedingt bei einer anderen Bank deponiert haben als bei jener, bei der Sie privat oder für Ihr Unternehmen Kredite aufgenommen haben. Ansonsten wird die Bank im Falle von Schwierigkeiten von Ihnen fordern, diese Reserven zur Abdeckung bestehender Kredite zu verwenden. Sie könnten dadurch in die unangenehme Situation kommen, nicht einmal mehr Ihren Lebensunterhalt und den Ihrer Familie bestreiten zu können. Vermeiden Sie also unbedingt die Konzentration auf nur eine Bank.

3.2 Was muss ich wissen, damit mich meine Bank nicht übervorteilt?

Banken arbeiten mit jeder Menge Tricks, um ihren Kunden das eine oder andere Prozent an zusätzlichen (oft versteckten) Kreditkosten oder Zinsen aufzubürden. Die meisten Bankkunden sind sich dessen gar nicht bewusst, leider werden sie oft eines Besseren belehrt.

Doch Ihnen muss es nicht auch so gehen! Wenn Sie die folgenden Punkte beachten, dann ersparen Sie sich mitunter hohe Kreditkosten und vor allem jede Menge Ärger.

3.2.1 Tipps zum Businessplan

Ein gut vorbereiteter Businessplan, aus dem auch die Bedienbarkeit der Kreditbelastungen (Zinsen und Tilgungen) hervorgeht, ist mitentscheidend für die Kreditgewährung und für gute Bankkonditionen:

- Stellen Sie die Planungsziffern dabei möglichst nachvollziehbar und plausibel dar. Übertrieben positive Entwicklungen ohne entsprechende Begründung sind für die Bank nicht glaubwürdig.
- Idealerweise können Sie sich die Finanzierung und die damit verbundenen Kosten auch ohne Gewährung von Förderungen leisten.
- Gewisse Reserven für Zinsanstiege sind von vornherein zu berücksichtigen. Das Unternehmen sollte auch bei einem höheren Zinsniveau noch profitabel sein (von eventuellen Anlaufverlusten einmal abgesehen).

3.2.2 Tipps zur Kreditausschreibung bei nicht geförderten Krediten

Sehr empfehlenswert ist es, eine Kreditausschreibung durchzuführen (vor allem bei höheren Kreditvolumina). Dabei werden Angebote von mehreren Banken eingeholt. Der Unterschied zur gängigen Praxis ist dabei, dass in Kreditausschreibungen die wichtigsten Punkte wie Aufschlag, Zusatzkosten, Zinsindikatoren und dergleichen genau definiert werden und somit eine Vergleichbarkeit überhaupt erst möglich wird. Werden unterschiedliche Angebote ohne eine solche strukturierte Ausschreibung eingeholt, ist es sehr schwierig, diese objektiv zu vergleichen.

TIPP

Bankenunabhängige Beratung einholen!

Zur Durchführung einer solchen Kreditausschreibung bietet es sich an, eine bankenunabhängige Beratung von einem kompetenten Finanzdienstleister bzw Unternehmens-/Steuerberater einzuholen. Die Kostenersparnis einer guten Beratung ist in vielen Fällen durch meist lange Kreditlaufzeiten enorm!

Vor allem sollten Kreditausschreibungen die folgenden Punkte enthalten:

- Für Sie günstiger Zinsindikator als Basiszinssatz;
- Zusicherung des Zinsaufschlages während Kreditlaufzeit;
- alternatives Fixzinsangebot bei längerer Laufzeit und voraussichtlich steigenden Kreditzinsen;
- Kosten für den etwaigen Einkauf einer bestimmten Zinssatzobergrenze für eine längere Laufzeit (Zinsabsicherung bei möglichen Marktzinssteigerungen = Zinsen-Cap);
- laufende jährliche Zusatzkosten, wie Kreditprovisionen, Rahmenbereitstellungsprovisionen und Überziehungsprovisionen;
- jährliche Kontoführungs- und Kontoabschlussgebühren;
- Einmalkosten bei Kreditaufnahme (Bearbeitungsgebühr, Kosten für die Sicherheitengewährung etc.);
- erforderliche Sicherheiten für eine positive Zusage;
- erforderliche Eigenmittel für eine positive Zusage;
- mögliche Zinssatzuntergrenze (Zinsen-Floor) zugunsten der Bank;
- Details über Kreditlaufzeit und Rückzahlungsmodalitäten;
- Möglichkeit von günstigeren Kapitalraten statt Pauschalraten;
- Kündigungs- und Fälligstellungsmöglichkeiten der Bank;
- etwaige einseitige Abänderungsmöglichkeiten von Seiten der Bank;
- Verrechnung eventueller Pönalekosten oder Vorfälligkeitsentschädigungen bei vorzeitiger Kreditrückzahlung;

- Abklärung, ob für notwendige Vorfinanzierungen bzw Zwischenfinanzierungen von erst später geförderten Krediten oder Darlehen sofort – also vom Ausnützungsbeginn an – die geringeren Förderkonditionen berechnet werden;
- Höhe der jährlichen Haftungsprovision bei Haftungskrediten.

3.2.3 Tipps zum Zinsindikator

Die Bindung der Zinskonditionen bei nicht geförderten Krediten an einen möglichst niedrigen Zinsindikator als Basiszinssatz für den Aufschlag der Bank ist besonders wichtig. Ein möglicher Zinsindikator wäre der 1-Monats-, 3-Monats- oder 6-Monats-EURIBOR. Dies ist der Zinssatz, zu dem sich Banken untereinander refinanzieren können.

Die Bindung an einen solchen Zinsindikator gewährleistet, dass die Zinsanpassungen der Bank nicht nur nach oben, sondern auch bei sinkenden Marktzinsen stattfinden. Somit ersparen Sie sich später lästige Nachverhandlungen mit der Bank. Beachten Sie, dass kurzfristige Zinsindikatoren meist niedriger sind als langfristige. Jede Bank ist deshalb bestrebt, einen möglichst langfristigen Basiszinssatz zu vereinbaren. So verdient sie bereits beim höheren Basiszinssatz und nicht nur beim Zinsaufschlag. Bemühen Sie sich in den Bankverhandlungen deshalb unbedingt um einen kurzfristigen Zinsindikator. Dabei gilt natürlich stets: je besser Ihre Bonität ist (also Ihre Kreditwürdigkeit, Sicherheiten und Ihre Bedeutung für die Bank), desto besser werden am Ende Ihre Konditionen ausgestaltet sein.

3.2.4 Tipps zum Bankaufschlag

Der Bankaufschlag auf den Refinanzierungssatz der Bank (also auf den vereinbarten Zinsindikator wie oben beschrieben) ist abhängig von der Kundenbonität, also im Wesentlichen von Ihrem voraussichtlichen Einkommen, Ihrem Ruf, sowie Ihren gegebenen Sicherheiten und deren Werthaltigkeit. Je besser Ihre Bonität ist, umso niedriger sollte auch der Zinsaufschlag ausfallen. Bei guter Bonität wird dieser Aufschlag möglichst nicht höher als 1,5% sein, bei schlechterer Bonität muss man allerdings sehr oft höhere Aufschläge akzeptieren (in jedem Fall wäre aber eine Kreditausschreibung empfehlenswert).

3.2.5 Tipps zur Auswahl des Kreditangebotes

Wichtig bei der Auswahl des günstigsten Kreditangebotes ist, dass Sie nicht nur auf den Zinssatz alleine achten, sondern auch noch andere einmalige und laufende Kosten mitberücksichtigen (zB Kreditprovision, Rahmenprovisionen, Bearbeitungsgebühren etc). Erst das Gesamtergebnis sollte die Entscheidungsbasis für Sie sein!

Vermeiden Sie auch Lockangebote der Banken, das sind Kreditangebote mit sehr niedrigem Anfangszinssatz über einen kurzen Zeitraum (in der Regel maximal 3 Jahre). Danach steigt der Zinssatz aber zumeist sprunghaft an. Über die gesamte Kreditlaufzeit gerechnet können Sie solche Lockangebote also teuer zu stehen kommen.

3.2.6 Tipps zu geförderten Krediten

Bei geförderten Krediten wird in der Regel die Höhe des Zinssatzes während der Förderlaufzeit von der Förderstelle vorgegeben. Hier hat auch die Bank keinen Gestaltungsspielraum und muss sich an die Vorschriften halten.

Bei Krediten, deren Laufzeit die Dauer der Förderung übersteigt, ist es deshalb empfehlenswert, eine Vereinbarung schriftlich festzulegen, die die Kreditkonditionen für die Zeit nach Ende der Förderlaufzeit enthält (Bindung an einen Zinsindikator mit moderatem Zinsaufschlag oder ein Weiterlaufen des Förderzinssatzes). Dasselbe gilt natürlich auch für Vorfinanzierungen bis zur erfolgten Förderungsbewilligung. Auch hier versuchen Banken mitunter, sich ein gewisses „Körberlgeld“ zu verdienen.

TIPP

Selbst einen Überblick verschaffen!

Hinsichtlich der möglichen Förderungen sollten Sie sich selbst einen Überblick verschaffen – zB im Internet, bei Ihrer zuständigen Wirtschaftskammer, über einen Unternehmensberater, Ihren Steuerberater oder bei den Förderstellen direkt. Da der Zinssatz bei geförderten Krediten vorgegeben und damit meist vergleichsweise gering ist, ist die Förderungsberatung durch Banken nicht in allen Fällen objektiv.

3.2.7 Weitere Finanzierungstipps

Zum Abschluss möchte ich Ihnen noch einige wichtige Grundregeln aufzeigen, die Sie unbedingt beachten müssen:

- **Fristenkonforme Finanzierung:** Bitte achten Sie immer auf eine fristenkonforme Finanzierung. Die Laufzeiten von Krediten dürfen nicht kürzer sein als die wirtschaftlichen Nutzungsdauern Ihrer Investitionen, da es sonst zu Liquiditätsproblemen kommen kann!
- **Sicherheiten:** Stimmen Sie nicht bereitwillig Sicherheiten zu. Bei späterem erneuten Kreditbedarf kann dies zu Problemen führen, da dann keine Sicherheiten mehr zu vergeben sind.
- **Alternative Finanzierungsmöglichkeiten:** Bei der Erstellung des Finanzierungskonzeptes ist es auch essentiell, stets alternative Finanzierungsmöglichkeiten miteinzubeziehen. Leasing beispielsweise kann auch steuerliche Vorteile mit sich bringen.
- **Vertragliche Nachteile:** Vermeiden Sie vertragliche Nachteile! In diesem Zusammenhang ist vor allem auf nachteilige Passagen hinzuweisen (zB „für die Bank jederzeit einseitig mögliche Abänderung von bereits vereinbarten Konditionen“ oder „die jederzeitige Möglichkeit der Kreditaufkündigung bzw Fälligstellung“). Bemühen Sie sich um möglichst entschärfte Vereinbarungen, wie zB „Abänderungen seitens der Bank sind nur möglich, wenn der Kreditnehmer mit mindestens 3 aufeinanderfolgenden Raten in Verzug ist.“

- **Vermeidung von Abhängigkeiten:** Die Abhängigkeit von nur einer Bank muss unbedingt vermieden werden. Vor allem sollten Finanzierungen und gleichzeitige hohe Giro-, Sparbuch- oder sonstige Guthaben nicht bei derselben Bank vorhanden sein.
- **Vorsorge:** Stellen Sie eine ausreichende Vorsorge im Falle eines Unfalls, sowie bei Ableben und bei Berufsunfähigkeit sicher. Ansonsten können Kredite mitunter nicht mehr bedient werden.
- **Versicherungen:** Vergessen Sie nicht, Ihre Investitionen gegen Feuer, Sturm, Diebstahl etc zu versichern.
- **Zinsabsicherungen:** Eventuell möchten Sie sich gegen künftige Zinsanstiege absichern, zB durch längerfristige Fixzinsvereinbarungen mit der Bank oder die Zinsabsicherung mittels Ankauf eines günstigen Zins-Caps.

3.3 Welche Förderungen kann ich als Gründer nutzen?

Die Gründung eines Unternehmens gestaltet sich oftmals als schwierig und vor allem kapitalintensiv. Förderungen können dem Gründer aber helfen, die Anfangsphase besser zu überstehen und günstig an frisches Kapital zu gelangen.

Hierzu gibt es eine Vielzahl an Förderinstrumenten auf Bundes- und Landesebene. Vorstellen möchte ich hier jedoch lediglich einige wichtige Förderungen auf Bundesebene, die auch dem Großteil der (gewerblichen) Gründungsunternehmen zustehen. Nicht eingehen kann ich aufgrund der hohen Komplexität der österreichischen Förderlandschaft auf Landesförderungen und auf Sonderfälle wie zB im Tourismus, wo die ÖHT (Österreichische Hotel- und Tourismusbank) zuständig ist. Auch auf Bundesebene werde ich nur auf einige wichtige Förderungen eingehen, da eine komplette Darstellung der Fördermöglichkeiten den Rahmen dieses Buches sprengen würde. Allerdings nenne ich Ihnen unter *Tz 3.3.5* alle wichtigen Webseiten, auf denen Sie sich genauer informieren können.

TIPP

Rechtzeitig informieren!

Sie sollten sich nach Möglichkeit rechtzeitig informieren und Ihre Föderansuchen bereits vor Gründung des Unternehmens bzw jedenfalls vor Tätigung von Investitionen stellen. Sie verlieren nämlich den Anspruch auf Förderung, falls erst nach Tätigung von Investitionen darum angesucht wird.

3.3.1 Geförderte Beratung

Eine Möglichkeit der Ausnützung von Förderungen sind geförderte Beratungsleistungen. Diese Förderleistung wird zB durch die österreichische Wirtschaftskammer zur Verfügung gestellt. Die Beratung wird in der Regel durch selbstständige Unternehmensberater, mit denen die Wirtschaftskammer kooperiert, vorgenommen. Zum

Teil wird die Beratung sogar mit bis zu 100% gefördert! Einziger Wermutstropfen: Um in den Genuss dieser Beratungsförderung zu kommen, müssen Sie Mitglied der Wirtschaftskammer sein. Freiberuflich Tätige sind daher von dieser Förderung ausgenommen.

Das Arbeitsmarktservice (AMS) bietet ebenfalls eine umfangreiche Unterstützung auf dem Weg in die Selbstständigkeit: Die Teilnahme am sogenannten Unternehmensgründungsprogramm ist möglich, sofern eine konkrete Projektidee Ihrerseits bereits vorliegt, Sie sich für die berufliche Selbstständigkeit eignen und als arbeitslos gemeldet sind. Die Kosten für die Beratungsleistungen trägt das AMS. Die Dauer des Unternehmensgründungsprogrammes beträgt normalerweise sechs Monate.

3.3.2 Haftungsübernahmen und Zuschüsse

Hierbei ist Ihr Hauptansprechpartner die AWS (Austria Wirtschaftsservice). Für Unternehmen der Hotel- und Tourismuswirtschaft ist die ÖHT (Österreichische Hotel- und Tourismusbank) zuständig. Ein weiterer wichtiger Förderungspartner für Haftungsübernahmen und Zuschüsse ist auch das Bundesland, in dem sich Ihr Unternehmen befinden soll.

Gefördert wird entweder in Form eines Zuschusses (Investitions- oder Zinsenzuschuss) und/oder in Form einer Bürgschaft/Garantie. Diese Förderungen sorgen dafür, dass Sie bei Finanzierungsgesprächen mit Ihrer Bank bessere Karten haben.

WEBSEITENTIPP

Mehr über Förderungen für im Betrieb beschäftigte Lehrlinge erfahren Sie auf der Webseite www.lehre-foerdern.at der Wirtschaftskammer Österreich.

3.3.3 Eigenkapitalförderungen

Eigenkapitalförderungen sorgen für eine gestärkte Eigenkapitalausstattung des neuen Unternehmens. Mögliche Förderpartner sind die AWS und/oder das Bundesland, in dem sich der Betrieb befinden soll.

Aktuell sind unter anderem folgende Förderprogramme verfügbar:

3.3.3.1 AWS Förderungen

Hauptansprechpartner betreffend Förderungen ist in der Regel die AWS (Austria Wirtschaftsservice; www.awsg.at).

Diese stellt Gründern aktuelle die folgenden Förderungen zur Verfügung:

aws Start-up-Prämie

Die Start-up-Prämie ist eine Förderung zur Neugründung bzw Übernahme von wirtschaftlich selbstständigen, gewerblichen, kleinen Unternehmen aller Branchen mit Ausnahme von Unternehmen der Tourismus- und Freizeitwirtschaft.

Die Förderung besteht aus einem Zuschuss iHv bis zu 12% für Projekte iHv von mindestens € 20.100,-- und maximal € 96.000,--.

Die Unternehmensgründung/-übernahme kann längstens fünf Jahre vor Einreichung des Förderungsantrages liegen. In den letzten fünf Jahren vor der Gründung/Übernahme darf keine wirtschaftlich selbstständige Tätigkeit ausgeübt worden sein, dh in den letzten fünf Jahren vor der Gründung/Übernahme darf keine Pflichtversicherung bei der Sozialversicherung der Bauern (Ausnahme: Mitversicherung oder Anstellung) oder der gewerblichen Versicherung (Ausnahme: Mitversicherung) bestanden haben. Es dürfen auch keine GmbH-Beteiligungen ab 25% bestanden haben.

Der Jungunternehmer muss eine eventuelle bisherige unselbstständige Tätigkeit zur Gänze aufgegeben haben (keine Nebenbeschäftigung).

Bei Unternehmensübernahmen muss die Mehrheit, das heißt, mehr als 50% des Unternehmens, übernommen werden.

Die Förderung ist an keine Rechtsform gebunden; es muss sich allerdings um ein kleines Unternehmen handeln (weniger als 50 Mitarbeiter und maximal € 10 Mio Umsatz oder maximal € 10 Mio Bilanzsumme).

Des Weiteren muss das Unternehmen über einen Sitz oder Betriebsstätte in Österreich verfügen und Mitglied der Wirtschaftskammer oder der Kammer der Architekten und Ingenieurkonsulenten sein.

Förderungsfähige Investitionen sind solche, die aktiviert werden müssen (wie zB Maschinen, maschinelle Anlagen, Einrichtung, Hard- und Software, bauliche Maßnahmen).

Förderfähig sind sowohl fremd- als auch eigenfinanzierte Projekte.

Anträge für dieses Programm können noch bis 30.9.2016 gestellt werden.

Für Vorhaben danach konsultieren Sie bitte die Homepage des AWS (www.awsg.at), ob das Programm verlängert wurde oder ob es ein ähnliches Nachfolge-Programm gibt.

Die aws Start-up-Prämie ist unter bestimmten Voraussetzungen kombinierbar mit der aws Start-up-Garantie, mit dem aws Double Equity-Programm sowie mit dem aws erp-(Klein-)Kredit.

aws Start-up-Scheck

Für den Start-up-Scheck gelten die gleichen Bedingungen und Voraussetzungen wie für die Start-up-Prämie, mit dem Unterschied, dass der Start-up-Scheck für kleinere Investitionen bzw. kleinere Unternehmensgründungen/-übernahmen vorgesehen ist:

Die Förderung besteht in einem Zuschuss iHv € 1.000,-- für Projekte iHv von mindestens € 5.000,-- und maximal € 20.000,--.

Auch dieses Programm läuft vorerst bis 30.9.2016.

Eine Kombination mit anderen Förderungsinstrumenten der aws ist nicht möglich.

aws Start-up-Garantie

Auch für die aws Start-up-Garantie gelten die gleichen Bedingungen wie für die obigen Förderungen.

Bei dieser Förderung übernimmt die aws gegenüber einer finanzierenden Bank eine Garantie für Finanzierungen bis zu 80%. Dabei kann es sich um Investitionskredite, aber auch um Kredite zur Finanzierung von Unternehmensübernahmen (zB Unternehmenskauf) bis maximal € 2,5 Mio. handeln.

Die Laufzeit beträgt dabei in der Regel 10 Jahre (maximal 20 Jahre) bzw bei Betriebsmittelkrediten (Wareneinkauf, Personalkosten, Marketingkosten) maximal 5 Jahre.

Auch für ein Finanzierungsleasing ist eine Garantieübernahme möglich.

Für diese Garantie werden seitens der aws 0,25% einmaliges Bearbeitungsentgelt eingehoben und ein jährliches Garantieentgelt von mind. 0,6% pa vom Finanzierungsbetrag im Ausmaß der Garantiequote.

Die aws Start-up-Garantie ist mit der aws Start-up-Prämie, mit dem aws Double-Equity-Programm sowie mit dem aws erp-(Klein-)Kredit kombinierbar.

Dieses Programm läuft bis 30.6.2016. Informationen zu Nachfolgeprogrammen können wiederum unter www.awsg.at abgefragt werden.

aws Double Equity

Gefördert wird hier durch die Übernahme einer Garantie für einen Kredit für bis zu 80% des Kreditbetrages und bis zu einem Kreditbetrag von EUR 2,5 Mio. pro KMU. Die Höhe des Kredites ist mit dem Betrag des in den letzten beiden Jahren projektbezogen einbezahlten Eigenkapitals begrenzt (nach Einzahlung des Eigenkapitals gewährte Bank- und Leasingfinanzierungen verringern das verdoppelungsfähige Eigenkapital). Dabei werden im Fall von Übernahmen auch jene Eigenkapitalbeträge berücksichtigt, die für den Erwerb von Unternehmensanteilen aufgewendet wurden.

Für das aws Double Equity-Programm werden die gleichen Bearbeitungs- und Garantieentgelte wie für die aws Start-up-Garantie eingehoben.

aws erp-Kleinkredit

Bei diesem Programm handelt es sich – wie der Name schon sagt – um einen Kredit für Investitionen des Jungunternehmers. Die Summe der förderbaren Projektkosten muss zwischen € 10.000,-- und € 300.000,-- liegen.

Die Laufzeit beträgt 6 Jahre, davon ein Jahr tilgungsfrei. Die Zinsen betragen in der tilgungsfreien Zeit 0,5% pa, ansonsten 0,75% pa und sind somit deutlich geringer als marktübliche Kreditzinsen.

Ein einmaliges Zuzählungsentgelt iHv 0,9% wird zu Beginn des Kredits erhoben.

3.3.3.2 Lehrlingsförderungen durch die Wirtschaftskammern

Die entscheidende Förderung von Lehrlingen im Betrieb ist die sog. Lehrlings-Basisförderung der Wirtschaftskammern.

Dabei werden dem Unternehmer für das 1. Lehrjahr eines Lehrlings drei kollektivvertragliche Bruttolehrlingsentschädigungen, für das 2. Lehrjahr zwei und für das 3. Lehrjahr eine kollektivvertragliche Bruttolehrlingsentschädigung von der jeweiligen Wirtschaftskammer vergütet.

3.3.4 Gebühren- und Abgabenbefreiungen

Zu nennen sind hier vor allem die Förderungen durch das Neugründungsförderungsgesetz (siehe Näheres hierzu unter *Tz 7.1* zur Frage „Wie nutze ich die Befreiungen des NeuFöGs?") und auch die Beihilfe des AMS (Arbeitsmarktservice) für die erstmalige Anstellung eines Mitarbeiters.

AMS-Beihilfe für Ein-Personen-Unternehmen: Seit 1. September 2009 fördert das AMS unter bestimmten Voraussetzungen Ein-Personen-Unternehmen, die nach fünf Jahren wieder oder erstmals einen Mitarbeiter einstellen möchten.

Art und Umfang der Beihilfe:

- Fördergegenstand ist ein pauschalierter Ersatz des Dienstgeberanteils zur Sozialversicherung.
- Die Höhe der Beihilfe beträgt 25% des Bruttolohnes (ohne anteilige Sonderzahlungen, Überstunden, Diäten und dergleichen). Die anerkennbare Obergrenze für die Beihilfe ist die ASVG-Höchstbeitragsgrundlage für das laufende Bruttoentgelt auf Basis einer Vollzeitbeschäftigung.
- Die Förderung wird nur für den ersten vollversicherungspflichtigen Arbeitnehmer gewährt (also nicht bei geringfügiger Beschäftigung).
- In der Vergangenheit bereits beschäftigte Lehrlinge, geringfügig beschäftigte Dienstnehmer, Werkvertragsnehmer und Arbeitnehmer, deren Arbeitsverhältnis während der Probezeit geendet hat, stellen keinen Hinderungsgrund für diese Förderung dar.
- Die Abwicklung und Auszahlung der Förderung geschieht durch das AMS. Die Beihilfe wird allerdings nur für die Dauer eines Jahres gewährt. Bei kürzer bestehendem Arbeitsverhältnis wird die Beihilfe natürlich nur aliquot gewährt.

Die Voraussetzungen zur Beihilfe:

- Der Arbeitgeber verfügt seit mehr als 3 Monaten über eine Kranken- und Pensionsversicherung nach dem GSVG.
- Förderbar ist nur das vollversicherungspflichtige Arbeitsverhältnis von arbeitslosen Personen, die seit mindestens 2 Wochen beim AMS vorgemerkt sind und von vorgemerkten Arbeitssuchenden unmittelbar nach abgeschlossener Ausbildung.

- Nicht förderbar sind Ehepartner, Lebensgefährten, Kinder, Eltern, Geschwister, Enkelkinder, Großeltern, Schwager, Stiefkinder, Stiefeltern, Adoptivkinder, Adoptiveltern, geschäftsführende Organe, Lehrlinge, Werkvertragsnehmer, neue Selbstständige und freie Dienstnehmer.
- Für die Gewährung der Beihilfe muss ein Arbeitsverhältnis begründet werden, das mindestens 50% der gesetzlichen oder kollektivvertraglichen Wochenstunden umfasst. Außerdem muss das Arbeitsverhältnis länger als zwei Monate dauern (wenn das Dienstverhältnis mit dem ersten Dienstnehmer noch im Probemonat aufgelöst wird, kann für den nächsten Dienstnehmer diese Förderung beantragt werden).
- Das Ansuchen um Förderung hat innerhalb von sechs Wochen nach Beginn des Arbeitsverhältnisses zu erfolgen.

3.3.5 Wichtige Webseiten in punkto Förderungen für Gründer

www.awsg.at	Homepage der Austria Wirtschafts-Service, Österreichs Förderbank für die unternehmensbezogene Wirtschafsförderung
www.oeht.at	Homepage der Österreichischen Hotel- und Tourismusbank (ÖHT), einer Spezialbank zur Finanzierung und Förderung von Investitionen im Tourismus
www.ams.at	Homepage des Arbeitsmarktservice Österreich (zB Förderung für Ein-Personen-Unternehmen bzw Unternehmensgründungsprogramm)
www.lehre-foerdern.at	Überblick der WKO über Fördermöglichkeiten für Lehrlinge in Österreich
www.gruendungsbonus.at	Informationen zum Gründungsbonus des AWS
www.dermikrokredit.at	Informationen zur Mikrokreditaktion des Bundesministeriums für Arbeit, Soziales und Konsumentenschutz
www.ffg.at	Homepage der Österreichischen Forschungsförderungsgesellschaft (FFG)
www.exportfonds.at	Homepage des Österreichischen Exportfonds
www.oekb.at	Homepage der Österreichischen Kontrollbank (ÖKB) für Förderungen im Exportbereich
www.stadt-wien.at	Homepage der Stadt Wien
www.noel.gv.at	Homepage des Bundeslandes Niederösterreich
www.riz.at	Gründeragentur für Niederösterreich
www.noebeg.at	Homepage der Niederösterreichischen Beteiligungsgesellschaft
www.eu-foerderungen.at	Die Homepage dient als Wegweiser im EU-Förderdschungel für das Land Niederösterreich.
www.land-oberoesterreich.gv.at	Homepage des Bundeslandes Oberösterreich

www.kgg-ubg.at	Homepage der oberösterreichischen Kreditgarantie- und Unternehmensbeteiligungsgesellschaft
www.burgenland.at	Homepage des Bundeslandes Burgenland
www.sfg.at	Homepage der Steirischen Wirtschaftsförderung (SFG) als Servicestelle des Bundeslandes Steiermark für Unternehmen
www.salzburg.gv.at	Homepage des Bundeslandes Salzburg
www.kwf.at	Homepage des Kärntner Wirtschaftsförderungs Fonds (KWF), einer Einrichtung des Bundeslandes Kärnten zur Wirtschaftsförderung
www.tirol.gv.at	Homepage des Bundeslandes Tirol
www.vorarlberg.gv.at	Homepage des Bundeslandes Vorarlberg
www.wisto.at	Homepage der Wirtschafts-Standort Vorarlberg GmbH (WISTO), ein Serviceunternehmen zur Stärkung der Innovationsdynamik in Vorarlberg

3.4 Brauche ich einen Businessplan?

Von Businessplänen wird im Zusammenhang mit der Gründung eines Unternehmens oft gesprochen. Für die Fremdfinanzierung mittels Krediten ist der Businessplan sogar zur unverzichtbaren Grundlage geworden. Fast keine Bank vergibt Kredite an Unternehmen, wenn diese keinen fundierten Businessplan vorlegen können. Und auch für das Förderansuchen ist der Businessplan zur unbedingten Voraussetzung geworden, um überhaupt von Förderstellen ernst genommen zu werden.

Bei einem Businessplan handelt es sich konkret um einen Geschäftsplan, der das geplante unternehmerische Vorhaben beschreibt. Ausgegangen wird dabei von einer Geschäftsidee. Aufbauend auf dieser Geschäftsidee werden die Gründerperson(en), der Standort, die Strategie, das Marketingkonzept, die Beschaffung, die Finanzierung und die Finanzplanung dargestellt.

3.4.1 Die zwei Beweggründe zur Businessplanerstellung

Viele angehenden Unternehmer sehen den Businessplan als notwendiges Übel auf dem Weg zur Finanzierungszusage durch eine Bank bzw zur Förderzusage durch die Förderstelle. Dabei ist dies nur ein Beweggrund, um einen Businessplan zu erstellen. Diese Kurzsichtigkeit vieler Gründer führt dazu, dass sich viele nicht wirklich mit der Ausarbeitung eines fundierten Businessplanes auseinandersetzen und die Arbeit vor allem auf den Steuerberater oder den Unternehmensberater abwälzen möchten. Dass die Inhalte dann natürlich in den meisten Fällen nicht so umgesetzt werden, wie sie im Businessplan dargestellt wurden, ist die logische Konsequenz daraus. Zudem geben Businesspläne, die ohne die Mitwirkung des Gründers erstellt wurden, zumeist nur Standardformulierungen wieder und lassen das individuelle Moment vermissen. Von ausgearbeiteten Alleinstellungsmerkmalen kann deshalb keine Rede mehr sein. Dies ist schade, denn die meisten Unternehmen könnten wohl noch viel erfolgreicher sein, wenn Sie den Businessplan selbst erstellen und die Inhalte ernst nehmen würden (natürlich mit Unterstützung durch einen Berater).

Wichtigster Beweggrund zur Businessplanerstellung sollte nämlich nicht die Finanzierungszusage der Bank bzw der Förderstelle sein, sondern ein fundiertes und tragfähiges Konzept für die erfolgreiche Selbstständigkeit auszuarbeiten. Das nützlichste an Businessplänen ist nicht das fertige Resultat, sondern die Ausarbeitung selbst. Der Weg ist also das Ziel! Dadurch reflektieren Gründer ihre Idee und verbessern diese mitunter substantiell. Der Wert eines Businessplanes liegt vor allem im Denkprozess, der damit in Gang gesetzt wird und nicht in den Zahlen der Finanzplanung. Wer weiß schon wirklich, was alles in den nächsten drei Jahren passieren oder nicht passieren wird? Dadurch, dass Sie den Businessplan gründlich ausgearbeitet haben und sich über alle wichtigen Dinge Gedanken gemacht haben, können Sie rasch bei auftretenden Problemen improvisieren und steuernd eingreifen. Richtige Planung macht flexibel und nicht starr!

3.4.2 Die Vorteile der (Selbst-)Erstellung von Businessplänen

Die Selbsterstellung Ihres Businessplanes bringt also jede Menge Vorteile, auch wenn Sie keinen Kredit von Ihrer Bank brauchen und nicht um eine Förderung ansuchen.

- Der Businessplan besitzt ein hohes **Lern- und Reflexionspotential**. Sie sehen schon während der Ausarbeitung, ob Ihr Vorhaben überhaupt realistisch ist oder ob noch Anpassungen vorzunehmen sind.
- Durch die Ausarbeitung eines fundierten Businessplanes kommen Sie selbst noch auf viele **Ideen**, die Ihr Gründungsvorhaben um einiges erfolgreicher machen werden. Häufig fallen einem bei der Ausarbeitung effektive und vor allem kostengünstige Vermarktungs- und Werbestrategien ein, die einem vorher nie in den Sinn gekommen wären.
- Aus Businessplänen lassen sich auch sehr gut **Maßnahmen ableiten**. In einem Businessplan halten Sie genau fest, welche Maßnahmen nacheinander zu setzen sind. Dadurch lassen sich dann im Unternehmensalltag konkrete und aufeinander abgestimmte Handlungen setzen.
- Natürlich ist der Businessplan auch überaus nützlich, um eine **Finanzierung oder Förderung** zu erlangen. In vielen Fällen ist der Businessplan sogar unbedingte Voraussetzung.
- Der Businessplan dient auch der **Aufspürung von Engpässen** im Unternehmen. Er zeigt zB den Kapitalbedarf und damit mögliche Liquiditätsengpässe aufgrund der integrierten zahlenmäßigen Planung (die im Übrigen das Kernstück des fertigen Businessplans darstellt).
- Schlussendlich ist der Businessplan auch ein aussagekräftiges **Instrument zur Zielerreichung und Kontrolle** der laufenden Entwicklung. Werden die Planwerte im Businessplan auf Monate herunter gebrochen und regelmäßig mit den Ist-Werten aus der laufenden Buchhaltung verglichen, können Sie rechtzeitig steuernd

eingreifen und Maßnahmen setzen, noch bevor negative Auswirkungen voll schlagend werden können.

3.5 Was gehört alles in den Businessplan?

Wie ein optimaler Aufbau eines Businessplanes auszusehen und welche Kapitel dieser zu enthalten hat, ist nicht einheitlich definiert. Ein Businessplan wird je nach Branche, Adressat und Komplexitätsgrad des zu gründenden Unternehmens anders aussehen und aufgebaut sein. Bei Kleinstgründungen mag ein Umfang von fünf bis zehn Seiten bereits mehr als ausreichend sein, um sein Geschäftsmodell für Banken und Förderstellen zweckmäßig zu beschreiben. Für die eigene Geschäftskonzeptentwicklung mag dies aber zu wenig an Gedankenarbeit darstellen.

Wenn Sie daher ein fundiertes und tragfähiges Geschäftskonzept entwickeln möchten, bietet sich die folgende Kapitelstruktur an:

Executive Summary

Textteil

- Unternehmensprofil
- Produkt- und Dienstleistungsangebot
- Branche, Markt und Wettbewerb
- Marketing
- Management und Organisation
- Beschaffung und Produktion
- Umsetzungsplanung
- Chancen und Risiken

Zahlenteil

- Umsatzplanung
- Investitions- und Finanzierungsplanung
- Aufwands-/Kostenplanung
- Erfolgs- und Liquiditätsplanung
- Eventuell eine Planbilanz

3.5.1 Die Executive Summary

Die Executive Summary ist die Zusammenfassung Ihres Businessplanes und umfasst ein bis zwei Seiten. Dieser Teil wird als Letzter verfasst. Die Executive Summary dient dem Adressaten (zB Banken und Förderstellen) zur Verschaffung eines ersten Überblicks über das Unternehmen. Sie sollte die Geschäftsidee kurz beschreiben, sowie das geplante Investitionsvolumen und damit das notwendige Finanzierungsvolumen darlegen. Gehen Sie dabei auch knapp auf die Alleinstellungsmerkmale und das Leistungsangebot Ihres Unternehmens ein.

3.5.2 Der Textteil des Businessplans

Der Textteil Ihres Businessplanes hat idealerweise folgenden Aufbau:

- **Unternehmensprofil:** Dieses wird sich von Gründung zu Gründung stark unterscheiden. Bei kleineren Gründungen kann bereits an dieser Stelle das Profil des Unternehmers miteinbezogen werden, es bedarf dann dafür keines eigenen Kapitels „Management und Organisation" mehr. Auf jeden Fall sollten Sie dem Leser die Eckdaten Ihres Unternehmens vorstellen und Ihre Geschäftsidee grob erläutern. Darüber hinaus führen Sie bitte bereits getroffene Vorbereitungshandlungen und abgeschlossene Verträge an.
- **Produkt- und Dienstleistungsangebot:** Beschreiben Sie das geplante Produkt- und Dienstleistungsangebot. Stellen Sie dabei aber nicht technische Details, sondern den Nutzen für den Kunden in den Vordergrund!
- **Branche, Markt und Wettbewerb:** Beschreiben Sie, wie sich Branche, Markt und Wettbewerb verhalten und wie Sie deren Entwicklung in den nächsten Jahren einschätzen. Wichtig ist vor allem eine Darstellung des Marktpotentials sowie der Stärken und Schwächen Ihrer wichtigsten Wettbewerber und was das konkret für Ihr Unternehmen bedeutet.
- **Marketing:** Hier geht es darum, wie Sie Kunden gewinnen möchten und welche Maßnahmen Sie hierzu setzen werden. Legen Sie die Ziele und den Weg dorthin dar. Nehmen Sie Bezug auf Ihre geplante Preisgestaltung, auf geplante Vertriebskanäle und auf geplante Kommunikationsmaßnahmen, um Ihr Unternehmen und Ihre Produkte bekannt zu machen. Nicht fehlen sollten auch Absatzziele für die ersten drei bis fünf Jahre.
- **Management und Organisation:** Bei kleineren Gründungsvorhaben können Sie auf dieses Kapitel getrost verzichten. Bei größeren Gründungsvorhaben ist dieses Kapitel jedoch besonders wichtig, da der Erfolg des künftigen Unternehmens zu einem großen Teil von der Kompetenz und dem Fachwissen des Gründers bzw des Gründerteams abhängt. Auch kann bei größeren Gründungsvorhaben die Organisation zum Problem werden, weshalb Sie genau darlegen müssen, wie Sie Ihr Unternehmen effizient organisieren möchten.
- **Beschaffung und Produktion:** Diese Themen sind primär bei Produktionsbetrieben von hohem Interesse. Bei Dienstleistungsunternehmen wird dieses Kapitel jedoch keine Rolle spielen. Legen Sie dar, welche Materialien Sie von welchen Lieferanten beschaffen werden, welche Produktionsmittel Sie einsetzen und wie hoch Ihre Kapazitäten in der Produktion sein werden.
- **Umsetzungsplanung:** Erst durch einen konkreten Umsetzungsplan wird der Businessplan für die handelnden Personen verbindlich. Der Umsetzungsplan ist somit die fehlende Verbindung zwischen bloßer Planung auf dem Papier und der Umsetzung der Maßnahmen im Unternehmensalltag. Verzichten Sie deshalb nicht auf einen Umsetzungsplan – und zwar unabhängig von der Unternehmensgröße!
- **Chancen und Risiken:** Gerade bei innovativen und komplexen Gründungen sind sowohl Chancen als auch Risiken stark ausgeprägt. Doch auch bei einer Gründung

in einer traditionellen Branche ist die Ausarbeitung dieses Kapitels zu empfehlen – auch wenn in der Praxis oft darauf verzichtet wird. Der wesentlichste Vorteil der Ausarbeitung ist die eingehende Beschäftigung mit den Risiken des Unternehmens.

Download-Tipp

Gleichzeitig steht Ihnen unter www.dbv.at/downloads/ im Menüpunkt „Ergänzungen zu dbv-Werken" das e-Book „So schreiben sie den Textteil Ihres Businessplans" kostenlos zur Verfügung. In diesem eBook erfahren Sie, wie Sie den Textteil gestalten und welche Inhalte dieser beinhalten soll. Werfen Sie also gleich mal einen Blick darauf!

3.5.3 Der Zahlenteil des Businessplans

Der Zahlenteil (Finanzplanung) ist neben der Executive Summary der wichtigste Teil des Businessplans, da dieser von potentiellen Geldgebern am sorgfältigsten studiert wird. In der Finanzplanung wirken sich (hoffentlich) die Ausführungen im Textteil zahlenmäßig aus.

Wichtig bei der Finanzplanung ist, dass die Zahlen fundiert aus den Annahmen im Textteil hergeleitet werden. Insbesondere sollten Sie darauf achten, dass Sie etwaige spätere Änderungen im Textteil – vor allem betreffend der strategischen Ausrichtung und der eingesetzten Marketinginstrumente – auch im Zahlenteil berücksichtigen.

Der Zahlenteil des Businessplans besteht aus der Planung des anfänglichen und des laufenden Kapitalbedarfs, der Planung der laufenden Kosten, der Planung des Umsatzes, sowie einer Erfolgs- und einer Liquiditätsplanung. Eventuell kann noch eine Planbilanz aufgestellt werden.

Besonders schwierig sind die laufenden Kosten und natürlich der zukünftige Umsatz zu planen. Deshalb erfahren Sie gleich im Anschluss unter *Tz 3.6* zur Frage „Wie sind Umsatz, Kosten und Liquiditätsbedarf zu planen?" mehr darüber.

3.6 Wie sind Umsatz, Kosten und Liquiditätsbedarf zu planen?

Diese Frage beantwortet man am besten anhand eines Beispiels. Als Modell dient uns die Gründung eines kleinen Cafés, für das aufgrund der Angaben des Unternehmers geplant wird:

- Umsatzentwicklung;
- Investitionen und Finanzierung;
- Sachaufwand, Personalaufwand und Zinsen;
- Gewinn- und Verlustrechnung;
- Veränderung der Zahlungsmittel.

Abschließend gehe ich auch noch auf die Besonderheiten bei der Planung eines Handwerksbetriebes ein (beispielhafte Umsatz- und Personalbedarfsplanung).

3.6.1 Umsatzplanung

Entscheidend für die Umsatzplanung sind das jeweilige Marktpotential und der wahrscheinliche Anteil des Gründers an diesem Marktpotential im regionalen Wirkungsbereich.

Bei der Eröffnung eines Cafés sind dabei folgende Aspekte zu berücksichtigen:

- Wie viele Haushalte gibt es im unmittelbaren Wirkungsbereich?
- Wie viele Personen sind im Schnitt pro Haushalt vorhanden?
- Welche davon könnten zu meinem Kundenkreis/zu meiner Zielgruppe zählen?
- Gibt es öffentliche Einrichtungen in der Nähe (Schulen, Bahnhof etc)?
- Ist Laufkundschaft von diesen öffentlichen Einrichtungen zu erwarten?
- Welche Ansprüche hat meine Zielgruppe?
- Welche anderen Cafés sind im Einzugsgebiet vorhanden?
- Welche Zielgruppe spricht meine Konkurrenz vor allem an?
- Wo liegen die Stärken bzw Schwächen meiner Konkurrenz?
- Was sind die eigenen Stärken und Schwächen im Vergleich zur Konkurrenz?
- Kann ich meine Stärken genügend sichtbar machen und gegenüber der Konkurrenz hervorheben?

Wenn Sie nun das gesamte Marktpotential kennen und auch Ihren möglichen Anteil daran abschätzen können, ist es leichter, Ihre künftige Kundenfrequenz und damit Ihren Umsatz zu planen. Planen Sie unbedingt vorsichtig und gleichzeitig realistisch!

Beispiel:

Das Ergebnis der Umsatzplanung könnte für dieses kleine Café folgendermaßen aussehen (bei gutem Standort durch Schulen, Bahnhof und Einkaufsstraße in unmittelbarer Nähe; die Zahlen sind beispielhaft!):

Durchschnittliche Kundenanzahl pro Offenhaltetag	100
Durchschnittlicher Konsum je Gast ohne Umsatzsteuer	€ 4,--
Rohertrag (Umsatz ohne sonstige Erträge abzgl Wareneinsatz)	65%
Jahressteigerung für Inflation	2%
Kostensteigerung bei Personalkosten und Sachaufwand pro Jahr	3%
Kundenzuwachssteigerung pro Jahr für die ersten Jahre	3%

Daraus errechnet sich bei einem durchschnittlichen Tagesumsatz von € 400,-- (100 Kunden mal € 4 Konsumation) und 300 Offenhaltetagen im Jahr (50 Wochen mal 6 Tage) ein voraussichtlicher Umsatz von € 120.000,-- für das erste Planjahr. Laut Plandaten beträgt der Rohertrag somit € 78.000,-- und der Wareneinsatz € 42.000,--.

Bei diesem Beispiel liegt der Mindestumsatz bei rund € 106.700,--. Das bedeutet, dass der Tagesumsatz auf € 356 sinken kann, damit alle Kosten trotzdem noch gedeckt sind und der Unternehmer monatlich € 1.750,-- entnehmen kann. Somit könnte bei einer Kundenanzahl von 100 die durchschnittliche Konsumation auf € 3,56 je Kunde sinken oder bei € 4,-- an durchschnittlicher Konsumation die Kundenanzahl auf 89 pro Tag zurückgehen.

Wie Sie selbst Ihren Mindestumsatz berechnen können, erfahren Sie unter *Tz 3.7* zur Frage „Wie viel Umsatz muss ich mindestens erwirtschaften?".

Die genauere (aber dennoch vereinfachte) Umsatzplanung für die ersten beiden Jahre sieht dann so aus:

Planung
Erlöse - Wareneinsatz - Rohertrag
Einzelunternehmen– Café – Beginn Jänner 2016

2,0%	Jahressteigerung (Inflation)
3,0%	Kundenzuwachs

Umsatzerlöse	Anz	Umsatz pa Wareneinsatz	Umsatz pro Tag	Umsatz netto 2016
Sitzplätze Nichtraucher 28 + Stehplätze 3 + Sitzplätze Raucher 32	63			
Kundenanzahl im Durchschnitt pro Offenhaltetag	**100**		€ 400,00	
Durchschnittskonsumation je Kunde in € exkl USt	**4**			
Offenhaltetage (50 Wochen á 6 Tage)	300			
Plan-Erlös		€ 120.000,00		**€ 120.000,00**
Rohertrag im Branchen-Median	72%			
Rohertrag laut Planrechnung (wegen Region)	**65%**	– € 78.000,00		
Materialeinsatz daher	35%	**€ 42.000,00**		
Materialaufschlag laut Planung im Durchschnitt		185,7%		
				€ 120.000,--

Umsatzerlöse	Anz	Umsatz pa Wareneinsatz	Umsatz pro Tag	Umsatz netto 2017
Sitzplätze NR 28 + Stehplätze 3 + Sitzplätze R 32	63			
Kundenanzahl im Durchschnitt pro Offenhaltetag	**103**		€420,24	
Durchschnittskonsumation je Kunde in €	**4,08**			
Offenhaltetage (50 Wochen á 6 Tage)	300			
Plan-Erlös		€ 126.072,00		**€ 126.072,--**
Rohertrag im Branchen-Median	72%			
Rohertrag laut Planrechnung	65%	– € 81.946,80		
Materialeinsatz daher	35%	**€ 44.125,20**		
Materialaufschlag laut Planung im Durchschnitt		185,7%		
				€ 126.072,--

Laut Planung ergibt sich somit für das erste Jahr ein Umsatz von € 120.000 und für das zweite Jahr von rund € 126.000, was einer Steigerung von in etwa 5% entspricht. Der Rohertrag wurde aus Vorsichtsgründen und aufgrund der regionalen Verhältnisse mit 65% angenommen, obwohl dieser im Branchenschnitt 72% beträgt. Der geplante durchschnittliche Materialaufschlag beträgt daher in beiden Jahren 185,7%. Der Kundenzuwachs im zweiten Jahr wurde vorsichtig mit nur 3% gegenüber dem Vorjahr angenommen. Außerdem wurde mit einer Inflationsrate von 2% gerechnet.

Die Jahre 2018 und 2019 werden dementsprechend in der weiteren Planung fortgesetzt. Aus Platzgründen werden abschließend unter *Tz 3.6.4* zur Erfolgs- und Liquiditätsplanung nur die ersten vier Jahre geplant. Üblich ist in Businessplänen aber ein Planungshorizont von fünf Jahren.

3.6.2 Investitions- und Finanzierungsplanung

Im nächsten Schritt planen wir für unser künftiges Café die Investitionen und den Finanzierungsbedarf. Folgende Tabelle zeigt dies vereinfacht (beispielhafte Werte!):

Plan-Investitionen	Ansch Wert	Nutzungsdauer	Abschreibung
	im 1.Halbjahr	in Jahren	pro Jahr
Grund und Boden		0	€ —
Betriebsgebäude		33	€ —
Umbauten, Adaptierungen*	€ 12.500,00	10	€ 1.250,--
Ablösen, Firmenwert		15	€ —
Maschinen und Geräte	€ 13.100,00	5	€ 2.620,00
EDV, Homepage		3	€ —
Betriebs- und Geschäftsausstattung	€ 13.481,00	10	€ 1.348,00
Fuhrpark/Pkw		8	€ —
Sonstige Kosten (Nebenkosten)	€ 919,00	0	€ —
Mittelverwendung (inkl Nebenkosten)	**€ 40.000,--**		**€ 5.218,--**
			AfA = Tilg Dauer
Optimale Finanzierungsdauer daher im Durchschnitt mindestens		**7**	

* Falls es sich um Instandsetzungen handelt, beträgt die Nutzungsdauer seit der Steuerreform 2016 15 Jahre.

Plan-Finanzierung			
Eigenmittel / Zuschüsse	€ 13.000,00		
Eigenleistungen	€ —		
Sonstige	€ —		
Privatdarlehen	€ —		
Bankkredite	**€ 27.000,00**	**7**	Zinssatz 4,0%
Mittelherkunft	**€ 40.000,00**		ohne Förderung

Aus diesen voraussichtlichen Investitionen wird auch die jährliche Abschreibung errechnet (Anschaffungswert dividiert durch Nutzungsdauer). Diese beträgt in dem Beispiel € 5.218,-- pro Jahr.

!

Achtung

Beim vorliegenden Beispiel ist die Investitionssumme deswegen so gering, weil im gegenständlichen Gebäude bereits früher ein Kaffeehaus untergebracht war und die Vermieterin alles Vorhandene dem neuen Mieter kostenfrei zur Verfügung stellt.

Außerdem kann aus dem gleichzeitig ermittelten Fremdfinanzierungsbedarf der Zinsaufwand berechnet werden. Die Zinsen betragen somit im ersten Jahr rund € 1.080 (4%). Beachtet werden sollte dabei, dass ein Eigenkapitalanteil von mindestens 25% in den meisten Fällen erforderlich sein wird. Alternativ können auch entsprechende Sicherheiten gewährt werden, wie zB Bürgschaften oder eine Hypothek.

Die optimale Finanzierungsdauer ergibt sich, wenn Sie die Anschaffungswertsumme durch die Jahresabschreibung dividieren. Die Finanzierungsdauer sollte dabei keinesfalls niedriger sein als die durchschnittliche Nutzungsdauer Ihrer Investitionen. In diesem Beispiel beträgt die Finanzierungsdauer mindestens sieben Jahre (nicht zwingenderweise länger, da ja bereits längerfristig zur Verfügung stehendes Eigenkapital vorhanden ist).

3.6.3 Aufwandsplanung

Nun sind der Sachaufwand sowie der sonstige Aufwand (zumindest) annähernd zu planen. Bei einem kleinen Café könnten die Zahlen wie folgt aussehen (ohne Beiträge für die gewerbliche Sozialversicherung – diese wurden separat, unter Berücksichtigung der Vorschreibungen bei Gründern, berechnet und im Planergebnisblatt unter einer eigenen Aufwandsposition dargestellt, und zwar als Summe der Vorauszahlungen und voraussichtlichen Nachzahlungen):

Sach- und Sonstiger Aufwand	ab 2. Jahr	im 1. Jahr
Strom und Heizung		€ 3.000,00
Betriebsversicherungen (Betriebsbündel, Haftpflicht etc)		€ 1.500,00
Raummiete	+ € 900,00	€ 3.900,00
Betriebskosten ohne Strom und ohne Heizung		€ 1.200,00
Einführungswerbung und sonstige Anlaufkosten	– € 1.000,00	€ 1.000,00
Gründungsberatung abzüglich Zuschuss	– € 800,00	€ 800,00
Kreditaufnahmekosten	– € 1.000,00	€ 1.000,00
Übriger Aufwand		€ 9.600,00
(Gewerbliche Sozialversicherung – siehe Ergebnisblatt)		
Summe	– € 1.900,00	€22.000,00
	€20.100,00	**€22.000,00**

Selbstverständlich dürfen Sie diese Zahlen nicht einfach für Ihr Unternehmen übernehmen. Vielmehr müssen Sie Ihre Zahlen individuell planen und kritisch hinterfragen. Es kommt beispielsweise darauf an, wie Sie Ihr Werbekonzept gestalten werden, wie viel Miete samt Betriebskosten Sie zahlen, welche Versicherungen Sie abschließen, wie hoch der Energiebedarf für Heizung und Licht sein wird, ob und welches Fahrzeug Sie benötigen, wie hoch die Gründungskosten (zB für die Gründungsberatung) sind, wie hoch die Bankspesen für die Kreditaufnahme ausfallen usw.

Personalaufwand				
	Monatsbrutto	Inklusive Sonderzahlungen	Inklusive Lohnnebenkosten 1,24	
Kellnerin 20 Wo Std.	€ 750,00	€ 10.500,00	€ 13.020,00	
Personalkosten rund	€ 750,00	€ 10.500,00	€ 13.020,00	**€ 13.020,00**
Steigerung jährlich mit				3,0%

Bei der Planung des Personalaufwandes ergeben sich jährliche Kosten von € 13.020,00. Dieser Betrag erhöht sich laut Planung um jährlich 3%. Die Lohnnebenkosten betragen aufgrund der Befreiungen vom DB, DZ und der Kommunalsteuer durch das Neugründungsförderungsgesetz (NeuFöG) im ersten Jahr der Selbstständigkeit nur etwas mehr als 23%. Für die Planung wurde vorsichtshalber etwas aufgerundet. Die Personalkosten sind im Beispiel deshalb so gering angesetzt, da die Töchter des Unternehmers fallweise kostenfrei aushelfen (Achtung auf Schwarzbeschäftigung!).

Nähere Informationen zu den Personalkosten entnehmen Sie am besten *Tz 5.6* zur Frage „Wie hoch ist die Abgabenbelastung, die ich für meine Mitarbeiter zu tragen habe?".

Zinsen aus Abstattungskredit	27.000,00	4,0%	Zinsen AK	
"vorsichtshalber ohne etwaige Förderung gerechnet"	laut Tilgungsplan	Zinsen Reserve		
7 Jahre Laufzeit	€ 1.080,00		€ 1.080	
Erstes Jahr tilgungsfrei	€ 1.035,00	15,00%	€ 1.190	
Tilgung 6 Jahre	€ 855,00	15,00%	€ 1.112	
	€ 675,00	10,00%	€ 0.945	
	€ 495,00	10,00%	€ 0.743	

Zinsen aus Betriebsmittelkredit (Kontokorrent)	3.000,00 Rahmen	4,5%	Zinsen KK	**Zinsen-summe**
Laufzeit 5 Jahre	laut Prognose	Zinsen Reserve		
	€ 135,00		€ 0,135	€ 1,215
In der Prognose wird die Zinsbelastung vorsichtshalber stets vom Rahmen gerechnet, auch wenn dieser wegen Giroguthaben nicht ausgenützt wird		15,00%	€ 0,155	€ 1,346
		15,00%	€ 0,179	€ 1,290
		10,00%	€ 0,196	€ 1,141
		10,00%	€ 0,216	€ 0,959

Insgesamt ergibt sich laut Planung für das erste Jahr eine Gesamtbelastung an Zinszahlungen in Höhe von € 1.215,--. Um eventuell im Zeitablauf steigende Zinsen zu berücksichtigen, wird mit einer Zinsreserve von im zweiten Jahr 15% kalkuliert. Dies ergibt somit für das zweite Jahr eine Gesamtbelastung an Zinszahlungen in Höhe von € 1.346,--. Auch im dritten, vierten und fünften Jahr wurde mit einer Zinsreserve kalkuliert. Zu beachten ist hierbei, dass die 15% an Zinsreserve im dritten Jahr natürlich auf die Zinsreserve des zweiten Jahres aufgeschlagen werden, da ja bereits von einem höheren Zinsniveau auszugehen ist.

TIPP

Planung der Entnahmen nicht vergessen!

Wichtig ist auch noch, was Sie selbst verdienen möchten/müssen. Haben Sie angenommen zuletzt rund € 1.500,-- im Monat netto verdient, und möchten Sie auch in Zukunft zumindest dasselbe entnehmen, dann sieht die Rechnung so aus:

€ 1.500,-- monatlich netto mal 14 Gehälter pro Jahr = € 21.000,-- dividiert durch 12 Monatsbezüge = € 1.750,-- monatlicher Entnahmebedarf. Auf diesen Betrag müssen Sie dann Ihre Einkommenssteuerbelastung in Höhe von mindestens € 5.000,-- im Jahr hinzurechnen (berechnet auf www.bmf.gv.at unter „Einkommenssteuertabellen"), sodass sich ein notwendiger Gewinn im Jahr von € 26.000,-- ergibt. Nur bei diesem Gewinn, der nach Deckung aller anderen Kosten mindestens übrig bleiben muss, können Sie ohne Probleme monatlich € 1.750,-- entnehmen.

3.6.4 Erfolgs- und Liquiditätsplanung

Das Beispiel für das Café zeigt laut Planung folgendes Bild für die nächsten Jahre:

GEWINN- UND VERLUST-RECHNUNG Einzelunternehmen – Café	PLAN 2016		PLAN 2017		PLAN 2018		PLAN 2019	
	TEUR	%	TEUR	%	TEUR	%	TEUR	%
Umsatzerlöse	120,0	100,0%	126,1	100,0%	132,5	100,0%	139,2	100,0%
Sonstige Erlöse/Zuschüsse p.a.	2,6	2,1%	2,6	2,0%	2,6	1,9%	2,6	1,8%
BETRIEBSLEISTUNG	122,6	100,0%	128,7	100,0%	135,1	100,0%	141,8	100,0%
Wareneinsatz und Fremdleistungen	– 42,0	– 34,3%	– 44,1	– 34,3%	– 46,4	– 34,3%	– 48,7	– 34,4%
Sonstige variable Kosten	0,0	0,0%	0,0	0,0%	0,0	0,0%	0,0	0,0%
DECKUNGSBEITRAG (DBU)	80,6	65,7%	84,5	65,7%	88,7	65,7%	93,0	65,6%
Personalkosten	– 13,0	– 10,6%	– 13,4	– 10,4%	– 13,8	– 10,2%	– 14,2	– 10,0%
Übriger Aufwand/Sachaufwand	– 22,0	– 17,9%	– 20,7	– 16,1%	– 21,3	– 15,8%	– 22,0	– 15,5%
Gewerbliche Sozialvers. Unternehmer/Vorauszahlung/Nachzahlung	– 1,8	– 1,4%	– 1,8	– 1,3%	– 6,8	– 5,0%	– 15,4	– 10,9%
Sonstiger Aufwand	0,0	0,0%	0,0	0,0%	0,0	0,0%	0,0	0,0%
Abschreibungen alt	0,0	0,0%	0,0	0,0%	0,0	0,0%	0,0	0,0%
Abschreibungen neu	– 5,2	– 4,3%	– 5,2	– 4,1%	– 5,2	– 3,9%	– 5,2	– 3,7%
BETRIEBSERFOLG	38,7	31,5%	43,5	33,8%	41,5	30,8%	36,2	25,6%
Zinsaufwand kurzfristig inkl Zinsen Reserve	– 0,1	– 0,1%	– 0,2	– 0,1%	– 0,2	– 0,1%	– 0,2	– 0,1%
Zinsaufwand langfristig inkl Zinsen Reserve	– 1,1	– 0,9%	– 1,2	– 0,9%	– 1,1	– 0,8%	– 0,9	– 0,7%
Zinserträge	0,0	0,0%	0,0	0,0%	0,0	0,0%	0,0	0,0%
FINANZERFOLG	– 1,2	– 1,0%	– 1,3	– 1,0%	– 1,3	– 1,0%	– 1,1	– 0,8%
Ergebnis der gewöhnlichen Geschäftstätigkeit (EGT)	37,4	30,5%	42,2	32,8%	40,2	29,8%	35,1	24,8%
Außerordentliches Ergebnis	0,0	0,0%	0,0	0,0%	0,0	0,0%	0,0	0,0%
JAHRESÜBERSCHUSS	37,4	30,5%	42,2	32,8%	40,2	29,8%	35,1	24,8%
Gewinnfreibetrag 13%	3,9		3,9	3,0%	3,9	2,9%	3,9	2,8%
Einkommensteuer-Bemessungsgrundlage	33,5		38,3	29,7%	36,3	26,9%	31,2	22,0%

CASH-FLOW Einzelunternehmen – Café	PLAN 2016		PLAN 2017		PLAN 2018		PLAN 2019	
	Mittelverwendung –	Mittelherkunft +	Mittelverwendung –	Mittelherkunft +	Mittelverwendung –	Mittelherkunft +	Mittelverwendung –	Mittelherkunft +
Ergebnis der gewöhnlichen Geschäftstätigkeit		37,4		42,2		40,2		35,1
Abschreibungen nicht auszahlungswirksam		5,2		5,2		5,2		5,2
Zuschüsse nicht einzahlungswirksam		– 2,6		– 2,6		– 2,6		– 2,6
CASH-FLOW aus dem Ergebnis		40,1		44,8		42,9		37,7

CASH-FLOW aus dem Ergebnis (Übertrag)		**40,1**		**44,8**		**42,9**		**37,7**
Investitionen/Erst-anschaffungen		– 39,1						
Aufnahme/Tilgung		27,0						
Zuschüsse/Tilgung		13,0		– 4,5		– 4,5		– 4,5
Einkommensteuer voraussichtlich		– 7,4		– 9,4		– 8,5		– 6,4
Privatentnahmen		– 21,0		– 21,0		– 22,0		– 22,0
Veränderung der Liquidität		**12,6**		**9,8**		**7,9**		**4,8**
Anfangsbestand		0,0		12,6		22,4		30,3
kumuliert		12,6		22,4		30,3		35,1

Daraus ist ersichtlich, dass bereits im ersten Jahr voraussichtlich ein Gewinn von ca € 37.000,-- erzielt wird, welcher ausreichen würde, um die Privatentnahmen laut Vorstellungen des Unternehmers sowie die privaten Steuern zu decken.

Bei der Sozialversicherung wurden vorerst nur die Mindestbeiträge angesetzt; erst ab dem 3. Jahr sind die Nachzahlungen der Pensionsversicherungsbeiträge enthalten (weitere Informationen zur Beitragsberechnung erhalten Sie unter *Tz 5.3* zur Frage „Wie funktionieren Steuer- und Sozialversicherungsvorschreibungen?").

Die ausgewiesenen Zuschüsse stellen Lieferantenzuschüsse (zB der Brauerei) dar.

Die Finanzplanung wurde hier nur pauschal durch eine Cash-Flow-Planung gezeigt (weitere Informationen zum Cashflow erhalten Sie unter *Tz 4.3* zur Frage „Wieso sinkt mein Kontostand, obwohl ich einen Gewinn ausweise?").

Falls Sie einen genauen Liquiditätsplan benötigen bzw erstellen wollen, dann könnte dies nach folgendem Muster geschehen:

a) Liquidität aus dem laufenden Geschäftsbetrieb

auf Monatsbasis	Monat 1	Monat 2	usw
Einzahlungen aus Umsatzerlösen			
Sonstige Einzahlungen			
Auszahlungen aus Wareneinkäufen			
Auszahlungen Personal (Löhne, Gehälter, Sonderzahlungen, Nebenkosten)			
Auszahlungen Sachkosten			
Auszahlungen Umsatzsteuer-Zahllast (Umsatzsteuer – Vorsteuer)			
Auszahlungen Finanzierung (Zinsen, Tilgungen)			
Auszahlungen Investitionen			
Auszahlungen Privatsphäre (Entnahmen, Steuern, Gesellschafterdarlehen)			
= Liquidität aus laufendem Geschäftsbetrieb			

b) Liquidität aus Vermögensstatus

Einzahlungen aus Forderungen
Einzahlungen aus Verkauf Anlagevermögen
Einzahlungen aus Lagerabbau
Einzahlungen Sonstige, zB aus Kreditaufnahme
Auszahlungen für Verbindlichkeiten
Abbau Finanzamt
Abbau Krankenkasse
Abbau Mitarbeiter
Abbau Gemeinde
Auszahlungen Sonstige
= Liquidität aus Status

= a) + b) zusammen ➲ ergibt Liquiditätssaldo auf Monatsbasis

Der **Liquiditätsplan** sieht dann so aus:

		Monat 1	Monat 2	usw
Anfangsbestand an Betriebsmittelkrediten				
+/–	Liquidität aus lfd.Geschäftsbetrieb			
+/–	Liquidität aus Vermögensstatus			
=	Endbestand Betriebsmittelkredite			
–	Rahmen Betriebsmittelkredite			
=	Liquiditätsreserve oder -überschreitung			

3.6.5 Umsatz- und Rohertragsplanung in Handwerksbetrieben

Beispiel:

Bei einem Handwerksbetrieb (zB im Stuckateurgewerbe) könnte die Umsatz- und Rohertragsplanung wie folgt aussehen:

- Materialbedarf je Auftrag, zB durchschnittlich € 1.500,--
- Materialaufschlag zB 25%
- Stundenbedarf je Auftrag durchschnittlich zB 50 Stunden
- Stundensatz von zB € 49,-- ohne Umsatzsteuer

Bei geplanten 80 Aufträgen im Jahr ergibt das:

Materialerlöse: € 1.500 zzgl 25 % Aufschlag mal 80 Aufträge		€ 150.000,--
Arbeitserlöse: 50 Std mal € 49 mal 80 Aufträge		€ 196.000,--
Gesamterlöse daher:		€ 346.000,--
Abzgl Materialeinsatz € 1.500 mal 80	–	€ 120.000,--
Rohertrag daher		**€ 226.000,--**

Der Rohertrag beträgt somit rund 65% des Umsatzes. Der Branchenwert-Median beträgt im Vergleich ca 66%.

Aus dem notwendigen Stundenbedarf von in diesem Beispiel 4.000 Stunden (80 Aufträge mal 50 Stunden) kann nun auch der voraussichtliche Personalbedarf abgeleitet werden:

Wochen pro Jahr (für einen Mitarbeiter)	52,00
Zuzüglich Sonderzahlungen	8,67
Bezahlte Zeit daher	60,67

Wochen pro Jahr		52,00
Urlaub pro Jahr	–	5,00
Durchschnittliche Feiertage pro Jahr	–	2,00
Durchschnittlicher Krankenstand pro Jahr	–	1,00
Sonstige Dienstverhinderungen pro Jahr	–	0,50
Anwesenheitszeit		43,50
Nicht verrechenbare Zeiten/Hilfszeiten (10%)	–	4,35
Leistungszeit/verrechenbare Zeit daher		39,15
mal Wochenstunden laut Kollektivvertrag		39,00
= verrechenbare Gesamtstunden pro Jahr und Mitarbeiter		1.526,85
Saisondauer pro Jahr in Monaten		8,00
Verrechenbare Gesamtstunden pro Saison und Mitarbeiter		1.018,00

Bei 4.000 erforderlichen Stunden würden somit rund vier Arbeitskräfte benötigt!

3.7 Wie viel Umsatz muss ich mindestens erwirtschaften?

Vor der Gründung Ihres Unternehmens werden Sie sich wahrscheinlich fragen, welchen Umsatz Sie mindestens erwirtschaften müssen, um kostendeckend zu arbeiten.

Die Antwort darauf gibt Ihnen der sogenannte Break-Even-Point (Gewinnschwelle). Dieser Break-Even-Point stellt den Umsatz dar, bei dem das Unternehmensergebnis genau Null ist – bei dem Sie also weder einen Gewinn noch einen Verlust erzielen (Mindestumsatz). Nachfolgend finden Sie zuerst einige theoretische Hintergrundinformationen zu diesem Thema und im Anschluss eine beispielhafte Berechnung des Break-Even-Points.

3.7.1 Der Break-Even-Point (Gewinnschwelle bzw Mindestumsatz)

Der Break-Even-Point bezeichnet also jenen Punkt, bei dem Kosten und Erträge gleich hoch sind und Sie daher weder einen Gewinn noch einen Verlust erzielen. Die Kosten verstehen sich dabei inklusive eines kalkulatorischen Unternehmerlohnes (in Höhe der für Sie zB als Einzelunternehmer notwendigen Privatentnahmen und privaten Steuern). Erwirtschaften Sie mit Ihrem Unternehmen in der Folge einen niedrigeren Jahresumsatz, dann schreiben Sie Verluste. Erwirtschaften Sie höhere Umsätze, befinden Sie sich in der Gewinnzone.

Zur Berechnung des Break-Even-Points müssen Sie zuerst einmal die Kosten in Ihrem Unternehmen kennen. Darüber haben Sie schon einiges bei der letzten Frage zum Thema „Aufwandsplanung" erfahren. Die Zahlen, die Sie dort errechnet haben, können Sie nun auch zur Berechnung des Break-Even-Points einsetzen.

Wollen Sie es ganz genau wissen, müssen Sie diese geplanten Kosten zuerst in fixe und variable Kosten trennen. Nur so können Sie den Deckungsbeitrag ermitteln, den Sie zur Berechnung des Break-Even-Points benötigen. Der Einfachheit halber nimmt man bei solchen Planungen jedoch oft an, dass alle Kosten fix sind bis auf den Wareneinsatz. Der errechnete Rohertrag (im vorigen Beispiel 65%) stellt dann den Deckungsbeitrag dar.

Nachfolgend noch einmal eine Übersicht dieser doch recht komplizierten Begriffe:

- **Fixkosten:** Die Fixkosten bezeichnen jene Kosten in Ihrem Unternehmen, die bei einer Änderung des Geschäftsganges in ihrer absoluten Höhe trotzdem konstant bleiben. Das bedeutet, auch wenn Sie mehr Produkte herstellen bzw verkaufen, bleiben diese Kosten trotzdem konstant. Dadurch sinken die Fixkosten je Stück natürlich bei sich verbesserndem Geschäftsgang und umgekehrt steigen die Fixkosten je Stück bei sich verschlechterndem Geschäftsgang. Beispiele für solche fixen Kosten sind unter anderem der monatliche Mietaufwand und die Gehälter für Angestellte in der Verwaltung.

  Doch das ist noch nicht alles: Natürlich gibt es auch unter den fixen Kosten solche, die nur innerhalb einer bestimmten Auslastung fix bleiben, danach aber ansteigen und innerhalb bestimmter Auslastungsgrenzen wieder fix sind. Diese Art von Fixkosten nennt man sprungfixe Kosten. Beispielsweise ist es ab einer bestimmten Anzahl an verkauften Produkten nötig, zusätzliches Personal für den gestiegenen Verwaltungsaufwand einzustellen, Überstundenzuschläge zu zahlen bzw zusätzliche Räumlichkeiten anzumieten.

- **Variable Kosten:** Die variablen Kosten ändern sich im Unterschied zu den Fixkosen mit dem Geschäftsgang. Gehen die Geschäfte nicht so gut, werden also weniger Produkte abgesetzt oder erzeugt, dann sind auch die variablen Kosten absolut gesehen geringer. Ist der Geschäftsgang besser, steigen auch die variablen Kosten. Pro Stück gesehen bleiben die variablen Kosten aber konstant – unabhängig vom Geschäftsgang. Ein solches Beispiel für variable Kosten ist die Verpackung. Werden mehr Produkte abgesetzt, dann steigen auch die Kosten für die Verpackung.

- **Deckungsbeitrag:** Der Deckungsbeitrag ist die Differenz zwischen Umsatz und den variablen Kosten in Ihrem Unternehmen. Der Deckungsbeitrag heißt so, weil er einen Beitrag zur Deckung der Fixkosten in Ihrem Unternehmen liefert. Zu beachten ist hierbei, dass sich der Deckungsbeitrag wahrscheinlich von Produkt zu Produkt unterscheiden wird. Manche Produkte werden Ihnen einen höheren Deckungsbeitrag liefern als andere. Zur Berechnung des gesamten Deckungsbeitrages sollten Sie daher grob abschätzen können, wie hoch der Umsatzanteil der einzelnen Hauptproduktgruppen und der jeweilige Deckungsbeitrag sein wird.
- **Rohertrag:** Der Rohertrag ist die Differenz zwischen Umsatz und Wareneinsatz samt Fremdleistungen (also den eingekauften Waren, die zum Wiederverkauf bestimmt sind). Stark vereinfacht wird der Rohertrag oftmals mit dem Deckungsbeitrag gleichgesetzt. Den typischen Rohertrag Ihrer Branche erhalten Sie auf Anfrage zB von der Wirtschaftskammer oder Ihrer Hausbank.

  Nun da Sie die einzelnen Kosten und den Deckungsbeitrag Ihres Unternehmens kennen, können Sie den Break-Even-Point berechnen. Hierzu nehmen Sie die Fixkosten Ihres Unternehmens und dividieren diese durch den durchschnittlichen Deckungsbeitrag all Ihrer Produkte. Nun wissen Sie, wie viele Produkte Sie mindestens absetzen müssen, um kostendeckend zu arbeiten. Jetzt müssen Sie diesen Wert nur noch mit dem durchschnittlichen Verkaufspreis multiplizieren und Sie erhalten den Mindestumsatz.

Alternativ können Sie bei vereinfachter Berechnung die Fixkosten durch den durchschnittlichen Rohertragsprozentsatz dividieren. Schon kennen Sie Ihren Mindestumsatz.

3.7.2 Beispielhafte Berechnung des Break-Even-Points

Personalkosten (anfangs keine Mitarbeiter beschäftigt)	€	0,--
Sach- und sonstiger Aufwand inklusive Sozialversicherung	€	35.000,--
Abschreibungen	€	8.250,--
Zinsaufwand (ohne Förderung mit 4,5% Zinsen von € 43.000)	€	2.000,--
Notwendiger Gewinn für Entnahmen und Einkommenssteuer	€	27.000,--
Zu deckende Summe daher	€	72.250,--

Nun müssen Sie diesen Gesamtbetrag an fixen Kosten in Höhe von € 72.250 durch den durchschnittlichen Rohertragsprozentsatz Ihrer Branche dividieren. Wenn Sie zB einen Handwerksbetrieb (Branche „Stuckateurgewerbe und Verputzerei") führen möchten, beträgt Ihr durchschnittlich zu erwartender Rohertrag 66%. Demnach müssen Sie jetzt nur noch die errechneten € 72.250,-- durch 0,66 dividieren. Dies ergibt dann einen Mindestumsatz von € 109.469,70 oder rund € 110.000,--.

Somit müssten Sie im ersten Jahr zumindest € 110.000,-- Umsatz erwirtschaften, um kostendeckend zu arbeiten und um zusätzlich noch Ihre Privatentnahmen inklusive privater Steuern decken zu können.

Achtung: Bei obigen Zahlen handelt es sich um bloße Annahmen, die nicht mit den vorherigen Beispielen übereinstimmen müssen.

Kapitel 4

Fragen zu Rechnungswesen und Controlling

4.1 Was sollte ich über die Buchhaltung wissen?

In punkto Buchhaltung gäbe es jede Menge zu erklären. Da es aber nicht das Ziel dieses Buches ist, einen Buchhalter aus Ihnen zu machen (sondern Sie sich im Gegenteil ja auf Ihr Kerngeschäft konzentrieren sollen), habe ich mich stattdessen darauf konzentriert, Ihnen den Sinn sowie die Organisation der Buchhaltung näher zu bringen.

Sie erhalten daher im Anschluss Informationen zu den Gewinnermittlungsarten, zu den Aufzeichnungspflichten, zur Organisation der Buchhaltung und zum Einsatz der Monatsauswertungen zur Steuerung Ihres Unternehmens.

4.1.1 Buchhaltung und Gewinnermittlung

Eine Aufgabe der Buchhaltung ist es unter anderem, den Gewinn für das Finanzamt zu ermitteln. Auf Basis dieses Gewinnes berechnet dann das Finanzamt die fällige Einkommens- bzw Körperschaftssteuer. Man unterscheidet zwei Möglichkeiten, den steuerrechtlichen Gewinn zu ermitteln, nämlich die Einnahmen-Ausgaben-Rechnung und die Doppelte Buchführung. Die Möglichkeit der pauschalierten Gewinnermittlung ist eine Sonderform der Einnahmen-Ausgaben-Rechnung.

Einnahmen-Ausgaben-Rechnung

Die Einnahmen-Ausgaben-Rechnung (E/A-Rechnung) ist eine vereinfachte Art der Gewinnermittlung. Es gilt das so genannte Zufluss-/Abflussprinzip. Das bedeutet, dass nur diejenigen Einnahmen und Ausgaben berücksichtigt werden, die im jeweiligen Wirtschaftsjahr zu Zahlungsflüssen geführt haben. Durch das Zufluss-/Abflussprinzip erfolgt allerdings keine periodengerechte Ermittlung des Gewinnes wie bei der doppelten Buchführung. Veränderungen der Bestände und offene Rechnungen finden hier nämlich keine Berücksichtigung. Ausnahmen von diesem Zufluss-/Abfluss-Prinzip bestehen vor allem für Investitionen ins Anlagevermögen. Hierbei ist genau wie bei der Doppelten Buchführung eine jährliche Abschreibung als Aufwand zu erfassen.

Charakteristisch für die E/A-Rechnung ist vor allem, dass Sie sich die klassische Buchhaltung mit Soll- und Habenbuchungen im Grunde ersparen können. Wenn Sie die Einzahlungen und Auszahlungen eines Jahres genau aufzeichnen und die dazugehörigen Belege aufbewahren, ist die wichtigste Arbeit schon erledigt. Zusätzlich müssen Sie monatlich (bei einem Umsatz über € 100.000,--) bzw vierteljährlich die Umsatzsteuer ermitteln (wenn Sie kein Kleinunternehmer sind) und an das Finanzamt abführen (dazu mehr unter *Tz 5.7* zur Frage „Wie funktionieren Umsatzsteuer und Vorsteuerabzug?").

Nachteilig an der E/A-Rechnung ist jedoch, dass diese weit weniger aussagekräftig ist als die doppelte Buchführung. Vor allem auch Banken tun sich für die Beurteilung Ihrer Kreditwürdigkeit bei Führung einer doppelten Buchhaltung leichter als bei einer E/A-Rechnung, weshalb viele Unternehmer – obwohl sie steuerrechtlich Einnahmen-Ausgaben-Rechner sind – trotzdem die berühmte Buchhaltungsdoppik einsetzen. Auch periodenrichtige Abgrenzungen sind mit einer E/A-Rechnung nicht möglich.

Um im System der E/A-Rechnung bleiben zu können, darf Ihr jährlicher Umsatz maximal € 700.000,-- Umsatz pro Jahr betragen und es darf sich bei Ihrem Unternehmen um keine Kapitalgesellschaft handeln. Freiberufler können jedoch sogar bei höheren Umsätzen die E/A-Rechnung einsetzen.

Pauschalierung

Die Pauschalierung ist eigentlich nur eine besondere Form der E/A-Rechnung und keine eigene Gewinnermittlungsart. Hier werden die Einnahmen in tatsächlich angefallener Höhe angesetzt, die Ausgaben werden jedoch in pauschaler Höhe abgezogen. Dieses Betriebsausgabenpauschale beträgt in der Regel 12% der Nettoeinnahmen (in manchen Fällen aber auch nur 6% und für manche Berufsgruppen gelten überhaupt Sonderregelungen). Zahlungen für Wareneingänge, Rohstoffe, Halberzeugnisse, Sozialversicherungsbeiträge sowie für Löhne/Gehälter und Fremdlöhne sind zusätzlich zum Betriebsausgabenpauschale steuerlich abzugsfähig.

Die Pauschalierung ist allerdings nur möglich, wenn der Umsatz pro Jahr € 220.000,-- nicht übersteigt und es sich bei dem Unternehmen um keine Kapitalgesellschaft handelt.

TIPP

Branchenpauschalierungen beachten!

Für das Gaststättengewerbe, sowie im Lebensmittelhandel, bei Gemischtwarenhändlern, Drogisten, Handelsvertretern und Schriftstellern gibt es von dieser Regelung abweichende Branchenpauschalierungen. Erkundigen Sie sich am besten bei Ihrem Steuerberater über diese Möglichkeiten.

Doppelte Buchführung

Die Doppelte Buchführung – steuerrechtlich auch Betriebsvermögensvergleich genannt – ist wie die E/A-Rechnung eine Möglichkeit der Gewinnermittlung. Bei der Doppelten Buchführung werden allerdings im Unterschied zur E/A-Rechnung nicht nur die Zu- und Abflüsse aufgezeichnet, sondern es geht primär darum, das Ergebnis des Unternehmens periodenrichtig zu ermitteln.

Der Begriff Doppelte Buchführung rührt zum einen daher, dass der Erfolg eines Unternehmens auf zweifache Art und Weise errechnet wird, und zwar

- zum Einen durch den Vergleich des Eigenkapitals am Ende des Jahres mit dem Stand an Eigenkapital zum Ende des vorigen Jahres, bereinigt um Privat-Einlagen und Privat-Entnahmen (ersichtlich aus der Bilanz) und

- zum Anderen durch den Vergleich der Aufwendungen mit den Erträgen des aktuellen Jahres (ersichtlich aus der Gewinn- und Verlustrechnung).

Weiters erklärt sich der Begriff der Doppelten Buchführung auch damit, dass jeder Geschäftsvorfall doppelt erfasst wird (im Soll und im Haben).

Eine wichtige Besonderheit bei der Doppelten Buchführung ist, dass auch offene Forderungen und Verbindlichkeiten Berücksichtigung finden. Zudem sind Zahlungen grundsätzlich periodengerecht abzugrenzen und demjenigen Wirtschaftsjahr zuzuordnen, in dem sie tatsächlich entstanden sind.

Ein großer Vorteil der Doppelten Buchführung ist, dass diese um einiges aussagekräftiger ist als eine E/A-Rechnung. Für Banken ist die Beurteilung Ihrer Kreditwürdigkeit im Falle einer Doppelten Buchführung deutlich einfacher. Steuerrechtlich war die Doppelte Buchführung bis zur Steuerreform 2015/2016 durch den uneingeschränkten Verlustvortrag ebenfalls im Vorteil, während im Falle der E/A-Rechnung nur die Verluste der jeweils letzten 3 Jahre verwertbar waren. Ab der Veranlagung 2016 ist der uneingeschränkte Verlustvortrag nun auch für E/A-Rechner möglich. Nachteilig an der Doppelten Buchführung ist vor allem, dass diese um einiges aufwändiger und damit teurer ist. Verpflichtet zum steuerlichen Betriebsvermögensvergleich und damit zur Doppelten Buchführung sind Sie bei Jahresumsätzen von mehr als € 700.000,-- (Ausnahme: Freiberufler) bzw wenn Sie Ihr Unternehmen in Form einer Kapitalgesellschaft (GmbH, AG) führen. Doch auch bei geringeren Umsätzen können Sie freiwillig Ihren Gewinn mittels Betriebsvermögensvergleich ermitteln. Tun Sie dies freiwillig, dann sind Sie ein sogenannter § 4 Abs 1 EStG Gewinnermittler. Bei verpflichtender Gewinnermittlung mittels Betriebsvermögensvergleich sind Sie § 5 EStG Gewinnermittler. Der Unterschied ist, dass für den § 5-Gewinnermittler strengere Regelungen bei der Aufstellung des Jahresabschlusses gelten.

4.1.2 Aufzeichnungspflichten in der Buchhaltung

Zur korrekten Führung der Buchhaltung müssen Sie als künftiger Unternehmer ua folgende Pflichten berücksichtigen und einhalten:

- **Belegaufbewahrung:** Alle Belege, die den Betrieb betreffen, sind per Gesetz mindestens 7 Jahre hindurch aufzubewahren. Dadurch, dass die Verjährungsfrist für hinterzogene Abgaben jedoch 10 Jahre beträgt, ist in der Praxis eine mindestens 12-jährige Aufbewahrung aller Belege empfehlenswert.

  Achten Sie vor allem bei Kassabons, die auf Thermopapier gedruckt wurden, dass diese auch nach Jahren noch leserlich sind, am besten ist, wenn sie eine Kopie machen. In Brieftaschen und Geldbörsen wird Thermopapier bereits nach einigen Tagen unleserlich. Beachten Sie auch, dass Ihre Buchhaltung stets nachprüfbar sein muss. Oberste Grundregel: Keine Buchung ohne Beleg!

- **Registrierkassenpflicht:** Alle Unternehmer mit einem Jahresumsatz über € 15.000,-- und einem Barumsatz von mehr als € 7.500,-- pro Jahr müssen seit 2016 Ihre Einnahmen mittels elektronischer Registrierkassa erfassen. Wenn die

Barumsätze unter € 7.500,-- liegen, besteht keine Registrierkassenpflicht (wenn also Ihre Kunden weitaus überwiegend mit Banküberweisung bezahlen).

Achtung

Die Bezahlung mit Bankomat, Kreditkarte oder Gutschein gilt im Sinne dieser Regelung als Barumsatz! Wenn die Anschaffung der Registrierkassa bis spätestens 31.12.2016 erfolgt, kann dafür beim Finanzamt eine Prämie von bis zu € 200,-- beantragt werden.

Es gibt nur wenige Ausnahmen von dieser Registrierkassenpflicht:

- Kalte-Hände-Regelung: Unternehmer, die ihre Umsätze ausschließlich im Freien tätigen (zB Maronibrater, Christbaumverkäufer etc) können auf eine Registrierkassa verzichten, wenn ihr Jahresumsatz € 30.000,-- nicht übersteigt. Dabei gilt der Gesamtumsatz des Betriebes, nicht nur die Umsätze „mit der kalten Hand".
- Mobile Gruppen: Unternehmer, die Ihre Lieferungen bzw Leistungen außerhalb ihres Betriebes (außerhalb ihrer Geschäftsräume) erbringen (zB mobile Frisöre, Montagearbeiter), müssen die Registrierkassa nicht immer mitführen, sondern dürfen ihre Barumsätze nach der Rückkehr in den Betrieb in der Registrierkassa nacherfassen. Dies hat ohne unnötigen Aufschub zu erfolgen. Allerdings muss der Unternehmer dem Kunden trotzdem bei Bezahlung einen Papierbeleg (Paragon) ausfolgen und eine Kopie davon aufbewahren.
- Automatenumsätze: Bei Warenausgabe- und Dienstleistungsautomaten kann die Losungsermittlung mittels Kassasturz erfolgen (keine Registrierkassenpflicht, keine Belegerteilungspflicht, wenn die Gegenleistung für die Einzelumsätze € 20,-- nicht übersteigt (zB Zigarettenautomat, Getränkeautomat).

Im Idealfall ersetzt ab 2016 die Registrierkassa das (händisch) geführte **Kassabuch** (verpflichtend ist ein Kassabuch unabhängig von der Registrierkassenpflicht jedenfalls bei Gewinnermittlung mittels Betriebsvermögensvergleich). Dazu werden nicht nur die Bareinnahmen, sondern auch die Barausgaben und -entnahmen mittels Registrierkassa erfasst.

Achtung

Der Kassastand darf niemals negativ sein. Ein negativer Kassasaldo berechtigt das Finanzamt im schlimmsten Fall zu einer Schätzung Ihres steuerlichen Gewinnes (und dies ist in der Regel nicht zu Ihrem Vorteil!).

- **Belegerteilungspflicht:** Unabhängig von der Registrierkassenpflicht ist jeder Unternehmer ab 2016 verpflichtet, für jedes Bargeschäft einen Beleg an den Kunden zu übergeben bzw zu übermitteln. Der Kunde hat diesen Beleg bei sich aufzubewahren, bis er die Geschäftsräumlichkeiten verlassen hat. Verstöße gegen die Registrierkassen- oder Belegerteilungspflicht werden vom Finanzamt mit empfindlichen Strafen geahndet.

- **Wareneingangsbuch:** Die Verpflichtung zur Führung eines Wareneingangsbuches trifft nur E/A-Rechner (und hier auch nur dann, wenn Sie Waren weiterverkaufen). In das Wareneingangsbuch sind alle Waren einzutragen, die der Unternehmer üblicherweise zur gewerblichen Weiterveräußerung erwirbt. Nicht einzutragen sind demnach zB Büromaterialien, Gegenstände des Anlagevermögens, Heizmaterial usw.
- **Anlagenverzeichnis:** Wirtschaftsgüter, die dem Betrieb wahrscheinlich länger als ein Jahr dienen werden, sind nicht sofort als Aufwand zu erfassen, sondern über mehrere Jahre (gemäß ihrer betriebsgewöhnlichen Nutzungsdauer) abzuschreiben. Deshalb verpflichtet Sie das Finanzamt dazu, ein Anlagenverzeichnis zu führen. Diese Verpflichtung trifft nicht nur Betriebe, die ihren Gewinn mittels Betriebsvermögensvergleich ermitteln sondern auch E/A-Rechner. Wirtschaftsgüter, deren Anschaffungskosten € 400,-- nicht übersteigen, können als Geringwertige Wirtschaftsgüter im Jahr der Anschaffung steuerlich vollständig abgeschrieben werden.
- **Inventur:** Unternehmen, die ihren Gewinn mittels Betriebsvermögensvergleich ermitteln, müssen am Ende ihres Geschäftsjahres alle Warenbestände körperlich erfassen (zählen, messen, wiegen) und zum Einstandspreis (= Einkaufspreis plus Bezugskosten) bewerten. E/A-Rechner trifft diese Verpflichtung nicht.
- **Fahrtenbuch:** Wenn Sie Ihr Fahrzeug betrieblich nutzen, sollten Sie unbedingt ein Fahrtenbuch führen. Es dient dazu, das Ausmaß der betrieblichen Nutzung zu dokumentieren, um zu vermeiden, dass im Falle einer Betriebsprüfung ein zu hoher Privatanteil ausgeschieden wird.

4.1.3 Die Organisation der Buchhaltung

Damit eine ordnungsgemäße Buchhaltung vorliegt, sind sämtliche Geschäftsfälle fortlaufend (chronologisch) und vollständig aufzuzeichnen. Liegt keine ordnungsgemäße Buchführung vor, kann es im Falle einer Betriebsprüfung zum Wegfall von ansonsten möglichen Verlustvorträgen oder zu Umsatz-Zuschätzungen (und damit höherer Steuerpflicht) durch das Finanzamt kommen. Im schlechtesten Fall schätzt das Finanzamt überhaupt Ihre Besteuerungsgrundlage und das geht in der Regel nicht zu Ihren Gunsten aus!

Bei der Organisation der Buchhaltung sind deshalb folgende Dinge unbedingt zu beachten:

Bareinnahmen und Barausgaben:

Diese müssen gesondert, und zwar in fortlaufender Reihenfolge nach Zahlungseingang und Zahlungsausgang, aufgezeichnet werden, sofern nicht ohnehin Registrierkassenpflicht gegeben ist. Diese Bareinnahmen und Barausgaben sind grundsätzlich täglich einzeln aufzuzeichnen. Außerdem ist über jede Bareinnahme ein Beleg auszustellen und dem Kunden auszuhändigen (eine Kopie bleibt beim Unternehmer).

TIPP

Einnahmen lückenlos angeben!

Aufgrund Ihrer getätigten Wareneinkäufe und dem Vergleich mit gleichartigen Betrieben derselben Branche hat das Finanzamt unter anderem die Möglichkeit, festzustellen, ob Sie Ihre Einnahmen vollständig angegeben haben oder nicht, wobei Manipulationen und Schwarzumsätze aufgrund der Registrierkassenpflicht ohnehin deutlich erschwert wurden.

Ein Kassabuch ist nur für bilanzierende Unternehmen (also bei Verwendung der doppelten Buchführung) zwingend notwendig; nicht jedoch für E/A-Rechner. Ein Kassabuch unter Verwendung des Tabellenkalkulationsprogrammes Excel ist nicht erlaubt, da hier nachträgliche Manipulationen möglich sind. Wenn eine Registrierkassa benutzt wird, sollte diese idealerweise nicht nur zur Aufzeichnung der Einnahmen genutzt werden, sondern am besten ein vollständiges Kassabuch liefern.

Bankauszüge:

Bankauszüge sind nach Auszugsnummern geordnet fortlaufend zu sammeln. Alle zugehörigen Belege oder Informationen sind zur Vermeidung von zeitraubenden Rückfragen von Ihrem Buchhalter bei den einzelnen Buchungszeilen beizufügen oder anzumerken.

Falls bei E/A-Rechnern kein Wert darauf gelegt wird, dass hinsichtlich der offenen Kundenforderungen bzw Lieferantenverbindlichkeiten Offene-Posten-Listen (kurz OP-Listen genannt) zur Unternehmerinformation vorliegen, dann sind die per Bank bezahlten Rechnungen gleich bei jenem Auszug abzulegen, auf dem die Verbuchung der jeweiligen Zahlung erfolgt.

Viele Steuerberater bieten bereits die Möglichkeit einer automatisierten Bankverbuchung mit Hilfe eines Exports aus Ihrem E-Banking-System. Dies kann Ihnen helfen, Zeit und Kosten zu sparen und Fehler zu vermeiden.

Eingangs- und Ausgangsrechnungen:

Diese können entweder gleich mit der Zahlung beim jeweiligen Bankauszug abgeheftet werden oder sie werden nach Datum sortiert gesammelt und abgelegt. Letztere Vorgehensweise (und damit datumsgenaue Erfassung in der Buchhaltung) ermöglicht die Erstellung von OP-Listen für offene Kundenforderungen bzw Lieferantenverbindlichkeiten. Auf Basis dieser Listen können Sie Ihr Mahnwesen effizient organisieren; natürlich nur dann, wenn Ihre Buchhaltung möglichst zeitnah erfolgt. Eingangs- und Ausgangsrechnungen müssen zur leichteren Wiederauffindbarkeit durch das Finanzamt im Falle einer Prüfung eine fortlaufende Nummerierung aufweisen (zB AR 100/2016 = Kundenrechnung Nr 100 des Jahres 2016).

Bei den Eingangsrechnungen sollten Sie unbedingt immer – insbesondere aber bei Beträgen über € 400,-- – auf die Vollständigkeit und Richtigkeit der Rechnungsbestandteile achten. Nur durch ordnungsgemäße Rechnungen sind Sie nämlich zum

Vorsteuerabzug berechtigt. Näheres hierzu erfahren Sie unter *Tz 5.8* zur Frage „Wann bin ich vorsteuerabzugsberechtigt?“.

Wareneinkäufe:

Belege für Wareneinkäufe können zum leichteren Auffinden ebenfalls fortlaufend nummeriert werden (zB WE 100/2016 = Wareneingang Nr 100 des Jahres 2016). Alle Gewerbetreibenden, die ihren Gewinn durch E/A-Rechnung ermitteln, müssen überdies verpflichtend ein Wareneingangsbuch führen. In diesem sind alle Wareneinkäufe einzutragen, die zum Weiterverkauf bestimmt sind. Die Rechnungen werden hier nach Rechnungsdatum eingetragen. Ein Hinweis auf die spätere Zahlung (Kassa oder Bank) ist für die Übersichtlichkeit wichtig und empfehlenswert.

TIPP

Sämtliche Grundaufzeichnungen aufbewahren!

Bitte achten Sie auch von Beginn an auf das Vorhandensein vollständiger und schlüssiger Grundaufzeichnungen, das sind zB Lieferscheine, wichtige Notizzettel, Inventuraufnahmelisten, die Preislisten der letzten Jahre, Preisvereinbarungen mit Lieferanten, Ihre Stundenaufzeichnungen je Kundenauftrag, die Stundenzettel der Mitarbeiter, Strichlisten für den Eigenverbrauch, Fahrtenbücher, Tachoscheiben, Kalendereinträge, Angebotslegungen usw.

Nur wenn alle Grundaufzeichnungen vorhanden und schlüssig sind, ist auch die Buchführung als ordnungsmäßig einzustufen und es kann zu keinen Problemen bei Betriebsprüfungen kommen.

TIPP ZUR GLIEDERUNG DES SPESENVERTEILERS:

E/A-Rechner müssen nicht (aber können natürlich) die Buchhaltungsdoppik anwenden. Bei ihnen genügt es grundsätzlich, wenn sie die Ein- und Auszahlungen lückenlos aufzeichnen. Hierzu können sich E/A-Rechner eines sogenannten Spesenverteilers bedienen.

Da E/A-Rechner zusätzlich zu ihrer Einkommenssteuererklärung eine Beilage (E1a bei Einzelunternehmen) erstellen und einreichen müssen, in der eine Gliederung der Einnahmen und Ausgaben nach Kennzahlen vorgesehen ist, wäre es daher sinnvoll, diese Gliederung bereits in den Spesenverteiler aufzunehmen. Am Jahresende muss man dann nur mehr die entsprechenden Werte zur zugehörigen Kennzahl eintragen.

4.1.4 Monatsauswertungen

Leider glauben auch heute noch viele, dass die Buchhaltung nur einem einzigen Zweck dient: Das Finanzamt zufrieden zu stellen. Schließlich möchte das Finanzamt, dass der Unternehmer (sofern er nicht Kleinunternehmer ist) monatlich bzw vierteljährlich eine Umsatzsteuervoranmeldung abgibt und dann pünktlich seine Umsatzsteuer abführt. Einmal jährlich wartet das Finanzamt dann auch noch auf einen Jahresabschluss, sowie auf die Einkommensteuer- bzw Körperschaftsteuererklärung und die Umsatzsteuerjahreserklärung. Manchmal fragt auch der Bankbetreuer nach dem Jahresabschluss bzw schon unterjährig nach Saldenlisten. Wenn Sie die Buchhaltung nur als Mittel zum Zweck (zufriedenes Finanzamt, zufriedene Bank) sehen, bringen Sie sich um Ihre wichtigste betriebliche Informationsquelle und Ihr Frühwarnsystem. Denn die Buchhaltung kann wesentlich mehr. Sie versorgt den Unternehmer mit wertvollen Informationen – und zwar nicht erst am Jahresende, sondern bereits unterjährig durch laufende Monatsauswertungen. Die laufende Buchhaltung sollte nämlich primär der laufenden Information des Unternehmers über den bisherigen Geschäftsverlauf und der Kontrolle der Wirtschaftlichkeit und Rentabilität dienen. Nur schade, dass das von vielen Unternehmern nicht oder zu spät erkannt wird. Nutzen Sie dieses Potential Ihrer Buchhaltung – schließlich zahlen Sie auch dafür.

Als Unternehmer sollten Sie permanent (und nicht erst am Jahresende) überprüfen, ob Sie mit Ihrem Unternehmen noch auf Kurs sind; ob Sie also Ihre wirtschaftlichen Ziele erreichen oder ob Sie finanziell schlechter dastehen als erwartet. Gute Buchhaltungsprogramme erlauben detaillierte monatliche Auswertungen. Nehmen Sie sich die Zeit, sich damit detailliert auseinander zu setzen. Nutzen Sie dieses Steuerungsinstrument für Ihren Erfolg! Auch hier gilt: Eine Doppelte Buchführung liefert genauere und brauchbarere Auswertungen als eine simple E/A-Rechnung.

Nur eine regelmäßige Kontrolle der wirtschaftlichen Entwicklung Ihres Unternehmens kann Ihnen helfen, Fehlentwicklungen rasch zu erkennen und rechtzeitig gegenzusteuern. Vergleichen Sie immer wieder Ihre Plan-Werte aus Ihrer Finanzplanung im Businessplan mit den IST-Werten aus Ihrer Buchhaltung. Ein sinnvolles Instrument, um einen schnellen Überblick über Ihre gegenwärtige finanzielle und wirtschaftliche Situation zu bekommen, sind die Kurzfristige Erfolgsrechnung, die Offene-Posten-Liste (kurz OP-Liste) und die Saldenliste. Damit erhalten Sie einen guten Überblick über den Erfolg Ihres Unternehmens, über die Kapitalstruktur, die Vermögens- und Schuldverhältnisse sowie über alle säumigen Zahler.

TIPP

Auswertungen vom Steuerberater erklären lassen!

Lassen Sie sich die Kurzfristige Erfolgsrechnung (KER), die OP-Liste und die Saldenliste vom Steuerberater erklären, sofern Sie in solchen Dingen nicht bewandert sind. Beachten Sie, dass in der Regel einige Posten in diesen Auswertungen zu bereinigen sind, da zB Erlös- und Aufwands-Abgrenzungen erst im Jahresabschluss vorgenommen werden, nicht jedoch unterjährig. Oft bieten Steuerberater auch zusätzliche Auswertungen an, die auf die Bedürfnisse des Unternehmers abgestimmt sind und eine leichtere Lesbarkeit mit sich bringen. Fragen Sie nach!

4.2 Soll ich meine Buchhaltung selbst machen?

Erfahrungsgemäß sehen sich sehr viele Gründer dazu genötigt, Ihre Buchhaltung selbst zu machen, da Sie glauben, ansonsten viel zu viel Geld an den Steuerberater zu „verschwenden", wo sie diese Arbeit doch auch selbst erledigen können. Was diese Vorgangsweise tatsächlich bringt, zeigt sich leider oft am Jahresende, wenn der Steuerberater die Unterlagen für die Jahresabschlusserstellung erhält und dann der Sachbearbeiter Stunden mit Um- und Nachbuchungen verbringt, die dem Klienten natürlich verrechnet werden müssen. Die vermeintliche Kostenersparnis durch die selbst geführte Buchhaltung ist so schnell dahin. Im Gegenteil, der Unternehmer hat unterjährig seine wertvolle Zeit mit Buchhaltung verbracht (die dann im Nachhinein korrigiert werden muss), statt sich seinem Kerngeschäft zu widmen.

4.2.1 Buchhaltung selber machen oder auslagern?

Selbstverständlich ist Gründern nicht in allen Fällen davon abzuraten, die Buchhaltung selber zu machen. Sollen beispielsweise nur die Ein- und Auszahlungen im Rahmen einer E/A-Rechnung (siehe hierzu *Tz 4.1*: „Was sollte ich über die Buchhaltung wissen?") aufgezeichnet werden, so kann dies der Gründer leicht selbst erledigen. Doch auch die Doppelte Buchführung muss nicht immer von einem Steuerberater erledigt werden. Wenn der Gründer über gute Buchhaltungskenntnisse verfügt, spricht nichts dagegen, dass er sich selbst darum kümmert und sich nur bei Fragen mit einem Profi abstimmt.

Doch mit der Finanzbuchhaltung allein ist es noch nicht getan. Daneben muss auch die Lohn- und Gehaltsverrechnung für die Mitarbeiter des Unternehmens erledigt werden. Der dringende Rat ist hier jedenfalls, dass Sie diese Tätigkeit einem Steuerberater oder Personalverrechner übertragen. Hierfür werden meist Pauschalsätze angeboten, sodass Sie die Kosten gut kalkulieren können. Außerdem ist gerade dieser Bereich von ständigen Gesetzesänderungen und hohen Strafen bei Verstößen betroffen.

TIPP

Kosten-/Nutzenrelation beachten!

Bei der Entscheidung für oder gegen die Selbsterstellung der Buchhaltung müssen Kosten und Nutzen ganz klar abgewogen werden. Auf der Nutzenseite ist zu erwähnen, dass Sie nichts aus der Hand geben und somit die Auswertungen vielleicht schneller zur Hand haben als bei Erstellung durch eine externe Person. Zudem ersparen Sie sich natürlich die Kosten für die Beauftragung eines externen Dienstleisters. Demgegenüber stehen aber auch die eigenen Kosten. Entweder es entstehen Opportunitätskosten (das sind jene Kosten, die erwachsen, weil Sie in derselben Zeit andere Dinge erledigen hätten können) oder aber Personalkosten, weil Sie einen Mitarbeiter damit beauftragt haben. Nicht vergessen sollten Sie auch, dass der externe Buchhalter meist weniger Zeit benötigt als Sie (also effizienter arbeiten kann), da er viel routinierter ans Werk geht.

Bedenken Sie bei Ihrer Entscheidung auch die anfänglichen und laufenden Kosten für ein Buchhaltungsprogramm. Schlussendlich können Ihnen Zusatzkosten dadurch entstehen, dass der Sachbearbeiter beim Jahresabschluss einiges umzubuchen hat, weil Sie nicht (ganz) korrekt gebucht haben.

Bei der Entscheidung für ein eigenes Buchhaltungsprogramm achten Sie bitte auf eine Exportschnittstelle, um zu gewährleisten, dass die Daten für den Jahresabschluss leicht übernommen werden können. Bei billigeren Buchhaltungsprogrammen ist dies oftmals ein Problem.

4.2.2 Die Wahl des richtigen Dienstleisters

Sollten Sie sich entschieden haben, die Buchhaltung durch einen externen Dienstleister erstellen zu lassen, haben Sie im Grunde zwei Möglichkeiten: Sie können entweder einen Steuerberater oder einen selbstständigen Buchhalter damit beauftragen.

Wer besser zu Ihnen passt, hängt ganz von Ihnen und Ihren Erfordernissen bzw Ansprüchen ab. Sind Sie beispielsweise betriebswirtschaftlich gänzlich unerfahren, ist es ratsam, mit jemandem zusammenzuarbeiten, der Sie auch wirtschaftlich berät und unterstützt. Zumeist wird dann die Wahl eher auf einen Steuerberater fallen, der gleichzeitig auch Unternehmensberater ist.

Auf jeden Fall gilt: Brauchen Sie regelmäßige Unterstützung in wirtschaftlichen Angelegenheiten, dann investieren Sie durchaus einige Zeit in die Suche des für Sie „optimalen" Steuerberaters. Vertrauen Sie dabei nicht nur auf die Empfehlungen von anderen Unternehmern. Deren Bedarf kann nämlich ganz anders sein als der Ihre. Auch wenn ein Steuerberater gut ist für Unternehmer X, so muss er dies nicht unbedingt für Unternehmer Y und seine individuellen Bedürfnisse sein. Definieren Sie lieber einige für Sie wichtige Kriterien, die Ihr zukünftiger Berater unbedingt erfüllen muss. Danach erst begeben Sie sich auf die Suche. Natürlich können Sie anhand Ihrer Kriterien andere Unternehmer befragen; zusätzlich können Sie aber auch im Internet recherchieren, da mittlerweile die meisten Steuerberater eine Homepage haben.

4.3 Wieso sinkt mein Kontostand, obwohl ich einen Gewinn ausweise?

4.3.1 Der Grund für dieses Phänomen

Vielen Jungunternehmern ist es mitunter ein Rätsel: Sie schreiben laut Buchhaltung Monat für Monat Gewinne, trotzdem sinkt der Guthabensstand am Bankkonto immer weiter bzw rutscht sogar irgendwann ins Minus. Der einfache Grund hierfür: Auch wenn ein (buchhalterischer) Gewinn erzielt wird, so bedeutet dies noch lange nicht, dass auch ein Zahlungsmittelüberschuss (in der Fachsprache Cashflow genannt) bestehen muss.

Wenn es zu einem Geldmittelabfluss kommt, kann dies nicht automatisch mit einem buchhalterischen Aufwand gleichgesetzt werden (oder die Höhe des Aufwandes deckt sich nicht mit der Höhe der cashmäßigen Ausgabe). Bei der Rückzahlung einer Kreditschuld und bei Privatentnahmen eines Einzelunternehmers kommt es beispielsweise zu gar keinem buchhalterischen Aufwand und beim Kauf eines langfristigen Anlagegutes kommt es im ersten Jahr nur zu einem teilweisen Aufwand je nach Nutzungsdauer des Anlagegutes. Umgekehrt kann auch ein Aufwand bestehen, obwohl es zu keiner Zahlung kommt (zB bei der laufenden Abschreibung von Anlagegütern).

Dasselbe gilt auch auf Ertrags- bzw Einzahlungsseite. Wenn etwas als Ertrag verbucht wird, bedeutet dies nicht zwingend, dass es tatsächlich bereits zu einer Zahlung (zu einem Geldmitteleingang) gekommen ist (zB beim Verkauf von Waren auf Ziel). Umgekehrt stellen Einzahlungen nicht immer Erträge dar (zB bei der Zuzählung eines Bankkredits oder bei Privateinlagen eines Einzelunternehmers).

4.3.2 Grundwissen zum Cashflow

Der Cashflow ist eine Kennzahl für den Zahlungsmittelüberschuss, den ein Unternehmen in einer bestimmten Periode erwirtschaftet. Er misst die Nettozu- und Nettoabflüsse einer Periode (exklusive Umsatzsteuer). Mit dieser Kennzahl lässt sich die Innenfinanzierungskraft und damit die Liquidität sowie die finanzielle Gesundheit eines Unternehmens beurteilen.

Der buchhalterische Gewinn hingegen gibt keine verlässlichen Aufschlüsse über die finanzielle Gesundheit eines Unternehmens, da er allein aus den buchhalterischen Erträgen und Aufwendungen ermittelt wird. Wie wir nun wissen, können Erträge und Aufwendungen zwar zu einer Zahlung führen, müssen aber nicht (siehe dazu die Erläuterungen oben).

Bei Berechnung des Cashflows werden im Unterschied dazu jedoch nur zahlungswirksame Aufwendungen und Erträge berücksichtigt. Bei Weiterentwicklung der Cashflowrechnung hin zu einer sogenannten Kapitalflussrechnung werden sogar Zahlungen mitberücksichtigt, die überhaupt keine Aufwendungen und Erträge darstellen. Somit sieht man auf einen Blick, ob es innerhalb einer bestimmten Geschäftsperiode zu Nettozuflüssen oder aber zu Nettoabflüssen an Zahlungsmitteln gekommen ist und ob eventuell Handlungsbedarf besteht. Der Cashflow zeigt, ob die selbst erarbeiteten Mittel ausreichen, um die Liquidität und damit die Existenz des Unternehmens langfristig sichern zu können.

4.3.3 Die Ermittlung des Cashflows

Der Cashflow kann direkt oder indirekt ermittelt werden:

- **Direkte Ermittlung:** Dabei werden von den zahlungswirksamen Erträgen einer Periode alle zahlungswirksamen Aufwendungen abgezogen.
- **Indirekte Ermittlung:** Dabei werden nicht zahlungswirksame Aufwendungen wie zB Abschreibungen und Erhöhungen der Rückstellungen zum Gewinn hinzugezählt und nicht zahlungswirksame Erträge abgezogen. Für den externen Betrach-

ter, der einen Jahresabschluss analysieren möchte, ist im Grunde nur diese indirekte Ermittlung des Cashflows möglich.

Bei der häufiger anzutreffenden indirekten Ermittlung des Cashflows (häufiger deshalb, weil die indirekte Ermittlung aufbauend auf den Buchhaltungsdaten möglich ist) gibt es aber gleich mehrere Arten der Berechnung, hier die wichtigsten:

- **Praktikermethode:** Dies ist die einfachste, jedoch auch ungenaueste Art, den Cashflow zu ermitteln. Die Praktikermethode gibt einen ersten Anhaltspunkt über die Liquidität und die finanzielle Gesundheit eines Unternehmens. Dabei werden zum Gewinn Abschreibungen des Anlagevermögens und Erhöhungen bei den Rückstellungen addiert und Zuschreibungen zum Anlagevermögen und Verminderungen der Rückstellungshöhe subtrahiert. Der Grund ist einleuchtend: Abschreibungen und Rückstellungen stellen buchhalterisch zwar einen Aufwand dar, führen aber nicht zu einer Auszahlung an liquiden Mitteln.
- **Kapitalflussrechnung:** Dabei wird ein separater Cashflow für drei Bereiche ermittelt, und zwar ein Cashflow aus dem Ergebnis (auch operativer Cashflow oder Cashflow aus der laufenden Geschäftstätigkeit genannt, welcher neben Abschreibungen und Rückstellungen auch Änderungen in den Forderungen und Verbindlichkeiten berücksichtigt), ein Cashflow aus der Investitionstätigkeit (welcher Investitionen und Verkäufe von Anlagevermögen berücksichtigt) und ein Cashflow aus der Finanzierungstätigkeit (welcher Einzahlungen von Eigenmitteln, Kreditaufnahmen und Kreditrückzahlungen berücksichtigt). Aus einer solchen Kapitalflussrechnung ist ersichtlich, wofür der Cashflow im Unternehmen aufgebraucht wird.

4.3.4 Der Free Cashflow als Schlüsselkennzahl

Vor allem Banken haben großes Interesse am Cashflow, da sie daraus erkennen können, ob das Unternehmen die Rückzahlungen für den beantragten Kredit auch wird leisten können. Banken lesen aus einem Cashflow, welche Schuldenlast das analysierte Unternehmen theoretisch tragen könnte.

Ausgangspunkt hierfür ist insbesondere der sogenannte Free Cashflow. Der Free Cash Flow ist die Summe aus operativem Cashflow (Cashflow aus der laufenden Geschäftstätigkeit bzw Cashflow aus dem Ergebnis) und dem Cashflow aus der Investitionstätigkeit.

Der Free Cashflow, den ein Unternehmen erwirtschaftet, kann beispielsweise eingesetzt werden für:

- Ausschüttung als Gewinn bei Kapitalgesellschaften bzw als Privatentnahme bei Einzelunternehmen und Personengesellschaften;
- Einbehaltung und Nutzung als Reserve für später;
- künftige Zinszahlungen;
- Tilgung bestehender und neuer Kredite;
- Zahlung der Steuern (Einkommen- bzw Körperschaftsteuer).

4.4 Wie behalte ich den Überblick über Erfolg und Finanzen?

Die von vielen Unternehmern gewählte „Strategie" der Unternehmensführung ist das „Management by Kontostand". Die einzige Kontrolle, ob es dem Unternehmen gut geht oder nicht, ist dabei der Blick auf den aktuellen Stand des Bankkontos.

Es bedarf keiner weiteren Erklärung, dass dieses Vorgehen nicht sinnvoll ist. Natürlich ist es selbstverständlich, dass Sie als Unternehmer über Ihren Banksaldo laufend Bescheid wissen; ein geeignetes Mittel zur Kontrolle Ihres Erfolges und Ihrer Finanzen ist das aber nicht! Setzen Sie stattdessen lieber auf einfache Controllingmaßnahmen, auf die Auswertung wichtiger Kennzahlen und auf eine laufende Finanzplanung.

4.4.1 Einfache Controllingmaßnahmen

Sie können jetzt einwenden, dass ein aufwändiges Controlling in einem Kleinbetrieb wenig Sinn macht. Doch ein aussagekräftiges Controlling muss nicht aufwändig sein – es soll sogar unbedingt an die Größe und Komplexität des Unternehmens angepasst sein. Kleine Unternehmen haben schlicht nicht das gleiche Informationsbedürfnis wie ein Großkonzern.

Was aber alle Unternehmen, gleich welcher Größe, unbedingt in regelmäßigen Abständen kontrollieren sollten, sind **die momentane Auftragslage** (also bereits eingegangene Bestellungen und laufende Projekte) sowie **der momentane Stand an Anfragen** (Kundenanfragen, die noch nicht zu einer Auftragserteilung geführt, sondern erst grundsätzliches Interesse an den Leistungen des Unternehmers bekundet haben). An diesen beiden Zahlen können Sie nämlich leicht ablesen, wie sich der Umsatz in den nächsten Wochen und Monaten entwickeln wird (dies können Sie dann wiederum als Basis für die laufende Finanzplanung verwenden). Bedenken Sie dabei, dass es saisonale Schwankungen geben kann. In beratenden Berufen ist beispielsweise ein Sommerloch zu beobachten. In anderen Branchen wiederum ist gerade der Sommer die Hauptsaison. Vor allem eine im Zeitablauf bzw im Vergleich zum Vorjahr abschwächende Auftragslage muss aber die Alarmglocken zum Läuten bringen.

Durch diese Maßnahmen werden Missstände und zukünftige Umsatzrückgänge viel früher erkannt als durch den bloßen Blick auf den Banksaldo. Der Kontostand zeigt leider nur noch die Auswirkungen im nachhinein und damit zu spät, um gegenzusteuern. Die Auftragslage als Kennzahl ist dem Kontostand vorgelagert; noch früher spiegeln Anfragen (Kundeninteresse) die Situation des Unternehmens wider. Je früher Sie solche Trends erkennen, umso besser können Sie reagieren. Den Bankbewegungen am längsten vorgelagert ist **die Kundenzufriedenheit**, die durch Bestandskunden und Neukunden (vor allem aufgrund von Empfehlungen zufriedener Bestandskunden) erst zu Anfragen bzw Aufträgen führt. Deshalb sollten Sie auch Veränderungen in der Zufriedenheit Ihrer Kunden im Auge behalten. Achten Sie dafür auf die Anzahl und Aussagekraft von Kundenbeschwerden. Leider wird sich nur ein kleiner Teil Ihrer unzufriedenen Kunden tatsächlich beschweren, viele wechseln einfach den Anbieter. Seien Sie also dankbar für jede Beschwerde und machen Sie es Ihren Kunden leicht, ihre Meinung zu äußern. Nur durch Beschwerden können Sie sich gezielt in den jeweiligen Problembereichen verbessern.

Verlieren Sie auch auf die Empfehlungsrate in Ihrem Unternehmen nicht aus den Augen. Wie hoch ist der Anteil Ihrer Neukunden, die aufgrund einer Empfehlung zu Ihnen gekommen sind? Welche bestehenden Kunden sind Ihre größten Empfehler? Machen Sie es daher zur Routine, neue Kunden zu fragen, wie sie auf Ihr Unternehmen aufmerksam geworden sind.

Last but not least: Sehen Sie **die Buchhaltung** bitte nicht nur als nach außen gerichtetes Mittel zur Gewinnermittlung und Steuerberechnung. Nutzen Sie die Buchführung stattdessen als ein Werkzeug in der Unternehmensführung. Fragen Sie Ihren Steuerberater oder Buchhalter unbedingt nach den monatlichen Auswertungen (Saldenliste, Kurzfristige Erfolgsrechnung und/oder andere auf Ihre Bedürfnisse abgestimmte Auswertungen).

4.4.2 Analyse wichtiger Kennzahlen

Jeder Unternehmer sollte sich mit den wichtigsten Kennzahlen in seinem Unternehmen auseinandersetzen. Die Analyse dieser Kennzahlen zeigt Ihnen laufend und im Zeitablauf, wie Sie finanziell und wirtschaftlich dastehen und wie sich der Unternehmenserfolg entwickelt. Wichtig ist, dass Sie Kennzahlen nicht nur anhand des Jahresabschlusses analysieren, sondern laufend in Ihrer Buchhaltung. Als Basis dienen hierzu die monatlichen Auswertungen Ihres Buchhaltungsprogrammes – vor allem die sogenannte Kurzfristige Erfolgsrechnung (kurz KER genannt).

Die Vorteile einer Kennzahlenanalyse liegen klar auf der Hand:

- Durch Kennzahlen werden Sachverhalte messbar und dadurch auch nachvollziehbar. Unterschieden wird zwischen absoluten (zB Umsatz oder Cashflow einer Periode) und relativen Kennzahlen (zB Renditen und Prozentanteile).
- Mithilfe von Kennzahlen lassen sich Bilanzen, Gewinn- und Verlustrechnungen sowie Monatsauswertungen rasch analysieren. Zudem lassen sich Aussagen treffen über die finanzielle Stabilität und die Ertragslage des Unternehmens. Somit können auch externe Adressaten Ihres Jahresabschlusses (wie zB stille Gesellschafter und Banken) schnell erkennen, wie es um das Unternehmen steht.
- Durch eine Analyse wichtiger Kennzahlen während des Jahres wissen Sie, ob Sie noch im Plan liegen, oder ob Maßnahmen zur Gegensteuerung getroffen werden müssen.
- Eine Finanzplanung ist erst dann sinnvoll, wenn die Erreichung der Ziele auch kontrolliert wird. Diese Kontrolle erreichen Sie nur durch die periodische Auswertung wichtiger Kennzahlen.
- Die Bank knüpft Ihre Kreditkonditionen unter Umständen an gewisse Kennzahlen. Verschlechtern sich Ihre Kennzahlen, dann verschlechtern sich auch die

Kreditkonditionen. Umgekehrt haben Sie bei der Bank einen Trumpf im Ärmel, falls sich die Kennzahlen im Zeitablauf immer weiter verbessern.

Sehr wichtige Kennzahlen sind die vier Kennzahlen des Quicktests nach *Kralicek*. Hierbei wird eine getrennte Aussage in Bezug auf die finanzielle Stabilität und die Ertragslage eines Unternehmens getroffen.

Für beide Analysebereiche werden jeweils zwei Kennzahlen ermittelt:

- **Eigenkapitalanteil:** Diese Kennzahl setzt das Eigenkapital ins Verhältnis zum Gesamtkapital. Sie dient zur Beurteilung der finanziellen Stabilität eines Unternehmens. Bei einem höheren Eigenkapitalanteil steigt automatisch auch die finanzielle Stabilität und Unabhängigkeit des Unternehmens.
- **Schuldentilgungsdauer:** Die Schuldentilgungsdauer sagt aus, nach wie vielen Jahren das Unternehmen aus eigener Kraft im Stande ist, seine gesamten Schulden abzubezahlen. Zur Berechnung wird das Fremdkapital um die flüssigen Mittel (also Kassa- und Bankguthaben) reduziert. Diese Zahl wird dann durch den Cashflow (in der Regel Praktikermethode) dividiert (*siehe hierzu Tz 4.3.3*).
- **Gesamtkapitalrentabilität:** Diese Kennzahl gibt an, wie effizient der Kapitaleinsatz im Unternehmen ist. Je höher die Gesamtkapitalrentabilität ist, desto besser. Zur Berechnung werden der Gewinn vor Steuern um die Fremdkapitalzinsen erhöht. Das Ergebnis wird dann durch das Gesamtkapital dividiert und mit 100 multipliziert.
- **Cashflow in Prozent der Umsatzerlöse:** Hierzu wird der Cashflow durch die Umsatzerlöse dividiert und mit 100 multipliziert, um einen Prozentsatz zu erhalten. Hier wird in der Regel ebenfalls der Cashflow gemäß Praktikerformel verwendet.

Andere aussagekräftige finanzielle Kennzahlen sind beispielsweise:

- Gewinn- oder Verlustentwicklung
- Break-Even-Point (*siehe hierzu Tz 3.7*)
- Umsatzentwicklung
- Kostenentwicklung
- Entwicklung des Free Cashflows (*siehe hierzu Tz 4.3.4*)
- Umsatzrentabilität
- Debitoren- und Kreditorendauer (wie lange dauert es im Schnitt, bis Kunden zahlen bzw bis Lieferanten bezahlt werden?)
- Lagerdauer (wie lange dauert es, bis das Lager komplett verkauft ist?)
- Liquiditätsgrade (kann Zahlungsverpflichtungen fristgerecht nachgekommen werden?)
- Working Capital Ratio (ist zumindest ein Teil des kurzfristigen Vermögens langfristig finanziert?)

Zum Abschluss hier auch noch ein paar Beispiele für nützliche nicht-finanzielle Kennzahlen:

- Empfehlungsrate
- Kundenfluktuation (= Kundenabgangsrate)
- Mitarbeiterfluktuation
- Krankenstandstage
- Anteil Altkunden zu Neukunden
- Produktivität der Mitarbeiter
- Anzahl Verbesserungsvorschläge der Mitarbeiter.

4.4.3 Finanzplanung

Die Finanzplanung (Budgetierung) ist eine weitere, zugegeben eher aufwendige Maßnahme, um den Überblick über die eigenen Finanzen zu wahren. Hierfür wird das Folgejahr bzw werden die nächsten (in der Regel mindestens drei) Monate zahlenmäßig geplant – und dann unbedingt auch monatlich ein sogenannter Soll-/Ist-Vergleich erstellt (ohne Kontrolle ist jede Planung sinnlos). Bei negativen Abweichungen muss schnell reagiert und geeignete Maßnahmen eingeleitet werden.

Wie Sie eine Finanzplanung erstellen können, erfahren Sie anhand eines Beispiels unter *Tz 3.6* zur Frage „Wie sind Umsatz, Kosten und Liquiditätsbedarf zu planen?“.

Kapitel 5
Fragen zu Steuern und Sozialversicherung

5.1 Wie melde ich mich beim Finanzamt und bei der Sozialversicherung an?

Jeder Unternehmer ist dazu verpflichtet, seine Betriebseröffnung dem Finanzamt innerhalb eines Monats mitzuteilen. Zuständig dafür ist jenes Finanzamt, in dessen Bezirk der Wohnsitz, Sitz oder die Geschäftsleitung des Unternehmers liegt. Formvorschriften gibt es keine für diese Meldung. Das heißt, Sie können sich sogar mündlich beim zuständigen Finanzamt melden.

Gleichzeitig sollten Sie auch eine Meldung an die Sozialversicherungsanstalt (SVA) vornehmen, die Ihnen anschließend einen entsprechenden Fragebogen zuschickt, welchen Sie ausgefüllt zurücksenden müssen (im Zweifel wenden Sie sich am besten an einen Steuerberater).

5.1.1 Die Meldung beim Finanzamt

Die Meldung beim Finanzamt ist (im Unterschied zur Meldung bei der Sozialversicherungsanstalt) zwingend vorzunehmen. Sie haben dafür ab dem Zeitpunkt Ihrer Gewerbeanmeldung einen Monat Zeit. Welches Finanzamt für Sie zuständig ist, finden Sie auf der Homepage des Bundesministeriums für Finanzen (*www.bmf.gv.at*) unter der Rubrik „Services“ ➲ Unterpunkt „Ämter und Behörden“.

Im Anschluss an diese Meldung schickt Ihnen das Finanzamt im Normalfall einen Fragebogen zu. Natürlich können Sie alternativ auch gleich selbst den Fragebogen ausfüllen (Download ebenfalls unter www.bmf.gv.at) und sich auf diese Art beim Finanzamt anmelden. Vielleicht haben Sie schon einen steuerlichen Vertreter (Steuerberater), der sich um diese Formalitäten kümmert.

Je nachdem in welcher Rechtsform Sie Ihr Unternehmen betreiben (werden), stehen unterschiedliche Fragebögen zur Verfügung: Verf15 für Kapitalgesellschaften, Verf16 für Personengesellschaften oder Verf24 für natürliche Personen (Einzelunternehmer). Der wesentlichste Teil des Fragebogens ist die Angabe des voraussichtlichen Umsatzes und des voraussichtlichen Gewinnes des Eröffnungs- sowie des Folgejahres. Da Umsatz und Gewinn aber niemand genau voraussagen kann, müssen diese Zahlen geschätzt werden. Vor allem dem Gewinn sollten Sie besonderes Augenmerk schenken, da dieser als Basis für künftige Einkommensteuervorauszahlungen dient (*siehe hierzu Tz 5.3* zur Frage „Wie funktionieren Steuer- und Sozialversicherungsvorschreibungen?“). Selbstverständlich können sich aufgrund von hohen Anfangsinvestitionen auch Anlaufverluste ergeben.

Mit der Übermittlung des Fragebogens an das zuständige Finanzamt beantragen Sie auch automatisch eine Steuernummer (falls Sie noch keine haben). Unter dieser Steuernummer werden Sie beim Finanzamt registriert und so eindeutig identifiziert. Diese Steuernummer ist bei allen Erklärungen, Anbringen und Zahlungen an das Finanzamt anzuführen.

Unter Ihrem Namen und Ihrer Steuernummer wird außerdem ein Abgabenkonto eingerichtet, auf dem das Finanzamt alle Zahlungen, fälligen Abgaben und Gutschriften verbucht. Die Führung dieses Abgabenkontos erfolgt vergleichbar einem Bankkonto – vorgeschriebene Abgaben werden als Belastung verbucht, die entsprechenden Zahlungen als Gutschrift. Natürlich kann auch ein Guthaben beim Finanzamt entstehen (zB wenn die Vorsteuerbeträge eines Monats höher sind als die verrechneten Umsatzsteuerbeträge). Diese Guthabenbeträge können dann zur Abdeckung einer später fällig werdenden Abgabe verwendet werden oder Sie können die Rückzahlung beantragen. Über Finanz Online können Sie immer den aktuellen Stand Ihres Abgabenkontos abrufen und alle bisherigen Abgaben, Gutschriften und Zahlungen sehen. Um eine Zugangsberechtigung zu Finanz Online zu erlangen, müssen Sie persönlich mit einem Personalausweis beim Finanzamt vorsprechen. Falls Sie keinen steuerlichen Vertreter haben, sind Sie hierzu sogar verpflichtet, da Sie Ihre Umsatzsteuervoranmeldungen elektronisch über Finanz-Online übermitteln müssen (wenn Sie umsatzsteuerrechtlich kein Kleinunternehmer sind). Ausnahmen bestehen nur für jene, die über keinen Internetzugang verfügen. Darüber hinaus müssen Sie – sofern Sie über keinen steuerlichen Vertreter verfügen – ein Unterschriftenprobenblatt abgeben, in welches jene Personen einzutragen sind, die gegenüber dem Finanzamt über eine Zeichnungsberechtigung verfügen (also auch eventuelle Fremdgeschäftsführer und Prokuristen und nicht nur Gesellschafter).

Achtung

Beachten Sie, dass Zahlungen an das Finanzamt seit April 2016 nur noch elektronisch mittels e-Banking erfolgen dürfen. Ausnahmen gibt es ebenfalls nur für Personen, die keinen Internetzugang haben.

Tipp

UID-Nummer mitbeantragen!

Falls Sie ausschließlich Umsätze ausführen, die zum Ausschluss vom Vorsteuerabzug führen bzw wenn Sie die Kleinunternehmerregelung in Anspruch nehmen, können Sie dennoch eine UID-Nummer mitbeantragen, wenn Sie eine solche zB für die Durchführung von innergemeinschaftlichen Erwerben brauchen. Alle regelbesteuerten Unternehmer bekommen automatisch eine UID-Nummer zugeteilt und müssen sich nicht getrennt darum kümmern.

5.1.2 Die Meldung bei der Sozialversicherungsanstalt

Gleichzeitig mit der Finanzamtsmeldung sollten Sie sich auch mit der Sozialversicherungsanstalt (SVA) in Verbindung setzen. Falls Sie diese Meldung nicht von sich aus vornehmen, schickt Ihnen die SVA einen Fragebogen zu, da sie über die Gewerbeanmeldung seitens der Bezirkshauptmannschaft oder des Magistrats informiert wird.

Die Meldung ist auch hier formfrei, Sie können aber auch einfach die dafür vorgesehenen Formulare verwenden. Diese finden Sie auf der Homepage www.sva.or.at. In der Rubrik „Online Services" klicken Sie hierzu auf den Menüpunkt „Anträge/Formulare", dann auf „Formulare" und sodann auf „Versicherungs- und Beitragswesen". Hier finden Sie diverse Versicherungserklärungen, zB die Versicherungserklärung für Gewerbetreibende und Gewerbegesellschafter.

!

Besonderheit: Neue Selbstständige!

Neue Selbstständige sind Personen, die für ihre Tätigkeit keine Gewerbeberechtigung benötigen und nicht aufgrund berufsrechtlicher Vorschriften einer Versicherungspflicht unterliegen. Unter die Neuen Selbstständigen fallen: Vortragende, Künstler, Sachverständige, Aufsichtsräte, Journalisten und Schriftsteller, selbstständige Krankenpfleger, nicht wirtschaftskammerzugehörige persönlich haftende Gesellschafter einer Personengesellschaft (soweit sie nicht nach dem ASVG versichert sind), erwerbstätige Kommanditisten (soweit sie nicht nach dem ASVG versichert sind) und Personen, die unbefugt ein Gewerbe ausüben.

Da die Neuen Selbstständigen keine Gewerbeberechtigung benötigen, erfolgt durch die Bezirkshauptmannschaft bzw das Magistrat auch keine Betriebseröffnungsmeldung an die SVA. Sie müssen sich darum also selbst kümmern. ***Doch Achtung:*** *Die Pflicht zur Meldung trifft Sie erst ab Erreichen einer Gewinngrenze von € 4.988,64 (Wert 2016) bzw ab einer Umsatzgrenze von € 30.000,--.*

5.2 Welche Abgabetermine, Erklärungstermine und Zahlungsfristen habe ich einzuhalten?

Als angehender Unternehmer müssen Sie sich bald um vieles selbst kümmern, was zuvor noch Ihr Arbeitgeber für Sie erledigt hat. So hatten Sie als Arbeitnehmer wahrscheinlich wenig Kontakt mit dem Finanzamt und der Gebietskrankenkasse und schon gar nicht mit der Sozialversicherungsanstalt der Gewerblichen Wirtschaft (SVA). Als Selbstständiger wird sich dies ändern. Sie haben nämlich eine Vielzahl unterschiedlicher Termine und Zahlungsfristen einzuhalten.

5.2.1 Fällige Abgaben

Als Unternehmer trifft Sie die Verpflichtung monatliche bzw vierteljährliche Abgaben zu melden, zu zahlen und in vielen Fällen auch selbst zu berechnen:

Monatlich fällige Abgaben

Monatlich jeweils am 15. fällig sind vor allem:

- Umsatzsteuervoranmeldungen (bei einem Vorjahresumsatz von über € 100.000,--)
- Lohnsteuer für Ihre Arbeitnehmer
- Dienstgeberbeitrag zum Familienlastenausgleichfonds (DB)
- Zuschlag zum Dienstgeberbeitrag (DZ)
- Kommunalsteuer
- Kranken-, Unfall-, Pensions- und Arbeitslosenversicherungsbeiträge für Ihre Arbeitnehmer
- IESG-Zuschlag, Arbeiterkammerumlage und Wohnbauförderungsbeitrag für Ihre Arbeitnehmer

Voranmeldungszeitraum für die Umsatzsteuer ist grundsätzlich der Kalendermonat. Der Voranmeldungszeitraum ist nur dann das Kalendervierteljahr, wenn Ihr Vorjahresumsatz nicht höher war als € 100.000,--. Freiwillig dürfen Sie aber auch bei niedrigen Umsätzen den monatlichen Voranmeldungszeitraum wählen. Die Entscheidung bindet Sie jeweils für ein Kalenderjahr. Bei Neugründung des Unternehmens ist im Fragebogen der Umsatz zu schätzen (*siehe Tz 5.1* zur Frage „Wie melde ich mich beim Finanzamt und bei der Sozialversicherung an?“); beträgt dieser mehr als € 100.000,--, ist Ihr Voranmeldungszeitraum der Kalendermonat.

Die restlichen oben angeführten Abgaben treffen Sie nur dann, wenn Sie auch Mitarbeiter in Ihrem Unternehmen beschäftigen. Zu beachten ist, dass sich hier ein anderer Fälligkeitsrhythmus ergibt wie bei der Umsatzsteuer. Die Umsatzsteuervorauszahlungen sind immer am 15. des **zweitfolgenden** Monats fällig, während alle anderen Abgaben bereits am 15. des Folgemonats entrichtet werden müssen. Ergibt sich demnach zB für den Jänner eines Jahres eine Umsatzsteuerzahllast, ist diese bis spätestens 15. März an das zuständige Finanzamt zu überweisen. Die Lohnsteuer für den Jänner ist aber bereits am 15. Februar fällig. Gleiches gilt auch für DB, DZ und Kommunalsteuer sowie für alle Beiträge an die Gebietskrankenkasse.

All diese Abgaben müssen Sie nicht nur pünktlich bezahlen, sondern auch selbst berechnen (wenn Sie keinen Steuerberater an Ihrer Seite haben)!

Vierteljährlich fällige Abgaben

Vierteljährlich fällig sind unter anderem folgende Abgaben:

- Umsatzsteuervoranmeldungen (bei Vorjahresumsatz unter € 100.000,--)
- Einkommensteuer- bzw Körperschaftsteuervorauszahlungen
- Kammerumlage
- Kraftfahrzeugsteuer
- SVA-Vorauszahlungen
- Beitrag zur Selbstständigenvorsorge

Die vierteljährlich fälligen Abgaben sind jeweils für das abgelaufene Quartal zu leisten, und zwar für die ersten vier genannten Abgabenarten jeweils spätestens am 15. Februar, 15. Mai, 15. August und 15. November (bzw am nächsten Werktag). Die Kammerumlage und die Kraftfahrzeugsteuer müssen Sie selbst berechnen (oder Sie können sich hierfür Unterstützung besorgen).

SVA-Beiträge und Beiträge zur Selbstständigenvorsorge müssen bis spätestens 28. Februar, 31. Mai, 31. August und 30. November geleistet werden.

5.2.2 Details zu den Abgabenarten

Nachfolgend erfahren Sie, worum es sich genau bei den vorhin genannten Abgabenarten handelt:

Einkommen- und Körperschaftsteuer

Der Einkommensteuer unterliegen alle natürlichen Personen in Österreich. Lediglich Körperschaften (GmbH, AG, Verein) unterliegen nicht der Einkommen-, sondern der Körperschaftsteuer. Personengesellschaften (OG, KG, GesbR) sind nicht selbst Steuersubjekt, sondern die Steuer wird auf Ebene der Gesellschafter berechnet und vorgeschrieben. Diese unterliegen dann entsprechend ihrer eigenen Rechtsform entweder der Körperschaftsteuer oder der Einkommensteuer. Einzelunternehmer sind immer einkommensteuerpflichtig (wenn ihr Jahreseinkommen entsprechend hoch ist).

Bei der Einkommensteuer ist der Steuertarif progressiv ansteigend. Bis € 11.000,-- Gewinn müssen Sie noch keine Steuer zahlen. Zwischen € 11.000,-- und € 18.000,-- beträgt der Steuersatz 25%, zwischen € 18.000,-- und € 31.000,-- 35%, zwischen € 31.000,-- und € 60.000,-- 42%, zwischen € 60.000,-- und € 90.000,-- 48% und über € 90.000,-- beträgt der Steuersatz 50%. Sollten Sie beispielsweise einen höheren Gewinn als € 90.000,-- erwirtschaften, beträgt der Steuersatz aber nicht für Ihr gesamtes Einkommen 50%, sondern nur für jenen Teil Ihrer Gewinne, der € 90.000,-- überschreitet.

Anders als bei der Einkommensteuer ist der Prozentsatz bei der Körperschaftsteuer mit 25% fix – und zwar unabhängig von der Höhe des Gewinnes. Wird der Gewinn nicht an die Gesellschafter ausgeschüttet, bleibt es bei diesen 25% Steuerbelastung. Wird der Gewinn jedoch an die Gesellschafter ausgeschüttet, müssen diese davon noch einmal 27,5% Kapitalertragsteuer zahlen. Dies ergibt unterm Strich eine Gesamtbelastung von 45,625%.

Sollte in einem Jahr ein Verlust erwirtschaftet werden, ist dennoch Körperschaftsteuer zu bezahlen. Diese sogenannte Mindestkörperschaftssteuer beläuft sich auf 5% des Mindeststammkapitals. Da bei der GmbH ein Mindeststammkapital von € 35.000,-- vorgesehen ist, beträgt die jährliche Mindestkörperschaftsteuer € 1.750,-- (bzw € 437,50 pro Quartal). In den ersten fünf Jahren nach der Gründung beträgt diese Mindestkörperschaftsteuer jedoch nur € 500,-- (also € 125,-- pro Quartal) und in den darauffolgenden fünf Jahren nur € 1.000,-- (also € 250,-- pro Quartal).

Dienstgeberbeitrag (DB)

Der Dienstgeberbeitrag ist vom Arbeitgeber für alle seine in Österreich beschäftigten Arbeitnehmer an das für die Umsatzsteuereinhebung zuständige Finanzamt zu bezahlen.

Bemessungsgrundlage für den DB ist die Summe aller Bruttolöhne und Bruttogehälter, die innerhalb eines Monats an alle aktiven Arbeitnehmer und Lehrlinge ausgezahlt wurden. Nicht dem DB unterliegen insbesondere Firmenpensionen, Abfertigungen, Tages- und Nächtigungsgelder sowie sonstige steuerfreie Bezüge der Mitarbeiter.

Abzuführen ist der DB immer am 15. des folgenden Monats. Der Dienstgeberbeitrag beträgt einheitlich 4,5% im gesamten Bundesgebiet. Bei einer monatlichen Beitragsgrundlage aller Arbeitnehmer von bis zu € 1.095,-- entfällt die Pflicht zur Zahlung des DBs. Bis € 1.460,-- ist ein Freibetrag in Höhe von € 1.095,-- abzuziehen. Übersteigt die Beitragsgrundlage jedoch € 1.460,--, ist für den vollen Betrag der DB zu entrichten.

Dienstgeberzuschlag (DZ)

Den Dienstgeberzuschlag haben nur jene Betriebe zu leisten, die Mitglied der Wirtschaftskammer sind. Freiberufler müssen daher keinen DZ abführen.

Der DZ hat dieselbe Beitragsgrundlage wie der DB und ist ebenfalls an das zuständige Finanzamt zu entrichten. Die Höhe des DZ variiert jedoch von Bundesland zu Bundesland. Generell lässt sich sagen, dass der DZ in etwa ein knappes Zehntel des DB ausmacht. Die beim DB angesprochenen Freibeträge und Freigrenzen gelten auch für den DZ.

Kommunalsteuer

Die Kommunalsteuer ist vom Arbeitgeber für alle Arbeitnehmer, die er in Österreich beschäftigt, zu entrichten. Die Kommunalsteuer ist eine Gemeindeabgabe und als sol che an jene Gemeinde zu abzuführen, in der sich der Betrieb befindet.

Die Kommunalsteuer beträgt 3% der Bemessungsgrundlage. Bemessungsgrundlage, Freibeträge und Freigrenzen gelten analog zum DB.

Kammerumlage

Die Kammerumlage dient der Finanzierung der Wirtschaftskammer. Kammerumlagepflichtig sind nur jene Betriebe, die der Wirtschaftskammer als Interessenvertretung angehören. Freiberufler haben demnach keine Kammerumlage zu entrichten, jedoch bezahlen diese an ihre eigene Berufsvertretung eine Umlage – in teilweise recht unterschiedlicher Höhe.

Die Kammerumlage normiert eine Freigrenze: Unterschreiten die im Inland erzielten Umsätze den Betrag von € 150.000,-- im Kalenderjahr, ist keine Kammerumlage zu leisten. Bei Überschreitung dieser € 150.000,-- ist jedoch für den gesamten Betrag die Kammerumlage zu zahlen – und nicht nur für den übersteigenden Betrag.

Die Kammerumlage ist eine Selbstbemessungsabgabe und als solche vom Steuerpflichtigen selbst zu berechnen. Sie beträgt 3 Promille von allen in Rechnung gestellten Vorsteuerbeträgen. Sie ist für das Kalendervierteljahr zu berechnen und bis spätestens 15. des zweitfolgenden Monats zu entrichten. Zuständig ist das für die Umsatzsteuer zuständige Finanzamt.

Kraftfahrzeugsteuer

Die Kraftfahrzeugsteuer ist jeweils für das Quartal zu berechnen und bis spätestens 15. des auf das Kalendervierteljahr zweitfolgenden Monats an das für die Umsatzsteuer zuständige Finanzamt zu entrichten. Die Höhe der Steuer bemisst sich nach dem höchsten zulässigen Gesamtgewicht des Kfz und beträgt rund zwischen € 1,55 und € 1,90 je Tonne.

Der Kraftfahrzeugsteuer unterliegen nur Kfz mit einem höchsten zulässigen Gesamtgewicht von mehr als 3,5 Tonnen. Für Kfz unter 3,5 Tonnen fällt keine Kraftfahrzeugsteuer an, da hier motorbezogene Versicherungssteuer zu bezahlen ist, die gemeinsam mit der Haftpflichtversicherungsprämie eingehoben wird.

Hinweis

Details zu Kranken-, Unfall- und Pensionsversicherungsbeiträgen der Arbeitnehmer, zum IESG-Zuschlag, zur Arbeiterkammerumlage und zum Wohnbauförderungsbeitrag erhalten Sie unter Tz 5.6 zur Frage „Wie hoch ist die Abgabenbelastung, die ich für meine Mitarbeiter zu tragen habe?".

Hinweis

Details zu den Vorauszahlungen an Kranken-, Pensions- und Unfallversicherungsbeiträgen und zur Selbstständigenvorsorge erhalten Sie unter Tz 5.11 zur Frage „Wie werden im Gewerblichen Sozialversicherungsgesetz (GSVG) die Beitragsvorauszahlungen ermittelt?".

5.2.3 Erklärungsfristen

Als Unternehmer haben Sie jährlich Jahressteuererklärungen abzugeben, und zwar:

- Einkommen- bzw Körperschaftsteuererklärung
- Umsatzsteuererklärung
- Kommunalsteuererklärung (an die zuständige Gemeinde)
- gegebenenfalls eine Kraftfahrzeugsteuererklärung

Einkommen-, Umsatz- und Körperschaftsteuererklärung sind bis spätestens 30. April des Folgejahres schriftlich oder bis 30. Juni des Folgejahres elektronisch über Finanz-Online einzureichen. Diese Fristen können auf begründeten Antrag verlängert werden. Ein solcher Antrag kann elektronisch beim Finanzamt eingebracht werden.

Falls Sie sich von einem Steuerberater vertreten lassen, gelten längere Fristen für die Einreichung der Erklärungen. Die **Kommunalsteuererklärung** muss bereits Ende März des Folgejahres abgegeben werden – und zwar unabhängig davon, ob Sie sich von einem Steuerberater vertreten lassen oder nicht.

Die **Kraftfahrzeugsteuererklärung** muss bis zum 31. März des Folgejahres eingereicht werden (außer Sie werden durch einen Steuerberater vertreten).

Achtung

Auf die Lohnzettelübermittlung nicht vergessen!

Sofern Sie die Lohnverrechnung selbst machen (was ich aufgrund der Komplexität nicht empfehle), dürfen Sie keinesfalls die Übermittlung der Lohnzettel an das Finanzamt bis spätestens Ende Februar des Folgejahres vergessen (bei nicht-elektronischer Übermittlung bis 31. Jänner des Folgejahres). Die elektronische Übermittlung erfolgt in diesem Fall nicht über Finanz-Online sondern über ELDA (www.elda.at).

5.3 Wie funktionieren Steuer- und Sozialversicherungsvorschreibungen?

Steuer- und Sozialversicherungsbeiträge müssen Sie nicht erst dann an das Finanzamt bzw an die Sozialversicherungsanstalt überweisen, wenn bereits der fertige Steuerbescheid vorliegt. Es sind vielmehr bereits quartalsmäßig Vorauszahlungen zu leisten.

Diese Vorauszahlungen orientieren sich im Falle der Einkommen- bzw Körperschaftsteuer im ersten und zweiten Jahr der Selbstständigkeit an Ihren Angaben im Finanzamts-Fragebogen. Die Vorauszahlungen danach richten sich nach dem jeweils letzten Steuerbescheid. Bei der Sozialversicherung gibt es für die ersten Jahre Mindestbeiträge, danach werden die Vorauszahlungen entweder am drittvorangegangenen Steuerbescheid bemessen oder bei niedrigen Gewinnen weiterhin an bestimmten Mindestbeiträgen.

Problematisch ist für Gründer oft das dritte Geschäftsjahr. Mitunter kommt es hier zu Abgabenbelastungen, die größer sind als der Jahresgewinn des laufenden Jahres. Der Grund ist, dass ab dann nicht nur Vorauszahlungen zu leisten sind, sondern auch die Steuer und die Sozialversicherungsbeiträge für die vorangegangenen Jahre nachbemessen werden. Um hohe Vorauszahlungen in den ersten Jahren der Selbstständigkeit zu vermeiden, geben Gründer oft einen zu niedrig geschätzten Gewinn im Fragebogen an. Das führt aber spätestens im dritten Jahr (abhängig vom Zeitpunkt der Abgabe der Steuererklärung) zu einer beträchtlichen Nachzahlung. Hat der Unternehmer nicht in ausreichendem Maße vorgesorgt, erwarten ihn mitunter starke Liquiditätsprobleme.

TIPP

Frühzeitig und ausreichend vorsorgen!

Empfehlenswert ist es daher, schon frühzeitig vorzusorgen und bereits in den ersten Jahren der Selbstständigkeit einen Teil des Gewinnes (Praktikerformel: rund 40% des Gewinnes) zur Seite zu legen, um so das nötige Geld für etwaige Nachzahlungen parat zu haben. Bei unzureichender Liquiditätsvorsorge besteht darüber hinaus noch die Möglichkeit der Einbringung eines Stundungsantrages beim Finanzamt.

5.3.1 Die Steuervorschreibung

Im Fragebogen des Finanzamtes wird angegeben, welche Umsätze und Gewinne der Unternehmer im ersten und zweiten Jahr erwartet. Werden die Gewinne hoch angesetzt, werden auf dieser Basis auch die Steuervorauszahlungen entsprechend hoch bemessen. Andererseits muss sich der Unternehmer bei Angabe niedriger Gewinne darauf einstellen, nach Vorliegen des tatsächlichen Steuerbescheides entsprechende Nachzahlungen leisten zu müssen. Am besten also: Sie schätzen realistisch!

Beispiel:

Sie haben im Fragebogen nur gering erwartete Gewinne im steuerfreien Bereich (bis € 11.000,--) angegeben. Ihre Einkommensteuer-Vorauszahlungen sind daher mit Null festgesetzt worden.

Im nächsten Jahr liegt der tatsächliche Einkommenssteuerbescheid vor, der einen steuerpflichtigen Gewinn in Höhe von € 25.000,-- ausweist (bereits nach Berücksichtigung des Gewinnfreibetrages von 13%). Ihre Steuerbelastung für dieses Jahr liegt daher bei rund € 4.200,--. Sie müssen mangels bisheriger Vorauszahlungen also € 4.200,-- nachzahlen.

Zudem werden auf dieser Basis auch gleich die künftigen Einkommensteuervorauszahlungen festgesetzt.

TIPP

Anspruchszinsen vermeiden!

Sollten Sie sich von einem Steuerberater steuerlich vertreten lassen, ist es möglich, erst bis zum 31. März des zweitfolgenden Jahres Ihre Steuererklärung einzureichen. Sollte es bei Veranlagung nach dem 1. Oktober des Folgejahres zu Nachzahlungen kommen, entstehen jedoch Anspruchszinsen. Vermeiden können Sie diese Zinszahlungen, indem Sie bis spätestens 1. Oktober Anzahlungen an das Finanzamt in entsprechender Höhe leisten. Übrigens werden Anspruchszinsen nur verrechnet, wenn diese mehr als € 50,-- betragen.

5.3.2 Die Sozialversicherungsvorschreibung

Mangels Kenntnis der künftigen Gewinne erfolgt die Beitragsberechnung in den ersten drei Jahren der Selbstständigkeit von sogenannten Mindestbeitragsgrundlagen.

Die Mindestbeitragsgrundlagen bzw die sich daraus in den ersten drei Jahren ergebenden Versicherungsbeiträge stellen sich wie folgt dar:

Versicherungszweig	Mindestbeitragsgrundlage	Beitragssatz	Monatlicher Beitrag
Pensionsversicherung	723,52	18,5%	133,85
Krankenversicherung	415,72	7,65%	31,80
Unfallversicherung	–	Fixbetrag	9,11
Selbstständigenvorsorge	415,72	1,53%	6,36

In der Folge wird ab dem dritten Jahr bei der Krankenversicherung und in allen Jahren bei der Pensionsversicherung nachbemessen (auf Basis des vorliegenden Steuerbescheides des jeweiligen Jahres). Bei der Selbstständigenvorsorge kommt es hingegen zu keiner Nachbemessung. Nachbemessung heißt, dass die vorläufige Beitragsgrundlage mit der tatsächlichen Beitragsgrundlage aufgrund Ihres Gewinnes miteinander verglichen werden. Ist Ihr Gewinn höher, müssen Sie Sozialversicherungsbeiträge nachzahlen.

Nach den ersten drei Jahren der Selbstständigkeit wird dann der Steuerbescheid des jeweils drittvorangegangenen Jahres zur Ermittlung der Sozialversicherungsvorauszahlungen herangezogen. Auch hier kann es bei Vorliegen der tatsächlichen Steuerbescheide in späteren Jahren zu Nachbemessungen oder Gutschriften in der Kranken- und Pensionsversicherung kommen. Im Falle der Selbstständigenvorsorge wird aber wie gesagt nie nachbemessen.

Eine Besonderheit stellt der Unfallversicherungsbeitrag dar. Dieser beträgt unabhängig von der Höhe der Gewinne vierteljährlich derzeit € 27,33.

Sämtliche Sozialversicherungsvorauszahlungen sind quartalsweise an die Sozialversicherungsanstalt zu leisten – und zwar bis spätestens Ende des auf das jeweilige Quartal zweitfolgenden Monats.

Beispiel:

Sie gründen im Jänner 2016 und zahlen die jährlichen Mindestbeiträge an die Sozialversicherung, also:

- Krankenversicherungsbeitrag in Höhe von € 381,60 (7,65% von € 415,72 monatlich mal 12)
- Pensionsversicherungsbeitrag in Höhe von € 1.606,20 (18,50% von € 723,52 monatlich mal 12)
- Selbstständigenvorsorge in Höhe von € 76,32 (1,53% von € 415,72 monatlich mal 12)
- Unfallversicherung (ohne Höherversicherung) in Höhe von € 109,32

Insgesamt ergibt sich demnach für das Gesamtjahr 2016 ein zu zahlender Mindestbeitrag in Höhe von € 2.173,44.

Angenommen der aktuelle Steuerbescheid für dieses erste Jahr liegt vor und es ergibt sich ein steuerlicher Gewinn in Höhe von € 26.000 (inkl Hinzuzählung der Vorauszahlungen an Sozialversicherungsbeiträgen).

Die Neuberechnung der Sozialversicherung ergibt daher:

- Krankenversicherungsbeitrag in Höhe von € 381,60 (da keine Nachbemessung in den ersten zwei Jahren der Selbstständigkeit erfolgt)
- Pensionsversicherungsbeitrag in Höhe von € 4.810,-- (18,50% von € 26.000,--)
- Selbstständigenvorsorge von € 76,32 (da keine Nachbemessung)
- Unfallversicherungsbeitrag in Höhe von € 109,32 (da fixer Jahresbetrag)

Insgesamt ergibt sich demnach für das Gesamtjahr 2016 ein zu zahlender tatsächlicher Beitrag in Höhe von € 5.377,24. Da € 2.173,44 bereits vorausgezahlt wurden, müssen nunmehr € 3.203,80 nachgezahlt werden. Diese ermittelte Beitragsnachzahlung wird vierteljährlich mit in diesem Fall jeweils € 800,95 zur Zahlung vorgeschrieben. Die vierteljährliche Zahlungspflicht beginnt mit dem der Feststellung der endgültigen Beitragsgrundlage folgenden Kalenderjahr.

TIPP

Ausnahme von der Versicherungspflicht für „Kleinstgewerbetreibende"!

Für sogenannte Kleinstgewerbetreibende besteht die Möglichkeit der Ausnahme von der Kranken- und Pensionsversicherung sowie der Selbstständigenvorsorge. Der Unfallversicherungsbeitrag ist jedoch immer zu zahlen.

Ein derartiger Antrag (gültig ab Beginn des Antrags-Kalenderjahres) kann erfolgen, wenn die jährlichen Gewinne aus dem Betrieb den Betrag von € 4.988,64 nicht übersteigen ***und*** *der Umsatz unter € 30.000,-- liegt* ***und*** *innerhalb der letzten 60 Kalendermonate nicht mehr als 12 Kalendermonate nach dem GSVG eine Pflichtversicherung bestanden hat.*

Außerdem kann ein solcher Antrag erfolgen, wenn der Antragsteller das 60. Lebensjahr bereits vollendet hat ***oder*** *bei Vollendung des 57. Lebensjahres, wenn in den letzten fünf Kalenderjahren die obigen Gewinn- und Umsatzgrenzen nicht überschritten wurden.*

Seit 1.7.2013 kann unabhängig von den oben erwähnten Antragsvoraussetzungen auch ein Antrag gestellt werden:

- *für die Dauer des Bezuges von Kinderbetreuungsgeld und/oder*
- *maximal für 48 Kalendermonate der Kindererziehung pro Kind (bei Mehrlingsgeburten maximal für die ersten 60 Kalendermonate).*

Die an sich für das Kalenderjahr geltenden Grenzbeträge werden in den beiden „Kinder-Fällen" auf die Monate der Ausnahme der Pflichtversicherung umgerechnet, sodass durchschnittlich pro Monat die selbstständigen Einkünfte nicht den Betrag von € 415,72 und die monatlichen Umsätze den Betrag von € 2.500,-- überschreiten dürfen.

Achtung

Es besteht dann keine Absicherung in der Kranken- und Pensionsversicherung! Daher empfiehlt sich ein solcher Antrag nur bei Vorliegen einer anderen Versicherungspflicht wie zB nach dem ASVG!

5.4 Wie hoch ist meine Abgabenbelastung?

Die Rechtsformwahl sollte zwar nicht von der Abgabenbelastung alleine abhängig gemacht werden. Trotzdem ist auch die Höhe der Abgabenbelastung ein wichtiges Entscheidungskriterium bei der Wahl der optimalen Rechtsform. Um diesbezüglich zu einer für Sie passenden Entscheidung zu gelangen, sollten Sie zuerst wissen, wie hoch die Abgabenbelastung für die jeweilige Rechtsform ungefähr sein wird.

Deshalb vergleiche ich nachfolgend die Abgabenbelastung beim Einzelunternehmen mit jener bei der Gesellschaft mit beschränkter Haftung (GmbH mit 100%igem Gesellschafter). Im Anschluss fasse ich die Kernaussagen aus diesem Vergleich zusammen.

5.4.1 Vergleich der Abgabenbelastung zwischen Einzelunternehmen und GmbH

Im Zuge des Abgabenvergleiches wird beim Einzelunternehmen in Szenario 1 nur der Gewinngrundfreibetrag von 13% von € 30.000 berücksichtigt, in Szenario 2 darüber hinaus auch der investitionsbedingte Gewinnfreibetrag in entsprechend möglicher Höhe.

Exkurs: Gewinnfreibetrag

Mit dem Gewinnfreibetrag besteht die Möglichkeit, bis zu 13% des Gewinnes eines Jahres steuerfrei zu belassen. Die maximale Höhe des Freibetrages beträgt € 45.350,--, der maximale Gewinn, für den der Gewinnfreibetrag geltend gemacht werden kann, € 580.000,--.

Der Freibetrag gilt nicht nur für Einnahmen-Ausgaben-Rechner, sondern auch für bilanzierende Einzelunternehmer und Personengesellschaften. Bei der GmbH kann der Gewinnfreibetrag nicht angewendet werden (außer beim Geschäftsführerbezug, hier kann der Gewinngrundfreibetrag immer und der investitionsbedingte Gewinnfreibetrag nur bei Verzicht auf das Betriebsausgabenpauschale von 6% angewendet werden).

Bis € 30.000,-- des Jahresgewinnes besteht kein Investitionserfordernis zur Geltendmachung des Gewinnfreibetrages. Für Gewinne darüber muss allerdings investiert werden, um in den Genuss des Freibetrages zu gelangen. Investitionsbegünstigt sind körperliche, abnutzbare und ungebrauchte Anlagegüter mit einer betriebsgewöhnlichen Nutzungsdauer von mindestens 4 Jahren. Darunter können auch Gebäude fallen. Außerdem kann in Wohnbauanleihen gem § 10 Abs 3 Z 2 EStG investiert werden, wenn sie ab der Anschaffung mindestens 4 Jahre dem Betrieb gewidmet werden. Nicht anwendbar ist der investitionsbedingte Gewinnfreibetrag für Pkws und Kombis sowie für Wirtschaftsgüter mit einer Nutzungsdauer von weniger als vier Jahren.

Der Gewinnfreibetrag ist seit 2013 gewinnabhängig gestaffelt:

- *Gewinne bis zu € 175.000,--: 13%*
- *die nächsten € 175.000,--: 7%*
- *die nächsten € 230.000,--: 4,5%*

Beispiel:

Szenario 1: Ein Einzelunternehmen berücksichtigt nur den Grundfreibetrag:

Seit der Steuerreform 2015/2016 beträgt in diesem Szenario der rechtsformneutrale Gewinn (das ist der Gewinn, bei dem die Abgabenbelastung bei einem Einzelunternehmen und bei einer GmbH mit Vollausschüttung annähernd gleich sind) € 126.645,--. Der optimale Geschäftsführerbezug beträgt ab 2016 € 87.117,-- und löst Lohnnebenkosten von € 6.882,24 aus (7,9%).

Die Gesamtabgabenbelastung beträgt unter Zugrundelegung dieser Werte für die GmbH mit Vollausschüttung € 58.187,23, für das Einzelunternehmen € 58.187,82.

Für die GmbH mit Thesaurierung beträgt die Abgabenbelastung € 51.454,05.

Beispiel:

Szenario 2: Ein Einzelunternehmen nützt den Gewinnfreibetrag in maximaler Höhe (Investitionen vorausgesetzt):

In diesem Fall klettert der rechtsformneutrale Gewinn sogar auf € 600.350,--. An der Höhe des steuerlich optimalen Geschäftsführerbezuges ändert sich nichts.

Die Abgabenbelastung beträgt bei der GmbH mit Vollausschüttung € 274.315,14, beim Einzelunternehmen € 274.315,32.

Für die GmbH mit Thesaurierung beträgt die Abgabenbelastung € 169.880,30.

5.4.2 Kernaussagen aus den Berechnungen

Durch die Berechnungen können folgende Kernaussagen getroffen werden:

- Wenn der investitionsbedingte Gewinnfreibetrag nicht genutzt wird, ist die Rechtsform des Einzelunternehmens bis zu einem Gewinn von € 126.645,-- vorteilhafter als eine GmbH. Bedenken muss man außerdem, dass die GmbH auch laufend höhere Kosten verursacht als ein Einzelunternehmen (zB zwingende doppelte Buchführung, Firmenbucheingaben).

- Bei optimaler Ausnützung des investitionsabhängigen Gewinnfreibetrages bleibt das Einzelunternehmen bis zu einem Gewinn von € 600.350,-- vorteilhafter. Durch die Steuerreform 2015/2016 und die damit verbundene Erhöhung der Kapitalertragsteuer auf 27,5% sowie die mittlerweile durchgehende Unterwerfung der Ausschüttungen unter die Sozialversicherungspflicht hat die Vorteilhaftigkeit der GmbH stark eingebüßt.

Eine GmbH kann aber empfehlenswert sein bei:

- Notwendigkeit der Einschränkung der Haftung (zB bei Bauunternehmen oder international tätigen Unternehmen);
- investitionsintensiven Betrieben, die Gewinne eher thesaurieren;
- Verkauf eines Unternehmens oder geplante Beteiligung von zusätzlichen Investoren (leichterer Austausch der Gesellschafter möglich);
- eventuell auch aus Imagegründen oder zur besseren Kapitalbeschaffung.

Ebenfalls nicht unerwähnt bleiben soll hier die Möglichkeit, dass durch eine Personengesellschaft (zB OG, KG) im Falle von höheren Gewinnen ein Steuersplitting erreicht werden kann. Der Gewinn verteilt sich dann auf mehrere Steuerpflichtige, die jeder für sich (bei Nichtvorliegen von anderen Einkünften) den Steuerfreibetrag von derzeit jährlich € 11.000,-- nützen können.

Holen Sie unbedingt im Vorfeld den Rat eines Steuerberaters ein! Durch entsprechende Gestaltung kann im Einzelfall viel an Steuerbelastung eingespart werden.

5.5 Was lässt sich alles von der Steuer absetzen und was nicht?

Nur sogenannte Betriebsausgaben kürzen den steuerlichen Gewinn und damit auch die Steuerbelastung. Das Wort „Betrieb“ lässt bereits erkennen, dass Ausgaben unbedingt betrieblich veranlasst sein müssen, damit sie vom Finanzamt als Gewinn mindernd anerkannt werden. Außerdem dürfen die Ausgaben nicht unter ein steuerliches Abzugsverbot fallen (dazu im Anschluss mehr).

Beispiele für Betriebsausgaben sind:

- Waren- und Materialeinkauf,
- Abschreibung von Anlagegegenständen,
- Personalaufwand,
- Büromiete,
- Büromaterial,
- Telefonkosten,
- Ausgaben für Fachliteratur,
- Fremdkapitalzinsen,
- Reisekosten etc.

Zur Anerkennung als Betriebsausgabe reicht es aber noch nicht aus, dass eine Zahlung für den Betrieb geleistet wurde! Vielmehr muss zu dem jeweiligen Geschäftsfall auch ein entsprechender Beleg in der Buchhaltung vorhanden sein. Betriebsausgaben sind immer durch schriftliche Belege nachzuweisen und auf Verlangen dem Finanzamt zur Überprüfung vorzulegen. Bei diesen Belegen handelt es sich vor allem um Eingangsrechnungen, Kassa- und Bankbelege. Eigenbelege (also für einen bestimmten Geschäftsfall selbstverfasste Belege) sind nur dann vom Finanzamt anerkannt, wenn nach der Natur der Sache kein Fremdbeleg erhältlich ist.

TIPP

Ausgaben sind bereits vor der Betriebseröffnung absetzbar!

Auch Ausgaben vor der Betriebseröffnung sind – sofern diese betrieblich veranlasst sind – von der Steuer abzugsfähig. Beispiele hierfür sind die Anschaffung von Maschinen und EDV-Anlagen, Mietzahlungen für das Geschäftslokal, Beratungskosten für einen Unternehmens- bzw Steuerberater betreffend der Gründung etc. Die Absicht der Unternehmensgründung ist allerdings durch geeignete Unterlagen nachzuweisen. Dies können zB die Gewerbeanmeldung, die Aufnahme von Krediten, der Abschluss eines Mietvertrages oder Inserate zur Mitarbeitersuche sein.

Besonderheiten: Privatentnahmen und Kreditaufnahmen

Privatentnahmen stellen keine Betriebsausgaben dar! Privatentnahmen wirken sich nur auf die Liquidität des Unternehmens aus, nicht auf den Gewinn. Privatentnahmen sind nämlich nichts anderes als Teilauszahlungen des Gewinnes – im Grunde sind sie also das „Gehalt" des Unternehmers (umgekehrt stellen Privateinlagen auch keine Betriebseinnahmen dar). Die Aufnahme eines Kredites führt ebenso zu keiner Betriebseinnahme, da neben dem Zugang der Geldmittel gleichzeitig eine Verbindlichkeit in derselben Höhe entsteht.

5.5.1 Steuerliche Abzugsverbote

Das Gesetz nennt einige Fälle, in denen Aufwendungen nicht als Betriebsausgabe anerkannt werden:

- **Lebenshaltungskosten:** Diese sind selbst dann nicht von der Steuer absetzbar, wenn diese Aufwendungen der Förderung des Berufes oder der Tätigkeit des Steuerpflichtigen dienen (zB Anzug eines Bankmitarbeiters). Abzugsfähig sind jedoch Arbeitskleidungen, die der Betreffende privat nicht verwenden kann. Ausgaben für firmeneinheitliche Arbeitskleidung mit Aufdruck des Logos bzw der Firmendaten sind daher sehr wohl von der Steuer absetzbar.
- **Arbeitszimmer:** Aufwendungen für ein in der Wohnung gelegenes Arbeitszimmer inklusive der Einrichtung sind grundsätzlich nicht abzugsfähig. Eine Abzugsfähigkeit wäre nur dann gegeben, wenn das Arbeitszimmer den Mittelpunkt der betrieblichen Tätigkeit bildet.

- **Repräsentationsaufwendungen:** Darunter fallen auch Aufwendungen anlässlich der Bewirtung von Geschäftsfreunden (sogenannte Geschäftsessen). Weist der Steuerpflichtige nach, dass die Bewirtung der Geschäftsanbahnung dient und dass die betriebliche Veranlassung weitaus überwiegt, können derartige Aufwendungen zur Hälfte abgezogen werden (dies gilt einkommenssteuerlich, umsatzsteuerlich kann die gesamte Vorsteuer abgezogen werden).
- **Steuern:** Nicht steuerlich abzugsfähig sind vor allem Einkommens-, Körperschafts- und Grunderwerbsteuer. Betriebliche Steuern wie die Kommunalsteuer oder die motorbezogene Versicherungssteuer sind jedoch abzugsfähig.
- **Verweigerung der Empfängerbenennung:** Wenn Sie das Finanzamt auffordert, den Empfänger einer Zahlung zu nennen und Sie kommen dieser Aufforderung nicht nach, wird Ihnen diese Zahlung als Betriebsausgabe aberkannt. Seit dem Betrugsbekämpfungsgesetz 2010 wird bei Körperschaften (zB GmbH) bei Nichtnennung des Empfängers ein zusätzlicher Steuerzuschlag von 25% eingehoben.

5.5.2 Besonderheiten zu einzelnen Betriebsausgaben

Abschreibung

Beim Kauf von abnutzbarem Anlagevermögen (also Gegenständen, die dem Betrieb vermutlich länger als ein Jahr dienen werden) ist der Kaufpreis nicht sofort im Jahr der Anschaffung voll als Betriebsausgabe geltend zu machen, wenn dieser den Betrag von € 400,-- übersteigt. Vielmehr sind die Anschaffungskosten auf die voraussichtliche betriebsgewöhnliche Nutzungsdauer verteilt abzuschreiben. Zu keiner Abschreibung (weil nicht abnutzbar) kommt es beim Erwerb von Grundstücken, Kunstwerken, Antiquitäten und teuren Wandteppichen.

Bei Anschaffung von abnutzbarem Anlagevermögen nach dem 30. Juni eines Jahres kommt es für dieses Jahr nur zur Berücksichtigung der halben Jahresabschreibung. Wird ein Anlagegut in der ersten Jahreshälfte angeschafft, kann die volle Jahresabschreibung aufwandswirksam geltend gemacht werden.

Besonderheiten ergeben sich vor allem bei geringwertigen Wirtschaftsgütern, sowie bei Pkws und bei Gebäuden.

! **Webseitentipp: Deutsche AfA-Tabellen!**

Normalerweise schreibt einem das Gesetz nicht vor, wie lange die Nutzungsdauer für bestimmte Wirtschaftsgüter sein muss (Ausnahmen bestehen vor allem für das Betriebsgebäude und für Pkw/Kombi). Vielmehr sind die Nutzungsdauer und damit der jährliche Abschreibungssatz nach der voraussichtlichen Nutzungsdauer im Betrieb zu bestimmen. In der Praxis haben sich jedoch bestimmte Richtwerte entwickelt. In Deutschland gibt es sogar amtliche AfA-Tabellen, die auch in Österreich gerne als Richtwert verwendet werden. Um sich also ein Bild darüber zu machen, auf wie viele Jahre bestimmte Wirtschaftsgüter üblicherweise abgeschrieben werden, können Sie einen Blick auf diese AfA-Tabellen werfen.

Kostenlos downloaden können Sie die deutschen AfA-Tabellen unter www.bundesfinanzministerium.de. Geben Sie dazu einfach in der Suchmaske „AfA Tabellen" ein und schon erscheint das Dokument.

Betriebsgebäude

Betriebsgebäude sind mit 2,5% der Anschaffungs- oder Herstellungskosten abzuschreiben.

Bei gemischt genutzten Gebäuden (also betriebliche und gleichzeitig private Nutzung) muss eine Zuordnung wie nachstehend erfolgen:

- Bis 20% betrieblich genutzte Fläche ist das Gebäude insgesamt Privatvermögen, dennoch können anteilig damit verbundene betriebliche Kosten abgeschrieben werden.
- Ab 20% bis 80% betrieblich genutzte Fläche ist das Gebäude teilweise Betriebsvermögen und teilweise Privatvermögen.
- Bei mehr als 80% betriebliche Nutzung zählt das gesamte Gebäude zum Betriebsvermögen. Für eine teilweise Privatnutzung dieses Gebäudes sind die Kosten auszuscheiden, also anteilig nicht als Betriebsausgabe absetzbar.

Die (anteilige oder gesamte) Zugehörigkeit zum Betriebsvermögen hat zur Konsequenz, dass bei einem späteren Verkauf, einer Entnahme aus dem Betriebsvermögen oder einer anderen Verwendung eventuelle positive Differenzen zwischen dem späteren Verkaufspreis bzw Entnahmewert im Verhältnis zum Buchwert (anteilig oder gesamt) gewinnerhöhend und damit steuerpflichtig werden. Entschärft wird dies nur für den Fall der Betriebsaufgabe nach Erreichen des 60. Lebensjahres und bei Vorliegen einer Hauptwohnsitzbegünstigung.

Geringwertige Wirtschaftsgüter

Nicht alle Wirtschaftsgüter des Anlagevermögens werden über ihre betriebsgewöhnliche Nutzungsdauer abgeschrieben. Eine Ausnahme bilden die sogenannten geringwertigen Wirtschaftsgüter (GWG). Darunter fallen all jene abnutzbaren Anlagegüter, deren Anschaffungskosten maximal € 400 betragen. Sollte Ihnen ein Vorsteuerabzug zustehen, dann sind diese € 400,-- netto (also exklusive Umsatzsteuer) zu verstehen. Wenn Sie nicht vorsteuerabzugsberechtigt sind, stellen die € 400,-- den Bruttoanschaffungspreis dar.

Reisekosten

Reisekosten entstehen immer dann, wenn sich der Unternehmer für betriebliche Zwecke von seinem Unternehmenssitz entfernt. Da eine solche Reise betrieblich bedingt ist, sind unmittelbar in Zusammenhang stehende Ausgaben wie Fahrtkosten (zB Bahnkarte, Flugticket) von der Steuer absetzbar. Zusätzlich sind auch die Kosten für die Nächtigung bzw für den entstehenden Verpflegungsmehraufwand abzugsfähig.

Eine Reise im Sinne des Einkommensteuergesetzes liegt immer dann vor, wenn eine größere Entfernung vom Mittelpunkt der Tätigkeit vorliegt (also vom Sitz des Unternehmens). Eine solche größere Entfernung ist in der Regel bereits bei mindestens 25 Kilometer gegeben. Außerdem muss eine Reisezeit von mehr als drei Stunden vorliegen.

Für den Verpflegungsmehraufwand kann bei Erfüllung dieser Voraussetzungen ein Pauschalbetrag (ein sogenanntes Taggeld) in Höhe von € 26,40 täglich abgesetzt werden, wobei dieser Maximalbetrag bei mehr als 11 Stunden Reisezeit zur Anwendung kommt. Bei einer kürzeren Reisedauer sind € 2,20 pro angefangener Stunde abzugsfähig. Nächtigungsaufwendungen sind in voller Höhe absetzbar (mittels Beleg nachzuweisen). Wird der tatsächliche Aufwand jedoch nicht nachgewiesen, können € 15,-- je Nächtigung pauschal als Betriebsausgabe geltend gemacht werden.

Sowohl aus Taggeldern als auch aus Nächtigungsgeldern kann ein entsprechender Vorsteuerbetrag geltend gemacht werden.

Pkw und Kombi

Aufwendungen für Pkw und Kombi lassen sich auf zwei Arten steuerlich geltend machen: Durch Ansatz von Kilometergeld oder durch Ansatz der tatsächlichen Aufwendungen (wobei streng genommen gesetzlich kein Anspruch auf die Kilometergeldvariante besteht). Zudem ergeben sich Besonderheiten in punkto Abschreibung von Pkw und Kombi.

Das Kilometergeld beträgt € 0,42 und gebührt für betrieblich veranlasste Fahrten, wobei auch Fahrten zwischen Wohnung und Betrieb für den Unternehmer betrieblich veranlasste Fahrten darstellen (nicht jedoch Mittagsheimfahrten). Durch das Kilometergeld werden sämtliche Aufwendungen, die im Zusammenhang mit einem Fahrzeug getätigt werden, abgegolten (Reparatur, Treibstoff, Parken, Vignette etc). Wird der Pkw überwiegend betrieblich genutzt (also zu mehr als 50%), steht das Kilometergeld laut einem Erkenntnis des Verwaltungsgerichtshofes einem Unternehmer nicht zu. In so einem Fall können stattdessen nur die (anteiligen) tatsächlichen Aufwendungen als Betriebsausgabe angesetzt werden.

Bei überwiegend privater Nutzung besteht in der Praxis ein Wahlrecht zwischen dem Ansatz des Kilometergeldes und den tatsächlichen Aufwendungen. Grundsätzlich gilt: Je teurer der Wagen, umso vorteilhafter ist es, die tatsächlichen Kosten als Betriebsausgabe anzusetzen.

Bei Ansatz der tatsächlichen Kosten ist darauf zu achten, dass für Privatfahrten natürlich ein entsprechender Privatanteil auszuscheiden ist. In allen Fällen (also sowohl bei Ansatz der tatsächlichen Kosten als auch bei Ansatz des Kilometergeldes) ist die Führung eines Fahrtenbuches verpflichtend (bitte nicht mittels Excel!).

Für Pkws, Kombis und Motorräder normiert der Gesetzgeber eine Mindestnutzungsdauer von 8 Jahren (Neufahrzeuge). Ausgenommen hiervon sind die Fahrzeuge von Taxiunternehmen, die Schulungsfahrzeuge von Fahrschulen und alle Fahrzeuge, die sich in der Liste der vorsteuerabzugsberechtigten Kfz des BMF befinden.

Hinweis

Diese Liste finden Sie unter https://www.bmf.gv.at/steuern/fahrzeuge/vorsteuerabzugsberechtigte-fahrzeuge.html. Für alle anderen Pkw und Kombi gilt die verpflichtende 8-jährige Nutzungsdauer bzw bei Gebrauchtfahrzeugen die sogenannte Differenzmethode (8 Jahre abzüglich bisherige Nutzungsdauer; mindestens jedoch die wirtschaftliche Nutzungsdauer).

Ebenfalls zu beachten ist, dass für Pkw und Kombi, die sich nicht in dieser Liste befinden, steuerlich nur maximale Anschaffungskosten von € 40.000,-- (inkl Umsatzsteuer, Normverbrauchsabgabe und Sonderausstattung) geltend gemacht werden können. Ist ein Auto teurer, darf der übersteigende Anteil nicht als Betriebsausgabe angesetzt werden, sondern ist im Wege einer Luxustangente auszuscheiden. Auch alle anderen wertabhängigen Aufwendungen iZm dem Fahrzeug wie Finanzierungskosten und Vollkaskoversicherungsprämien sind um die steuerliche Luxustangente zu kürzen. Aufgrund eines Erkenntnisses des Verwaltungsgerichtshofes sind streng genommen auch wertunabhängige Kosten wie die Haftpflichtversicherung und die motorbezogene Versicherungssteuer anteilig zu reduzieren.

5.6 Wie hoch ist die Abgabenbelastung, die ich für meine Mitarbeiter zu tragen habe?

Als angehender Unternehmer werden Sie alle für Ihre Mitarbeiter abzuführenden Beiträge selbst berechnen und an die Gebietskrankenkasse melden und abführen müssen (wenn Sie nicht einen Steuerberater damit beauftragen). Dabei ist monatlich die Gesamtsumme der Beiträge auf Basis der in diesem Monat gebührenden und darüber hinaus bezahlten Entgelte an die Gebietskrankenkasse zu melden und bis spätestens 15. des Folgemonats einzuzahlen. Die Meldung selbst sollte spätestens bis zum 10. des Folgemonats erstattet werden. Die Übermittlung der Meldung hat grundsätzlich elektronisch zu erfolgen.

Warum es empfehlenswert ist, die Lohnverrechnung an einen Experten abzugeben, werden Sie gleich erkennen, wenn Sie weiterlesen.

5.6.1 Die Beitragsermittlung bei voll versicherungspflichtigen Arbeitnehmern

Der Dienstgeber und der Dienstnehmer tragen gemeinsam den Sozialversicherungsbeitrag. Den Dienstnehmer trifft der Dienstnehmeranteil und der Dienstgeber muss den Dienstgeberanteil zur Sozialversicherung entrichten. Trotzdem müssen Sie als künftiger Dienstgeber für beide Anteile aufkommen. Der Unterschied ist allein, dass der Dienstnehmeranteil Teil des Bruttobezuges Ihres Dienstnehmers ist. Der Dienstgeberanteil hingegen zählt zu den Lohnnebenkosten und ist daher nicht im Bruttobezug enthalten.

Grob gesprochen betragen die Lohnnebenkosten (inkl Kommunalsteuer, DB, DZ und betrieblichem Mitarbeitervorsorgebeitrag) aktuell mehr als 31% vom Bruttobezug. Von diesem Bruttobezug werden der Dienstnehmeranteil zur Sozialversicherung sowie die Lohnsteuer einbehalten. Was dann unterm Strich herauskommt ist der Nettobezug; also das, was der Mitarbeiter effektiv ausgezahlt erhält - ziemlich bescheiden im Vergleich zu dem, was der Arbeitgeber zahlen muss.

Exkurs: Wem nützen welche Beitragssenkungen?

Der Bruttobezug ist jener Bezug, der im Kollektivvertrag als Mindestentgelt geregelt ist. Sinkt der Dienstnehmeranteil, so kann sich der Mitarbeiter über eine höhere Auszahlung freuen. Sinkt jedoch der Dienstgeberanteil, so kann sich der Unternehmer über geringere Lohnnebenkosten freuen. Von einem sinkenden Dienstgeberanteil hat der Mitarbeiter keinen Vorteil. Umgekehrt hat der Unternehmer von einem sinkenden Dienstnehmeranteil keinen unmittelbaren Vorteil.

Insgesamt haben Unternehmer für Ihre voll versicherungspflichtigen Arbeitnehmer einen Sozialversicherungsbeitrag in Höhe von knapp 40% vom Bruttobezug zu zahlen. Lediglich beim Krankenversicherungsbeitrag ergeben sich kleine Differenzen zwischen Arbeitern und Angestellten. Bei Arbeitern ist hier der Dienstnehmeranteil höher, bei Angestellten hingegen der Dienstgeberanteil:

Beitragsart	Arbeiter		Angestellte	
	Dienstnehmeranteil	Dienstgeberanteil	Dienstnehmeranteil	Dienstgeberanteil
Krankenversicherung	3,87%	3,78%	3,87%	3,78%
Unfallversicherung	0,00%	1,30%	0,00%	1,30%
Pensionsversicherung	10,25%	12,55%	10,25%	12,55%
Arbeitslosenversicherung	3,00%	3,00%	3,00%	3,00%
IESG-Zuschlag	0,00%	0,35%	0,00%	0,35%
Arbeiterkammerumlage	0,50%	0,00%	0,50%	0,00%
Wohnbauförderungsbeitr	0,50%	0,50%	0,50%	0,50%
Gesamt	**18,12%**	**21,58%**	**18,12%**	**21,58%**

Details zu besonderen Abgabenarten:

- **IESG-Zuschlag:** Der Zuschlag nach dem Insolvenz-Entgeltsicherungsgesetz wird für alle Arbeitnehmer eingehoben, die der Arbeitslosenversicherung unterliegen. Für ältere Arbeitnehmer kann dieser Beitrag entfallen. Das Gesetz regelt die Fortzahlung bei Zahlungsunfähigkeit des Dienstgebers nach Konkurseröffnung und dergleichen.
- **Arbeiterkammerumlage:** Die Arbeiterkammerumlage haben grundsätzlich alle vollversicherungspflichtigen Arbeitnehmer zu leisten (ausgenommen sind vor allem leitende Angestellte). Dadurch sind sie Mitglied der Arbeiterkammer.

- **Wohnbauförderungsbeitrag:** Der Wohnbauförderungsbeitrag dient der Aufbringung der nötigen Mittel für den geförderten Wohnbau in Österreich und ist für alle vollversicherungspflichtigen Arbeitnehmer zu leisten (ausgenommen freie Dienstnehmer).

Doch das sind noch nicht alle Abgaben, die auf Sie zukommen. Hinzu kommen noch der Beitrag zur Mitarbeitervorsorgekasse in Höhe von 1,53%, die Kommunalsteuer in Höhe von 3% und der DB in Höhe von 4,5% vom Bruttobezug, sowie der DZ, welcher je nach Bundesland zwischen 0,36 und 0,44% variiert (für Details zu diesen Abgabenarten *siehe Tz 5.2.2*).

In Niederösterreich zB beträgt der DZ 0,4%, womit sich eine zusätzliche Gesamtbelastung von 9,43% ergibt. Insgesamt betragen die Lohnnebenkosten damit in Niederösterreich für einen vollversicherungspflichtigen Angestellten exakt 31,01%.

Beispiel:

Sie stellen einen Angestellten mit einem Bruttobezug von € 1.800,-- monatlich ein. Für diesen Angestellten haben Sie einen Dienstgeberanteil zur Sozialversicherung zu bezahlen. Dieser beträgt € 388,44 (21,58 % von € 1.800,--). Außerdem haben Sie einen Beitrag zur Mitarbeitervorsorgekasse zu leisten, welcher € 27,54 ausmacht (1,53% von € 1.800,--). Damit nicht genug: Sie dürfen auch nicht auf den DB, DZ und die Kommunalsteuer vergessen. Alles in allem schlägt dies noch einmal mit 7,9% zu Buche (in Niederösterreich). Das ergibt einen Betrag von zusätzlichen € 142,20 pro Monat.

In Summe müssen Sie statt den € 1.800,-- also € 2.358,18 pro Monat an Kosten tragen, und zwar 14 mal. Nicht vergessen dürfen Sie nämlich auf das Weihnachts- und Urlaubsgeld. Allerdings kommt es beim Weihnachts- und Urlaubsgeld zu einer um 0,50% geringeren Belastung an Sozialversicherungsbeiträgen, da der Wohnbauförderungsbeitrag nicht eingehoben wird. Somit ergibt sich alles in allem eine stolze jährliche Gesamtbelastung für diesen Mitarbeiter von € 32.996,52. Der Mitarbeiter bekommt aber nur rund 56% hiervon ausgezahlt!

Leider stellt dies alles nur die grundsätzliche Beitragsermittlung dar. Es können sich noch umfangreiche Besonderheiten ergeben:

- Neben Geldbezügen sind auch Sachbezüge sozialversicherungs- und lohnsteuerpflichtig. Diese Sachbezüge sind der Höhe nach zu bewerten.
- Auch Trinkgelder sind sozialversicherungspflichtig (jedoch nicht lohnsteuerpflichtig!). Für einige Berufsgruppen wie Friseure, Fußpfleger, Kosmetiker, Masseure und Kellner sind Trinkgeldpauschalen im Kollektivvertrag festgesetzt. Der Sozialversicherungsbeitrag ist dann pauschal von dieser Trinkgeldpauschale zu berechnen.
- Für ältere Arbeitnehmer bestehen teilweise niedrigere Lohnnebenkosten, beispielsweise entfällt der Arbeitslosenversicherungsbeitrag für Männer und Frauen ab Vollendung des 58. Lebensjahres. Der IESG-Zuschlag, der Unfallversicherungsbeitrag, der DB und der DZ entfallen ab Vollendung des 60. Lebensjahres bzw ent-

fällt bei Frauen der IESG-Zuschlag bereits ab Vollendung des Anfallsalters für die vorzeitige Alterspension.

- Für Arbeitnehmer, die Schwerarbeit bzw Nachtarbeit ausführen, sind zusätzliche Beiträge abzuführen. Der Dienstgeberanteil zum Schlechtwetterentschädigungsbeitrag beträgt 0,7%, der Dienstnehmeranteil ebenso. Beim Nachtschwerarbeitsbeitrag gibt es nur einen Dienstgeberbeitrag in Höhe von 3,7%.
- Sozialversicherungsbeiträge müssen nicht in unbegrenzter Höhe gezahlt werden, sondern nur bis zu einer monatlichen Höchstbeitragsgrundlage von derzeit € 4.860,-- für laufende Bezüge und jährlich € 9.720,-- für Sonderzahlungen (ergibt dann umgerechnet wie nach dem GSVG eine gesamte Höchstbeitragsgrundlage von € 5.670,-- monatlich). Erhält ein Arbeitnehmer einen höheren Bruttobezug, sind für den Differenzbetrag keine Sozialversicherungsbeiträge mehr zu leisten.
- Übersteigt die monatliche Summe an Bruttobezügen aller Mitarbeiter nicht den Betrag von € 1.095,--, sind kein DB, DZ und auch keine Kommunalsteuer zu zahlen. Beträgt die monatliche Summe an Bruttobezügen mehr als € 1.095,-- aber weniger als € 1.460,--, ist ein Freibetrag in Höhe von € 1.095,-- abzuziehen. Übersteigen die Bruttobezüge € 1.460,--, dann sind vom vollen Betrag der DB, der DZ und die Kommunalsteuer zu zahlen.

5.6.2 Die Abgabenbelastung bei Lehrlingen und geringfügig beschäftigten Dienstnehmern

Bei **Lehrlingen** sind folgende Punkte zu beachten:

- Pensionsversicherungsbeiträge sind wie bei vollversicherungspflichtigen Angestellten und Arbeitern zu bezahlen – und zwar in jedem einzelnen Lehrjahr.
- Krankenversicherungsbeiträge fallen für die ersten beiden Lehrjahre nicht an. Ab dem dritten Lehrjahr sind diese jedoch zu entrichten. Der Lehrling ist trotzdem ab Beginn der Lehrzeit krankenversichert.
- Arbeitslosenversicherungsbeiträge sind nur im letzten Lehrjahr zu bezahlen. Außerdem sind Arbeitslosenversicherungsbeiträge abzuführen, wenn die kollektivvertragliche Lehrlingsentschädigung mindestens in Höhe des niedrigsten Hilfsarbeiterlohnes festgesetzt ist – und zwar unabhängig vom Lehrjahr.
- Nicht zu entrichten von einer Lehrlingsentschädigung sind der Unfallversicherungsbeitrag, der IESG-Zuschlag, die Arbeiterkammerumlage und der Wohnbauförderungsbeitrag.
- Ebenfalls zu entrichten sind für Lehrlinge der Beitrag zur Mitarbeitervorsorgekasse, sowie DB, DZ und Kommunalsteuer, sofern Ihre gesamte Lohnsumme über dem Freibetrag liegt.

Bei **geringfügig beschäftigten Dienstnehmern** sind folgende Punkte zu beachten:

- Eine geringfügige Beschäftigung liegt immer dann vor, wenn das Bruttomonatsentgelt einen bestimmten Betrag nicht übersteigt. 2016 liegt diese monatli che Geringfügigkeitsgrenze bei € 415,72.

- Die Geringfügigkeitsgrenze gilt nicht für Lehrlinge. Lehrlinge sind immer voll versichert. Alle anderen Beschäftigten, die ein Bruttoentgelt von maximal € 415,72 beziehen, sind nur unfallversichert (außer der geringfügig beschäftigte Dienstnehmer hat selbst in die Kranken- und Pensionsversicherung optiert, was für den Arbeitgeber aber keine Auswirkungen hat).
- Der Dienstgeber muss lediglich einen Unfallversicherungsbeitrag in Höhe von 1,3 % an die Gebietskrankenkasse abführen.
- Überschreitet die monatliche Entgeltsumme eines Dienstgebers an alle geringfügig beschäftigten Dienstnehmer jedoch den 1½ fachen Betrag der monatlichen Geringfügigkeitsgrenze, dann ist eine pauschale Dienstgeberabgabe in Höhe von 16,4% der Entgeltsumme zu entrichten (zusätzlich zum Unfallversicherungsbeitrag). Diese Dienstgeberabgabe muss monatlich oder jährlich (und zwar spätestens bis 15. Jänner des Folgejahres) an die zuständige Gebietskrankenkasse abgeführt werden.
- Ebenfalls zu entrichten sind für geringfügig beschäftigte Dienstnehmer der Beitrag zur Mitarbeitervorsorgekasse, sowie DB, DZ und Kommunalsteuer – sofern Ihre gesamte Lohnsumme über dem Freibetrag liegt.

5.7 Wie funktionieren Umsatzsteuer und Vorsteuerabzug?

Die Umsatzsteuer (kurz USt genannt) ist eine Steuer, die den Austausch von Waren und Dienstleistungen besteuert. Bemessungsgrundlage der USt ist dabei immer der Erlös, den ein Unternehmer für seine Waren oder Dienstleistungen erzielt. Besonders an der USt ist, dass es sich um eine indirekte Steuer handelt – Steuerschuldner (der Verkäufer) und Steuerträger (der Käufer) sind also nicht ident.

Besteuert werden Waren und Dienstleistungen gegen Entgelt, die ein Unternehmer im Rahmen seines Unternehmens im Inland ausführt. Entgelt ist dabei alles, was der Empfänger oder ein Dritter aufwenden muss, um die Ware oder Dienstleistung zu erhalten.

Zusätzlich unterliegen auch der Eigenverbrauch von Waren und Dienstleistungen des Unternehmers sowie der Erwerb von Waren aus dem Ausland der Umsatzsteuer.

Achtung

Steuerbar bedeutet nicht automatisch steuerpflichtig!

Wenn eine Ware oder Dienstleistung der Umsatzsteuer unterliegt, dann heißt dies noch nicht, dass diese auch steuerpflichtig ist. Liegen die oben genannten Voraussetzungen vor, dann ist die jeweilige Lieferung bzw Leistung steuerbar. Steuerbare Umsätze können jedoch entweder steuerpflichtig oder auch steuerfrei sein. Das Umsatzsteuergesetz kennt nämlich eine Reihe von Steuerbefreiungen (dazu aber später mehr).

Zur Warenlieferung zählen auch unselbstständige Nebenleistungen wie Verpackung, Transport und dergleichen. Diese Nebenleistungen teilen das umsatzsteuerliche Schicksal der Hauptleistung. Enthält die Hauptleistung 20% Umsatzsteuer, dann entfallen zB auch auf die Verpackung 20% Umsatzsteuer.

Im Inland ausgeführt ist eine Warenlieferung dann, wenn die Verfügungsmacht im Inland verschafft wird. Bei Versendung oder Beförderung ist der Ort der Lieferung dort, wo die Versendung oder Beförderung beginnt. Bei Dienstleistungen gilt, dass bei Leistung an einen Unternehmer der Leistungsort dort gelegen ist, wo der Leistungsempfänger sein Unternehmen betreibt. Bei Leistungen an Privatpersonen ist der Leistungsort jedoch grundsätzlich der Ort, an dem der Leistungserbringer sein Unternehmen betreibt. Leider gibt es hiervon aber zahlreiche Ausnahmen. Bei grenzüberschreitenden Lieferungen oder Leistungen fragen Sie daher am besten einen Steuerberater um Rat.

Unternehmer ist nach dem Umsatzsteuergesetz, wer seine Tätigkeit selbstständig, nachhaltig und zur Erzielung von Einnahmen ausübt. Das Unternehmen umfasst dann die gesamte Tätigkeit des Unternehmers. Ein Unternehmer kann daher zB sowohl Vermögensberater als auch Unternehmensberater sein – trotzdem besteht umsatzsteuerrechtlich nur ein einziges Unternehmen (sofern es sich dabei um ein Einzelunternehmen handelt). Umsätze zwischen den beiden Betrieben sind als Innenumsätze nicht steuerbar.

5.7.1 Umsatzsteuer vs Vorsteuer

Die Umsatzsteuer hat grundsätzlich immer der Letztverbraucher zu tragen, das heißt, dass jeder Unternehmer, der Waren kauft und weiter verkauft, die im Einkauf enthaltene Umsatzsteuer als sogenannte Vorsteuer wieder vom Finanzamt zurückbekommt (außer er ist umsatzsteuerlich Kleinunternehmer oder die Lieferung bzw Leistung berechtigt nicht zum Vorsteuerabzug). Nur der Konsument als Letztverbraucher am Ende der Wertschöpfungskette muss die gesamte Umsatzsteuer tragen (daher wurde die Umsatzsteuer auch Mehrwertsteuer genannt).

Steuerschuldner ist allerdings nicht der Letztverbraucher, sondern der Unternehmer. Der Unternehmer muss die verrechnete Umsatzsteuer seiner verkauften Waren bzw erbrachten Leistungen an das zuständige Finanzamt abführen. Dies geschieht in Form von monatlichen oder quartalsweisen Vorauszahlungen, die jeweils am 15. des zweitfolgenden Monats fällig werden. Dabei ist immer nur die Differenz zwischen geschuldeter USt (aus eigenen Lieferungen und Leistungen) und der abziehbaren Vorsteuer (aus empfangenen Lieferungen und Leistungen) an das Finanzamt zu zahlen. Ist die USt höher als die Vorsteuer, ergibt sich eine USt-Zahllast, welche bis zum Fälligkeitstermin zu entrichten ist. Ist die USt niedriger als die Vorsteuer, führt dies zu einem Guthaben beim Finanzamt. Dieses Guthaben kann am Finanzamtskonto verbleiben und zur Abdeckung zukünftiger Zahllasten verwendet werden oder auf das eigene Bankkonto mittels schriftlichem oder elektronischem Rückzahlungsantrag ausgezahlt werden.

5.7.2 Zeitpunkt des Entstehens der Steuerschuld

Beim Entstehen der Steuerschuld unterscheidet man zwischen der Sollbesteuerung und der Istbesteuerung. Bei der Sollbesteuerung entsteht die Steuerschuld grundsätzlich am Monatsende der ausgeführten Lieferung oder Leistung. Wurde die Rechnung nicht im Monat der Lieferung bzw Leistung ausgestellt, verschiebt sich die Steuerschuld um einen Monat. Bei der Istbesteuerung entsteht die Steuerschuld erst am Ende des Monats der Zahlung. Gezahlt werden muss die USt immer spätestens einen Monat und 15 Tage nach dem Ende des Monats, in dem die Steuerschuld entstanden ist.

Das Sollbesteuerungssystem gilt zwingend für:

- buchführungspflichtige Gewerbebetriebe und land- und forstwirtschaftliche Betriebe;
- andere Tätigkeiten (ausgenommen Freiberufler), wenn die Umsätze in einem der beiden vorangegangenen Kalenderjahre mehr als € 110.000,-- betragen haben (zB Umsätze aus Vermietung);
- Leistungen, für die die Steuerschuld auf den Leistungsempfänger übergeht (Reverse-Charge), zB Bauleistungen und Leistungen ausländischer Unternehmer.

5.7.3 Höhe der Umsatzsteuer

Im Regelfall beträgt die Umsatzsteuer 20%. Daneben gibt es noch 10%- und 13%-ige Umsätze. Für einige Gebiete in Vorarlberg und Tirol, die nur von Deutschland aus erreichbar sind, ist eine 19%-ige Umsatzsteuer vorgesehen.

Die 10%-ige Umsatzsteuer gilt für folgende Produkte und Leistungen:

- Nahrungsmittel
- Bücher
- Zeitschriften
- Wohnungsvermietung (für Wohnzwecke)
- Personenbeförderung im Inland
- Müll- und Abwasserbeseitigung

Die 13%-ige Umsatzsteuer kommt in folgenden Fällen zur Anwendung:

- Verkauf von Wein, der innerhalb eines landwirtschaftlichen Betriebes im Inland erzeugt wurde.
- Tiere und Tierzucht
- Pflanzen
- Brennholz
- Kunstgegenstände und Antiquitäten
- Karten für Theater und Filmvorführungen
- Benützung von Schwimmbädern
- Umsatzerbringung eines pauschalierten Land- und Forstwirtes an einen Unternehmer für dessen Unternehmen (zB Verkauf von Gemüse an ein Gasthaus).

5.7.4 Steuerbefreite Umsätze

Im Umsatzsteuergesetz wird unterschieden zwischen echten und unechten Umsatzsteuerbefreiungen. Bei der echten Umsatzsteuerbefreiung kann man sich trotz der Befreiung die Vorsteuerbeträge vom Finanzamt zurückholen. Bei der unechten Befreiung besteht diese Möglichkeit hingegen nicht. Echt steuerbefreit sind beispielsweise Exporte. Unecht steuerbefreit sind unter anderem Geld- und Bankumsätze, Grundstücksverkäufe, Leistungen von Versicherungsmaklern und -agenten, ärztliche Leistungen, Umsätze von Kleinunternehmern, bestimmte Umsätze von Trafikanten und die Vermietung von Büroräumlichkeiten.

Führen Sie sowohl unecht befreite Umsätze als auch steuerpflichtige Umsätze aus, stellt sich die Frage, in welcher Höhe Sie Vorsteuerbeträge geltend machen können. ZB ist es denkbar, dass Sie im Rahmen Ihrer Tätigkeit als Vermögensberater sowohl unecht befreite Umsätze (zB durch die Vermittlung von Versicherungen) als auch steuerpflichtige Umsätze erzielen (zB durch Ausstellung von Honorarnoten für die private Finanzplanung eines Klienten). In diesem Fall können Sie für alle steuerpflichtigen Umsätze die Vorsteuern geltend machen, für alle unecht befreiten Umsätze aber leider nicht. Sie müssen dazu zunächst die Umsatzanteile von steuerpflichtigen und unecht befreiten Leistungen ermitteln. Die Vorsteuer können Sie dann anteilig von den steuerpflichtigen Umsätzen geltend machen.

5.8 Wann bin ich vorsteuerabzugsberechtigt?

Die Vorsteuer und vor allem die Möglichkeit des Vorsteuerabzugs ist ein Thema, das viele Gründer zu Beginn der unternehmerischen Tätigkeit schwer beschäftigt. Deshalb erfahren Sie gleich, was es genau mit der Vorsteuer auf sich hat und vor allem unter welchen Voraussetzungen Sie zum Vorsteuerabzug berechtigt sind.

5.8.1 Grundwissen zur Vorsteuer

Der Begriff „Vorsteuer" kommt aus dem Umsatzsteuergesetz und ist jene Umsatzsteuer, die Sie als Unternehmer von einem anderen Unternehmer in Rechnung gestellt bekommen. Die Vorsteuer können Sie als Unternehmer in der Umsatzsteuervoranmeldung geltend machen, wodurch Sie im Ergebnis nur den Nettobetrag einer Rechnung wirklich zahlen müssen.

Doch so einfach ist es dann doch nicht: Zuerst müssen Sie Ihrem Lieferanten natürlich den gesamten Rechnungsbetrag überweisen bzw bar bezahlen. Danach können Sie sich den Vorsteuerbetrag aber vom Finanzamt zurückholen bzw mit der Umsatzsteuer, die Sie wiederum Ihren Kunden in Rechnung stellen, gegenrechnen. Die Umsatzsteuer tragen im Ergebnis daher nur Privatpersonen und nicht zum Vorsteuerabzug berechtigte Unternehmer. Alle anderen Unternehmer können sich die Umsatzsteuer als Vorsteuer zur Gänze wieder vom Finanzamt zurückholen (mit einigen Ausnahmen, zB bei Pkws). Lieferungen und Leistungen in der Unternehmerkette werden also nicht mit der Umsatzsteuer belastet und dadurch verteuert.

Doch Achtung: Auch wenn der Letztverbraucher die Umsatzsteuer bezahlt, sind dennoch Sie in Ihrer Funktion als leistender Unternehmer für die Abfuhr der Umsatzsteuer an das Finanzamt verantwortlich. Immer derjenige, der Waren verkauft oder Leistungen erbringt (mit Ausnahme der Reverse-Charge Leistungen), ist also auch für die Abfuhr der Umsatzsteuer zuständig. Dies geschieht in Form von monatlichen oder quartalsweisen Umsatzsteuervoranmeldungen, die spätestens am 15. des zweitfolgenden Monats nach Entstehen der Umsatzsteuerschuld zu melden und entrichten sind. Dabei ist jeweils nur die Differenz zwischen geschuldeter Umsatzsteuer aus Ausgangsrechnungen (also Rechnungen an Kunden) und abziehbarer Vorsteuer aus Eingangsrechnungen (also Rechnungen von Lieferanten) zu zahlen.

Achtung

Ausnahmen vom Vorsteuerabzug beachten!

Sollten Sie unter die Kleinunternehmerregelung fallen, sind Sie nicht zum Vorsteuerabzug berechtigt. Kleinunternehmer sind unecht umsatzsteuerbefreit, das heißt Sie müssen keine Umsatzsteuer in Rechnung stellen, Sie sind aber umgekehrt auch nicht zum Vorsteuerabzug berechtigt. Kleinunternehmer sind Sie, wenn Sie jährlich € 30.000,-- Umsatz (fiktive Nettogrenze) nicht überschreiten und nicht freiwillig zur Umsatzsteuerpflicht optieren.

Ebenfalls unecht umsatzsteuerbefreit sind unter anderem folgende Waren und Dienstleistungen:

- *Bestimmte Geld- und Bankumsätze (zB der Verkauf von Investmentfonds);*
- *Umsätze aus dem Verkauf und der Vermittlung von Versicherungen;*
- *Glücksspielumsätze;*
- *Umsätze von Tagesmüttern;*
- *Umsätze aus der Tätigkeit als Arzt, Dentist, Psychotherapeut und Hebamme.*

TIPP

Option zur Umsatzsteuerpflicht für Kleinunternehmer!

Sollten Sie der Meinung sein, dass die Umsatzsteuerbefreiung eher nachteilig für Sie ist, dann können Sie darauf verzichten. Dieser Verzicht ist dem Finanzamt gegenüber schriftlich mit dem Formular U12 zu erklären. Rufen Sie dazu www.bmf.gv.at auf und wählen Sie danach rechts den Punkt „Formulare" aus. In dem Suchfenster, das dann erscheint, geben Sie U12 ein – schon erscheint das gewünschte Formular. Der Verzicht auf die Kleinunternehmerregelung bindet Sie für 5 Jahre!

Besonderheit: Vorsteuerpauschalierung!

Unter bestimmten Voraussetzungen besteht die Möglichkeit, die Vorsteuer nicht in tatsächlicher Höhe anzusetzen, sondern pauschal zu ermitteln. Grundsätzlich ist dies bei einem Vorjahresumsatz unter € 220.000,-- möglich. Die

Vorsteuerpauschale beträgt 1,8% des Gesamtumsatzes. Zusätzlich kann die in Rechnung gestellte Vorsteuer für angeschafftes abnutzbares Anlagevermögen mit höheren Anschaffungskosten als € 1.100,-- bzw für Herstellungskosten über € 1.100,-- abgesetzt werden. Daneben kann auch die Vorsteuer für Wareneinkäufe abgezogen werden; das gleiche gilt bei Vorsteuerbeträgen für Fremdlöhne. Für manche Branchen, zB im Gaststättengewerbe und im Einzelhandel, gelten jedoch andere Bestimmungen im Rahmen der Vorsteuerpauschalierung. Klären Sie diese Möglichkeiten am besten mit Ihrem Steuerberater ab.

5.8.2 Voraussetzungen zum Vorsteuerabzug

Zum Vorsteuerabzug berechtigt sind nur Unternehmer. Doch auch Unternehmer sind nicht automatisch zum Vorsteuerabzug berechtigt. Zum einen gibt es wie gesagt Umsätze, die nicht zum Vorsteuerabzug berechtigen. Zum anderen sind Sie als Unternehmer nur dann zum Vorsteuerabzug berechtigt, wenn die Lieferung oder Leistung als für das Unternehmen ausgeführt gilt und eine Rechnung ausgestellt wird, die alle nötigen Merkmale enthält.

Für das Unternehmen ausgeführt ist eine Lieferung oder Leistung dann, wenn diese zu mindestens 10% unternehmerischen Zwecken dient. Bei unter 10% gilt eine Lieferung oder Leistung demnach als nicht für das Unternehmen ausgeführt. In diesem Fall besteht kein Anspruch auf Vorsteuerabzug. Bei über 10% besteht wahlweise ein anteiliger oder gesamter Anspruch.

Damit Sie sich als Unternehmer die Vorsteuer auch wirklich vom Finanzamt zurückholen können, müssen Sie außerdem darauf achten, dass Sie von Ihrem Lieferanten eine Eingangsrechnung erhalten, die alle vom Finanzamt geforderten Merkmale aufweist.

Rechnungen bis € 400,-- Rechnungsbetrag inklusive USt (sogenannte Kleinbetragsrechnungen) müssen folgende Merkmale enthalten:

- Name und Anschrift des Lieferanten;
- Warenbezeichnung und Menge der Ware;
- Lieferdatum oder Leistungszeitraum;
- Bruttoentgelt;
- Steuersatz bzw Hinweis auf eine Befreiung von der USt;
- Rechnungsdatum.

Rechnungen zwischen € 400,-- und € 10.000,-- Rechnungsbetrag inkl USt müssen zusätzlich noch folgende Merkmale enthalten:

- Name und Anschrift des Kunden,
- Nettoentgelt und Steuerbetrag;
- UID-Nummer des Lieferanten;
- fortlaufende Rechnungsnummer.

Rechnungen mit einem Rechnungsbetrag über € 10.000,-- inkl USt müssen zusätzlich folgendes Merkmal enthalten:

- UID-Nummer des Kunden.

TIPP

Der Vorsteuerabzug ist bereits vor Betriebseröffnung möglich!

Der Vorsteuerabzug ist prinzipiell bereits vor der Gründung Ihres Unternehmens möglich, und zwar immer dann, wenn Sie Vorbereitungshandlungen für Ihr Unternehmen treffen und nach außen hin klar in Erscheinung tritt, dass der Aufwand für das zukünftige Unternehmen getätigt wurde. Außerdem muss natürlich auch in diesem Fall die Rechnung sämtliche zum Vorsteuerabzug berechtigenden Merkmale enthalten.

5.9 Was ist bei Auslandsgeschäften im Zusammenhang mit der Umsatzsteuer zu beachten?

Im Außenhandel ist umsatzsteuermäßig zu unterscheiden zwischen Geschäften mit Drittstaaten außerhalb der Europäischen Union und innergemeinschaftlichen Geschäften mit Staaten innerhalb der Europäischen Union.

Wird ein Gegenstand aus dem Drittland in das Inland gebracht, dann liegt eine Einfuhr vor. Umgekehrt nennt man den Export von Waren in ein Drittland Ausfuhr. Werden Gegenstände aus einem Land der Europäischen Union für ein Unternehmen im Inland gekauft, dann spricht man von einem innergemeinschaftlichen Erwerb. Im umgekehrten Fall, wenn Sie als Unternehmer einen Gegenstand in ein anderes EU-Land an einen anderen Unternehmer verkaufen, dann spricht man von einer innergemeinschaftlichen Lieferung.

Besonderheiten ergeben sich außerdem bei Verkauf von Waren an Privatpersonen innerhalb der Europäischen Union sowie bei der grenzüberschreitenden Dienstleistungserbringung.

5.9.1 Geschäfte außerhalb der Europäischen Union

- **Die Einfuhr:** Wer Gegenstände aus dem Drittland in das Inland einführt, muss Einfuhrumsatzsteuer entrichten (unabhängig davon, ob Sie dies im Rahmen Ihres Unternehmens tun oder nicht). Im Normalfall wird der importierende Unternehmer die Einfuhrumsatzsteuer gemeinsam mit den Zollabgaben beim Zollamt abführen. Durch die Einfuhrumsatzsteuer ist gewährleistet, dass die eingeführten Waren immer mit der inländischen USt, also in der Regel mit 20%, belastet werden. Von der Einfuhrumsatzsteuer sind nur Gegenstände erfasst, niemals Dienstleistungen.

In der Folge kann sich der Unternehmer die bezahlte Einfuhrumsatzsteuer wieder als Vorsteuer abziehen, wenn die Voraussetzungen vorliegen (zur Vorsteuer *siehe Tz 5.8* zur Frage „Wann bin ich vorsteuerabzugsberechtigt?").

- **Die Ausfuhr:** Der Export in Drittländer ist von der Umsatzsteuer befreit, wobei es sich um eine echte Umsatzsteuerbefreiung handelt, das heißt, der exportierende Unternehmer kann trotzdem die ihm im Inland in Rechnung gestellte Umsatzsteuer vom Finanzamt als Vorsteuer zurückfordern.

  Eine Ausfuhr kann sowohl im Falle einer Versendung als auch im Falle einer Abholung durch den Abnehmer vorliegen. Hier ist insbesondere auf einen Ausfuhrnachweis zu achten (zB Versendungsbelege, zollamtliche Ausfuhrbescheinigung etc).

5.9.2 Geschäfte innerhalb der Europäischen Union

- **Der innergemeinschaftliche Erwerb:** Durch den Beitritt Österreichs zur Europäischen Union sind die steuerlichen Grenzen im Bereich der Umsatzsteuer für Österreich weggefallen. Der innergemeinschaftliche Erwerb unterliegt demnach keiner Einfuhrumsatzsteuer. Voraussetzung hierzu ist jedoch, dass Sie über eine UID-Nummer verfügen. Nur mit einer solchen UID-Nummer können Sie sich gegenüber dem Geschäftspartner als Unternehmer ausweisen.

  Trotz allem tritt auch beim innergemeinschaftlichen Erwerb natürlich eine Steuerpflicht ein. Es handelt sich dabei um die sogenannte Erwerbsteuer, die der Unternehmer selbst berechnen und abführen muss. Sofern der Wareneinkauf für das Unternehmen erfolgt, kann sich der Unternehmer die Erwerbsteuer aber zeitgleich als Vorsteuer abziehen. Ein Unternehmer, der zum vollen Vorsteuerabzug berechtigt ist, wird deshalb nicht mit Erwerbsteuer belastet. Für Unternehmer jedoch, die ganz oder teilweise vom Vorsteuerabzug ausgeschlossen sind, wird die Erwerbsteuer zum Kostenfaktor.

- **Die innergemeinschaftliche Lieferung** Die innergemeinschaftliche Lieferung an einen Unternehmer erfolgt umsatzsteuerfrei. Dabei ist jedoch zu beachten, dass Sie als liefernder Unternehmer unbedingt die Identität des Abnehmers prüfen müssen, indem Sie die Ihnen bekannt gegebene UID-Nummer auf ihre Richtigkeit hin kontrollieren (Stufe 2). Dies geschieht in der Regel über Finanz Online. Ihr Steuerberater hilft Ihnen gerne weiter.

  Unternehmer, die innergemeinschaftliche Lieferungen tätigen, haben eine sogenannte Zusammenfassende Meldung an das Finanzamt zu erstatten. Diese Meldung hat alle innergemeinschaftlichen Lieferungen des jeweiligen Zeitraums zu beinhalten. Im Normalfall ist die Zusammenfassende Meldung monatlich zu erstatten (dies orientiert sich am UVA-Zeitraum – *siehe hierzu Tz 5.2* zur Frage „Welche Abgabetermine, Erklärungstermine und Zahlungsfristen habe ich einzuhalten?").

- **Verkauf von Waren an Privatkunden:** Werden Gegenstände aus Österreich in ein anderes EU-Land an Privatkunden versandt, dann ist die Lieferung in der Regel in Österreich zu versteuern. Also sind auch die österreichischen Umsatzsteuersätze anzuwenden und nicht zB die deutschen Sätze, falls Sie nach Deutschland Waren liefern.

Wird allerdings die Lieferschwelle des jeweiligen EU-Staates überschritten (welche in jedem Land unterschiedlich hoch ist), verlagert sich der Lieferort an jenen Ort, wo die Beförderung oder Versendung endet (sogenannte Versandhandelsregelung). Die Lieferschwelle nach Deutschland beträgt beispielsweise € 100.000,--. Liefern Sie pro Jahr Waren nach Deutschland mit einem Gesamtfakturawert von mehr als € 100.000,--, müssen Sie also deutsche USt auf Ihren Rechnungen ausweisen. Dabei gilt, dass bei Überschreiten der Lieferschwelle bereits im Vorjahr die Fakturierung nach Deutschland ab dem ersten getätigten Umsatz des neuen Jahres mit deutscher USt zu erfolgen hat. Bei Überschreitung der Lieferschwelle erst im laufenden Jahr muss erst mit jenem Umsatz deutsche USt fakturiert werden, mit dem Sie die Lieferschwelle überschritten haben.

Anmerkung zur Versandhandelsregelung

Ist Ihnen schon einmal aufgefallen, dass, sofern Sie zB Bücher bei Amazon bestellen, die Lieferung immer etwas teurer ist als bei der Produktbeschreibung angegeben? Das hat einen einfachen Grund: Die Bücher werden mit der deutschen USt dargestellt, welche nur 7% beträgt. Zu zahlen haben Sie dann aber die österreichische USt, die 10% ausmacht. Das ist das Resultat der Versandhandelsregelung. Amazon überschreitet natürlich die österreichische Lieferschwelle, weshalb österreichische USt verrechnet wird. Sollten Sie Bücher von kleineren Onlineshops in Deutschland bestellen, dann verteuern sich diese unter Umständen nicht, wenn diese Shops die Lieferschwelle nicht überschreiten.

5.9.3 Der Leistungsort bei Dienstleistungen

Die Bestimmung des Ortes der Leistungserbringung hängt davon ab, ob diese an einen steuerpflichtigen Unternehmer oder an eine Privatperson erbracht wird:

- Bei der Leistungserbringung an einen Unternehmer gilt als Grundregel das Empfängerortprinzip. Die Leistung ist daher an dem Ort steuerpflichtig, an dem der Empfänger sein Unternehmen betreibt bzw wo die Leistung empfangen wird. Der Erbringer der Leistung fakturiert in diesem Fall ohne Umsatzsteuer, der Empfänger muss diese wiederum berechnen und an das Finanzamt abführen. Analog zur innergemeinschaftlichen Lieferung muss der Leistungserbringer dann eine Zusammenfassende Meldung erstellen.
- Bei der Leistungserbringung an eine Privatperson (damit sind auch Unternehmen gemeint, die von der Kleinunternehmerregelung Gebrauch machen) gilt als Grundregel das Unternehmerortprinzip. Solange Ihnen der Auftraggeber keine Umsatzsteueridentifikationsnummer bekannt gibt, können Sie davon ausgehen, dass es sich um einen Privatkunden handelt. Die Leistung ist dann an jenem Ort steuerpflichtig, von dem aus der Leistende sein Unternehmen betreibt. Somit müssen Sie als Leistungserbringer österreichische Umsatzsteuer verrechnen, sofern nicht im Einzelfall eine Steuerbefreiung vorliegt.

Leider gibt es nach wie vor von diesen Grundregeln zahlreiche Ausnahmen, so zB bei Grundstücksleistungen und bei der grenzüberschreitenden Personenbeförderung. Deshalb empfiehlt es sich, in diesen Fällen einen Steuerberater zu konsultieren.

5.10 Welche Konsequenzen sind im Falle einer Steuerhinterziehung zu befürchten?

Wohl niemand zahlt hierzulande Steuern, weil dies seinen Wertvorstellungen entspricht und er seinen Beitrag für die Allgemeinheit in Österreich leisten möchte. Jeder zahlt Steuern vor allem aus einem Grund: Weil es das Gesetz so vorsieht und weil die Nichtbefolgung des Gesetzes mitunter mit harten Strafen geahndet wird.

Je nach Art des Vergehens ist mit unterschiedlich hohen Strafen zu rechnen. Der Gesetzgeber unterscheidet dabei zwischen einer Finanzordnungswidrigkeit, einer Abgabenverkürzung, einer Abgabenhinterziehung und einem Abgabenbetrug.

5.10.1 Finanzordnungswidrigkeit

Einer Finanzordnungswidrigkeit macht sich zB schuldig, wer Abgaben, die selbst zu berechnen sind, nicht spätestens am fünften Tag nach Fälligkeit entrichtet. Keine Finanzordnungswidrigkeit liegt allerdings vor, wenn die Höhe der Abgaben bis zum spätestens fünften Tag nach Fälligkeit der Finanzbehörde mitgeteilt wurde.

Wurden diese mitgeteilt – auch wenn sie noch nicht bezahlt werden konnten – führt dies zu keiner Strafe. Trotzdem fallen in einem solchen Fall Zinsen und Säumniszuschläge an, doch dies ist in jedem Fall günstiger, als Strafe zu zahlen. Der Strafrahmen einer Finanzordnungswidrigkeit reicht bis zur Hälfte des verkürzten Betrages (natürlich versteht sich diese Strafe zusätzlich zum geschuldeten Betrag).

Überdies steigt bei Nichteinhaltung der Meldeverpflichtungen die Wahrscheinlichkeit einer Prüfung durch das Finanzamt. Übermitteln Sie daher alle Ihre Erklärungen fristgerecht!

5.10.2 Abgabenverkürzung

Der Abgabenverkürzung macht sich schuldig, wer fahrlässig eine Abgabenverkürzung unter Verletzung einer Wahrheits-, Offenlegungs- oder Anzeigepflicht erreicht. In diesem Fall droht eine Geldstrafe bis zum einfachen des verkürzten Betrages.

Ein Beispiel für eine fahrlässige Abgabenverkürzung ist das derart schlampige Durchführen der Buchhaltung, sodass irrtümlich private Ausgaben als betrieblich veranlasst geltend gemacht werden.

Fahrlässigkeit liegt außerdem bereits dann vor, wenn Sie als Unternehmer bei der Auswahl der Angestellten nicht die notwendige Sorgfalt walten lassen und diese die steuerrechtlichen Angelegenheiten nicht korrekt erledigen. Außerdem sind Sie als Unternehmer sogar verpflichtet, die Mitarbeiter adäquat zu überwachen, um eine solche Abgabenverkürzung zu vermeiden. Beauftragen Sie jedoch einen Steuerberater mit diesen Angelegenheiten, müssen Sie sich darüber keine Gedanken mehr machen.

5.10.3 Abgabenhinterziehung

Der Abgabenhinterziehung macht sich schuldig, wer vorsätzlich unter Verletzung einer Wahrheits-, Offenlegungs- oder Anzeigepflicht eine Verkürzung von Abgaben erreicht. Umfasst von den strafbaren Handlungen sind hierbei sowohl ein Handeln, als auch ein Unterlassen. In diesem Fall droht eine Geldstrafe bis zum zweifachen (bei gewerbsmäßiger Abgabenhinterziehung bis zum dreifachen) des hinterzogenen Betrages. Darüber hinaus ist auch eine Freiheitsstrafe von bis zu zwei Jahren möglich – bei gewerbsmäßiger Abgabenhinterziehung sogar bis zu fünf Jahren.

Vorsatz umfasst hierbei immer ein Wissen und ein Wollen der Verletzung von gesetzlichen Normen. Manchmal reicht für den Tatbestand der Abgabenhinterziehung aber bereits bedingter Vorsatz. Dieser bedingte Vorsatz ist schon dann gegeben, wenn Sie es ernsthaft für möglich halten, gegen eine gesetzliche Norm zu verstoßen.

ZB ist es möglich, dass Sie die letzten Umsatzsteuervoranmeldungen nicht übermittelt und auch keine Umsatzsteuervorauszahlungen geleistet haben, obwohl solche Vorauszahlungen aufgrund Ihrer Umsätze fällig gewesen wären. Handelten Sie wissentlich, dann liegt eine Abgabenhinterziehung vor.

Vorsätzlich handelt aber auch ein Unternehmer, der eine private Urlaubsreise als Dienstreise deklariert und von der Steuer absetzt. Auch in diesem Fall liegt eine Steuerhinterziehung vor.

Ab einem Verkürzungsbetrag von € 100.000,-- sind Gerichte bei vorsätzlichen Finanzvergehen zuständig. Darunter sind die Abgabenbehörden zuständig. Bis zu einem Verkürzungsbetrag in Höhe von € 33.000,-- kann die Behörde von der Einleitung eines Strafverfahrens auch absehen.

5.10.4 Abgabenbetrug

Ein Abgabenbetrug liegt vor, wenn ein durch das Gericht zu ahndendes Finanzvergehen eine besondere Schwere aufweist. Insbesondere liegt ein solcher Abgabenbetrug im Falle der Verwendung falscher oder verfälschter Urkunden, unter Verwendung von Scheingeschäften und Scheinhandlungen oder im Falle von Software-Manipulationen im Zusammenhang mit Registrierkassen-Systemen vor. Diese Betrugsfälle sind primär nicht mit einer Geldstrafe zu ahnden, sondern mit einer Freiheitsstrafe. Bei Nichtausschöpfung der vollen Freiheitsstrafdrohung kann zusätzlich eine Geldstrafe verhängt werden. Die Freiheitsstrafe kann in besonders schwerwiegenden Fällen bis zu 10 Jahre ausmachen!

5.11 Wie werden im Gewerblichen Sozialversicherungsgesetz (GSVG) die Beitragsvorauszahlungen ermittelt?

Nicht nur für unselbstständige Erwerbstätige gibt es eine soziale Absicherung, sondern auch für selbstständig Erwerbstätige. Letztere unterliegen in der Regel dem GSVG und sind demnach bei Krankheit, Unfall und für die Pension abgesichert. Nicht dem GSVG unterliegen Landwirte. Bei Freiberuflern stellt sich die sozialversicherungsrechtliche Situation äußerst kompliziert dar, da viele Freiberufler aus dem GSVG herausoptiert sind oder diese Möglichkeit haben (zumindest aus Teilbereichen). Für alle Selbstständigen, die dem Gewerberecht unterliegen, gilt aber in der Regel das GSVG (außer für Kommanditisten einer KG, die keine betriebliche Tätigkeit ausüben). Zudem unterliegen auch Geschäftsführer einer GmbH bei entsprechend hoher Kapitalbeteiligung dem GSVG.

Kommt in Ihrem Fall das GSVG zur Anwendung, haben Sie Beiträge zur Pensions-, Kranken- und Unfallversicherung zu leisten. Die Beiträge werden von der Sozialversicherungsanstalt (SVA) quartalsweise vorgeschrieben. Auch für den Monat, in dem die Pflichtversicherung beginnt, ist ein voller Monatsbeitrag zu leisten. Die Beiträge müssen jeweils bis spätestens Ende des zweitfolgenden Monats überwiesen werden – also bis spätestens 28. Februar, 31. Mai, 31. August und 30. November.

Zusätzlich müssen Sie auch Beiträge zur Selbstständigenvorsorge leisten. Die Selbstständigenvorsorge ist das Gegenstück zur Mitarbeitervorsorge bei unselbstständig Erwerbstätigen.

5.11.1 Die Beitragsermittlung im GSVG

Zu beachten ist, dass die Kranken- und Pensionsversicherungsbeiträge sowie der Beitrag zur Selbstständigenvorsorge von Gewerbetreibenden einkommensorientiert ermittelt werden, die Unfallversicherungsbeiträge sind jedoch mit einem fixen Jahresbetrag in der Höhe von derzeit € 109,32 festgelegt (€ 27,33 pro Quartal). Abzuführen sind alle diese Beiträge quartalsweise an die SVA. Alle Beiträge, die einkommensorientiert ermittelt werden, berechnen sich nach der Formel: Beitragsgrundlage mal Beitragssatz.

Die Beitragssätze im GSVG betragen:

- in der Pensionsversicherung: 18,50%
- in der Krankenversicherung: 7,65%
- in der Selbstständigenvorsorge: 1,53%

Die Beitragsermittlung in der Krankenversicherung

In den ersten zwei Jahren der Selbstständigkeit gilt ein monatlich fixer Betrag in Höhe der monatlichen Mindestbeitragsgrundlage von € 415,72 (Stand 2016) als Beitragsgrundlage in der Krankenversicherung. Diese Beitragsgrundlage ist fix und wird nicht nachbemessen (sofern in den letzten 120 Kalendermonaten davor keine GSVG-

Pflichtversicherung vorlag). Im dritten Jahr der Selbstständigkeit macht die Beitragsgrundlage jedoch nur vorläufig € 415,72 aus. Es kommt zu einer Nachbemessung, falls der tatsächliche Gewinn laut Einkommensteuerbescheid höher ausfällt. Die vorläufigen Beitragsgrundlagen ab dem vierten Jahr der Selbstständigkeit werden dann aus den tatsächlichen Beitragsgrundlagen des jeweils drittvorangegangenen Jahres abgeleitet (mindestens jedoch € 415,72 an monatlicher Beitragsgrundlage). Die vorläufigen Beitragsgrundlagen ab dem dritten Jahr gelten so lange, bis der Einkommensteuerbescheid des jeweiligen Beitragsjahres vorliegt. Dann wird aufgrund dieses Bescheids nachbemessen.

Eine Besonderheit ist, dass die beschriebenen Regelungen für die ersten drei Kalenderjahre gelten. Wird also eine Tätigkeit erst im Dezember begonnen, dann endet das erste Jahr bereits nach einem Monat. Die angesprochene fixe Beitragsgrundlage in der Krankenversicherung gilt demnach nur für 13 Monate.

In der Krankenversicherung gilt also seit 1.1.2016 eine einheitliche Mindestbeitragsgrundlage in Höhe von € 415,72, die für die ersten beiden Jahre der Selbstständigkeit nicht nachbemessen wird; erst ab dem dritten Jahr kommt es zu einer Nachbemessung wenn die Beitragsgrundlage die Mindestbeitragsgrundlage in Höhe € 415,72 überschritten hat.

Die Beitragsermittlung in der Pensionsversicherung

In der Pensionsversicherung gilt in den ersten drei Jahren eine Mindestbeitragsgrundlage in Höhe von € 723,52 als vorläufige Beitragsgrundlage. Es erfolgt hier auch für die ersten beiden Jahre der Selbstständigkeit eine Nachbemessung. Die vorläufigen Beitragsgrundlagen gelten so lange, bis der Einkommensteuerbescheid des jeweiligen Beitragsjahres vorliegt. Anhand dieses Einkommensteuerbescheides wird dann die endgültige Beitragsgrundlage festgestellt. Falls die endgültige Beitragsgrundlage (also Ihr Gewinn) höher ist als die vorläufige Beitragsgrundlage, dann kommt es zu einer Beitragsnachbelastung. Nachbelastungen werden bei aufrechter Pflichtversicherung aber nicht sofort zur Gänze dem Beitragskonto angelastet, sondern in vier Teilbeträgen (quartalsweise) ab dem Folgejahr.

Mindestbeitragsgrundlage pro Monat derzeit	€ 723,52
Monatsbeitrag daher vorläufig (18,50%)	€ 133,85
Vierteljährliche Vorschreibung daher vorläufig	€ 401,55

Die Beitragsermittlung in der Selbstständigenvorsorge

In der Selbstständigenvorsorge gilt in den ersten drei Jahren der Selbstständigkeit der Betrag von € 415,72 als Beitragsgrundlage. Diese Beitragsgrundlage ist für die ersten drei Jahre fix und wird nicht nachbemessen. In späteren Jahren wird jeweils als Beitragsgrundlage die tatsächliche Beitragsgrundlage der Krankenversicherung aus dem drittvorangegangenen Jahr herangezogen (bzw die Mindestbeitragsgrundlage aus der Krankenversicherung). Auch hier kommt es wiederum zu keiner späteren Nachbemessung. Der aktuelle Einkommenssteuerbescheid bleibt unberücksichtigt.

Mindestbeitragsgrundlage pro Monat derzeit	€ 415,72
Monatsbeitrag daher (1,53%)	€ 6,36
Vierteljährliche Vorschreibung daher	€ 19,08

5.11.2 Mindest- und Höchstbeitragsgrundlagen im GSVG

Im GSVG gibt es nicht nur eine Höchstbeitragsgrundlage wie im ASVG, sondern darüber hinaus auch eine Mindestbeitragsgrundlage. Die Höchstbeitragsgrundlage beträgt 2016 € 5.670,-- monatlich (€ 68.040,-- jährlich). Daraus ergibt sich ein maximaler Monatsbeitrag an die Sozialversicherung von € 1.578,57 (7,65% + 18,50% + 1,53% = 27,68% x € 5.670 + € 9,11 UV). Vierteljährlich müssen Sie demnach bei entsprechenden Einkünften bis zu € 4.735,71 an Sozialversicherungsbeiträgen vorauszahlen.

Die Mindestbeitragsgrundlage beträgt € 415,72 monatlich (€ 4.988,64 jährlich) in der Krankenversicherung und € 723,52 monatlich (€ 8.682,24 jährlich) in der Pensionsversicherung.

> **Besonderheit: Neue Selbstständige!**
>
> *Die Neuen Selbstständigen (wie zB Schriftsteller und Künstler) unterliegen ebenfalls dem GSVG. Allerdings tritt eine Pflichtversicherung erst dann ein, wenn das jährliche Einkommen € 4.988,64 übersteigt.*

5.12 Was geschieht im Falle einer Mehrfachversicherung – zB zwischen ASVG und GSVG?

Eine Mehrfachversicherung in der Pensions-, Kranken- und Unfallversicherung ist dann gegeben, wenn neben der selbstständigen Erwerbstätigkeit auch eine unselbstständige Erwerbstätigkeit bzw eine Tätigkeit als Land- und Forstwirt ausgeübt wird. In so einem Fall tritt die gewerbliche Sozialversicherung neben die ASVG-Versicherung (als Versicherung der Unselbstständigen) bzw neben die Sozialversicherung der Bauern.

5.12.1 Mehrfachversicherung in der Kranken- und Pensionsversicherung

Fallen beispielsweise ASVG- und GSVG-Versicherung zusammen, dann sind für beide Erwerbstätigkeiten Sozialversicherungsbeiträge zu leisten (ausgenommen Sie beantragen die Kleinstunternehmerregelung nach dem GSVG für Ihre selbstständigen bzw gewerblichen Einkünfte). Überschreitet bereits die ASVG-Beitragsgrundlage die Mindestbeitragsgrundlage im GSVG, besteht keine Verpflichtung mehr zur Zahlung weiterer Beiträge an die Sozialversicherungsanstalt der Gewerblichen Wirtschaft. Vergessen Sie in diesem Fall aber nicht den Antrag auf Differenzvorschreibung (siehe unten dazu mehr).

Besonderheit: Mehrfachversicherung zwischen BSVG und GSVG!

Fallen BSVG (Bauern-Sozialversicherungs-Gesetz)- und GSVG-Versicherungen zusammen und überschreitet die BSVG-Beitragsgrundlage bereits die Mindestbeitragsgrundlage des GSVG, dann besteht bei Verlusten oder geringen Gewinnen aus der selbstständigen Tätigkeit sehr wohl noch die Verpflichtung zur Zahlung des Mindestbeitrages, da das BSVG dem GSVG nachrangig ist. Die Möglichkeit zur Differenzvorschreibung bei Überschreiten der Höchstbeitragsgrundlage (siehe hierzu nachfolgende Ausführungen) besteht jedoch auch bei Mehrfachversicherung zwischen BSVG und GSVG.

Überschreitet das Gesamteinkommen die Höchstbeitragsgrundlage (welche in allen Pensionsgesetzen gleich hoch ist und derzeit € 68.040,-- pro Jahr beträgt), kommt es auf Antrag zur sogenannten Differenzvorschreibung. Hierbei ist zu beachten, dass das ASVG dem GSVG vorrangig ist und das GSVG wiederum vorrangig gegenüber allen anderen Pensionsgesetzen ist. Das heißt, dass Sie im Falle eines parallelen Bestehens von nichtselbstständigen Einkünften und Einkünften aus einem Gewerbebetrieb, die zusammengerechnet die Höchstbeitragsgrundlage überschreiten, zuerst für die nichtselbstständigen Einkünfte zur Gänze die Sozialversicherungsbeiträge leisten müssen, von den Einkünften aus Gewerbebetrieb aber nur mehr von der Differenz bis zur Höchstbeitragsgrundlage (am besten übermitteln Sie gemeinsam mit dem GSVG-Fragebogen auch einen aktuellen Lohnzettel).

5.12.2 Mehrfachversicherung in der Unfallversicherung

In der Unfallversicherung kommt es auch bei Überschreiten der Höchstbeitragsgrundlage zu keinem Entfall der Leistungspflicht im GSVG. Der pauschale Unfallversicherungsbeitrag in Höhe von derzeit € 109,32 jährlich ist auf jeden Fall in voller Höhe zu bezahlen – unabhängig von der Höhe der erzielten Einkünfte.

5.12.3 Mehrfachversicherung in der Mitarbeiter- und Selbstständigenvorsorge

Sofern Sie als Gewerbetreibender gleichzeitig auch als Nichtselbstständiger tätig sind, leisten Sie bereits Beiträge zur Betrieblichen Mitarbeitervorsorgekasse. Dies befreit Sie jedoch nicht von der Pflicht zur Leistung des Beitrages zur Selbstständigenvorsorge.

5.13 Wie sehen die Leistungen in der GSVG-Krankenversicherung aus?

Vom Schutz der Krankenversicherung können nicht nur der Versicherte selbst, sondern auch dessen Kinder sowie der Ehepartner bzw der haushaltsführende Lebensgefährte umfasst sein. Diese können immer dann in die Krankenversicherung inkludiert werden, wenn sie keinen eigenen gesetzlichen Krankenversicherungsschutz sowie ihren Wohnsitz im Inland haben. Für Kinder ist diese Mitversicherung generell beitragsfrei, Ehepartner und Lebensgefährten müssen unter Umständen einen Zusatzbeitrag leisten.

Eine wesentliche Besonderheit in der gewerblichen Krankenversicherung ist allerdings, dass zwischen Sachleistungsberechtigten und Geldleistungsberechtigten unterschieden wird. Unterschiede ergeben sich vor allem bei der Zahlung des Arzthonorars und bei Spitalsbehandlungen.

5.13.1 Auswirkungen von Sach- und Geldleistungsberechtigung

In der gewerblichen Krankenversicherung muss – im Unterschied zum ASVG – zwischen sach- und geldleistungsberechtigten Versicherten unterschieden werden. Der wesentlichste Unterschied ist, dass Sachleistungsberechtigte gegen Vorlage der E-Card von Vertragsärzten behandelt werden, ohne die Behandlungskosten zunächst selbst tragen zu müssen. Vielmehr wird das Honorar vom Arzt direkt mit der SVA verrechnet. 20% der Kosten werden als Selbstbehalt allerdings mit der nächsten SVA-Vorschreibung in Rechnung gestellt. Es gibt die Möglichkeit, diesen Selbstbehalt zu reduzieren, wenn man mit dem Hausarzt vereinbarte Gesundheitsziele erreicht. Ihr Arzt weiß mehr dazu.

Bei Geldleistungsberechtigung gilt, dass Sie als Privatpatient gelten und somit die Honorare zunächst zur Gänze selbst entrichten. Auf Antrag erhalten Sie von der SVA einen Teil der Behandlungskosten rückerstattet. Die Vergütung erfolgt dabei nach Tarif und deckt damit theoretisch bis zu 80% der Behandlungskosten. Leider ist dieser Tarif in der Praxis aber deutlich niedriger als das tatsächliche Arzthonorar, weshalb der Selbstbehalt bei Geldleistungsberechtigung in der Regel höher ist. Im Schnitt beträgt der Kostenersatz laut Information der Wirtschaftskammer lediglich 60%.

Doch es gibt auch Vorteile der Geldleistungsberechtigung: Sie haben im Falle des Spitalsaufenthalts Anspruch auf die Sonderklasse; Sachleistungsberechtigte müssen sich mit der allgemeinen Gebührenklasse zufriedengeben. Deshalb ist bei Geldleistungsberechtigten eine etwaige private Zusatzkrankenversicherung wesentlich prämiengünstiger.

5.13.2 Anwendung von Sach- und Geldleistungsberechtigung

In den ersten drei Jahren nach Gründung des Unternehmens besteht generell Sachleistungsberechtigung. Danach entscheidet die Höhe des Einkommens, ob Sach- oder Geldleistungsberechtigung vorliegt. Herangezogen werden zu dieser Beurteilung die versicherungspflichtigen Einkünfte des drittvorangegangen Kalenderjahres (inkl vorgeschriebener Kranken- und Pensionsversicherungsbeiträge nach dem GSVG). Lagen diese unter der Höchstbeitragsgrundlage, liegt Sachleistungsberechtigung vor. Bei Überschreiten der Höchstbeitragsgrundlage ist hingegen Geldleistungsberechtigung gegeben.

Sowohl Sachleistungsberechtigte als auch Geldleistungsberechtigte können auf Antrag und bei Entrichtung eines zusätzlichen Beitrages ihren Krankenversicherungsschutz jederzeit ändern.

5.13.3 Wahlmöglichkeiten in der gewerblichen Krankenversicherung

Sowohl Sach- als auch Geldleistungsberechtigte haben die Möglichkeit, ihre Ansprüche – teilweise durch Leistung eines Zusatzbeitrages – auf Antrag zu ändern:

Sachleistungsberechtigte können:

- die Sachleistungsberechtigung beibehalten;
- die volle Geldleistungsberechtigung in Anspruch nehmen (dies kostet € 99,84 monatlich);
- die halbe Geldleistungsberechtigung in Anspruch nehmen, was Geldleistungsberechtigung in Hinblick auf die Spitalssonderklasse bedeutet (dies kostet € 79,89 monatlich).

Geldleistungsberechtigte können:

- die volle Geldleistungsberechtigung beibehalten;

  die halbe Geldleistungsberechtigung in Anspruch nehmen. In diesem Fall erfolgt die Behandlung bei einem Vertragsarzt mit E-Card und 20% Selbstbehalt.

5.14 Welche freiwilligen Versicherungen im GSVG gibt es?

Bei den freiwilligen gesetzlichen Versicherungen gibt es vier Optionen:

- Höherversicherung in der gesetzlichen Pensionsversicherung;
- Höherversicherung in der gesetzlichen Unfallversicherung;
- Freiwillige Arbeitslosenversicherung für Selbstständige;
- Kranken- und Taggeldversicherung.

Vor allem die Höherversicherung in der gesetzlichen Unfallversicherung erscheint oft sehr empfehlenswert. Mit dieser Möglichkeit sollten Sie sich auf jeden Fall näher befassen.

5.14.1 Höherversicherung in der gesetzlichen Pensionsversicherung

Bei der Höherversicherung in der gesetzlichen Pensionsversicherung handelt es sich um eine freiwillige Versicherung, mit der künftige Pensionsansprüche aufgebessert werden können. Die Höherversicherung kann nur abgeschlossen werden, wenn bereits Pensionsversicherungsbeiträge geleistet werden, und kann mittels Antrag eingegangen werden.

Bis zu einer jährlichen Obergrenze von derzeit € 9.720,-- ist die Beitragshöhe frei wählbar. Die Höherversicherung kann zudem jederzeit begonnen und auch wieder beendet werden. Sinn der Versicherung ist, dass bei Pensionsantritt eine höhere monatliche Pension ausgezahlt wird, da ein besonderer Steigerungsbetrag erworben wird, der sich auf die künftige Pensionshöhe günstig auswirkt. Dieser Steigerungsbetrag zur Pension ist zu 75% steuerfrei (außer das Einkommen übersteigt bereits die Höchstbeitragsgrundlage, dann ist der Steigerungsbetrag voll steuerpflichtig).

5.14.2 Höherversicherung in der gesetzlichen Unfallversicherung

Auch in der Unfallversicherung gibt es die Möglichkeit einer Höherversicherung. Die gesetzliche Pflichtversicherung in der Unfallversicherung erbringt – abgesehen von umfangreichen Sachleistungen – nur äußerst bescheidene Geldleistungen. Durch eine Höherversicherung kann dieser Anspruch bedeutend aufgebessert werden. Eine Höherversicherung wirkt sich vor allem auf die Höhe der Rentenzahlungen bei Erwerbsminderung aus, weshalb diese Höherversicherung durchaus empfehlenswert sein kann.

Den Beitrag zur Höherversicherung zahlen Sie nicht an die SVA, sondern direkt an die AUVA. Die Höherversicherung ist auch dort zu beantragen.

Dabei kann zwischen zwei Stufen gewählt werden:

- **Stufe I**: zusätzlicher Jahresbeitrag von € 109,32 jährlich
- **Stufe II**: zusätzlicher Jahresbeitrag von € 164,22 jährlich

Durch diese Höherversicherung wird die monatliche Rente im Falle einer Erwerbsminderung erhöht. Konkret erhöht sich diese in der Stufe I um ca 63,5% und in der Stufe II um knapp 96%. Bei 100%-iger Erwerbsminderung, also einer kompletten Erwerbsunfähigkeit, erhalten Sie von der gesetzlichen Unfallversicherung nur € 1.399,94 an monatlicher Rente (14 mal). Durch Höherversicherung in der Stufe I erhalten Sie immerhin € 2.289,30 und durch Höherversicherung in der Stufe II sogar € 2.740,55!

5.14.3 Freiwillige Arbeitslosenversicherung für Selbstständige

Grundsätzlich haben Sie als Selbstständiger keinen Anspruch auf Arbeitslosengeld. Sie können sich allerdings freiwillig versichern lassen. Voraussetzung für den Arbeitslosengeldbezug ist dann, dass Sie Ihre Gewerbeberechtigung entweder zurückgelegt oder ruhend gemeldet haben.

Als GSVG-Versicherter haben Sie sechs Monate ab Gründung Ihres Unternehmens Zeit, um sich für eine freiwillige Arbeitslosenversicherung zu entscheiden. Wird der Eintritt nicht rechtzeitig innerhalb dieser sechs Monate erklärt, besteht erst nach 8 Jahren wieder die Möglichkeit hierzu. Bei Entscheidung für die freiwillige Arbeitslosenversicherung sind Sie 8 Jahre lang an diese Entscheidung gebunden.

Falls Sie zum ersten Mal arbeitslosenversichert sind, benötigen Sie für einen Anspruch auf Leistungen aus der Arbeitslosenversicherung mindestens 52 arbeitslosenversicherungspflichtige Beschäftigungswochen innerhalb der letzten 24 Monate. Danach bestehen kürzere Anwartschaftszeiten für einen erneuten Anspruch auf Arbeitslosengeld. Nicht bis zur Höchstgrenze in Anspruch genommene Leistungen aus der Arbeitslosenversicherung können überdies gewahrt werden.

Für Selbstständige ist der zu zahlende Arbeitslosenversicherungsbeitrag und damit der Anspruch aus der Arbeitslosenversicherung nicht wie bei Unselbstständigen abhängig vom Einkommen.

Selbstständige haben stattdessen die Wahl zwischen drei fixen monatlichen Beitragsgrundlagen, auf deren Basis die Höhe des Arbeitslosengeldes berechnet wird:

- ¼ der Höchstbeitragsgrundlage (davon 6%): € 85,05 an monatlichem Beitrag;
- ½ der Höchstbeitragsgrundlage (davon 6%): € 170,10 an monatlichem Beitrag;
- ¾ der Höchstbeitragsgrundlage (davon 6%): € 255,15 an monatlichem Beitrag.

Daraus ergibt sich dann ein tägliches Arbeitslosengeld von:

- € 22,79 bei Zugrundelegung eines Viertels der Höchstbeitragsgrundlage;
- € 36,71 bei Zugrundelegung der Hälfte der Höchstbeitragsgrundlage;
- € 50,77 bei Zugrundelegung von drei Viertel der Höchstbeitragsgrundlage.

5.14.4 Krankenzusatzversicherung für Selbstständige

Alle Unternehmer, die nach dem GSVG krankenversichert sind, können eine Krankenzusatzversicherung abschließen. Dadurch erhalten Sie Krankengeld im Falle einer Arbeitsunfähigkeit wegen Krankheit und Taggeld im Falle eines Spitalsaufenthaltes, wobei ein Anspruch für maximal 26 Wochen besteht.

Beantragt werden muss die Krankenzusatzversicherung für Selbstständige bei der Sozialversicherungsanstalt der gewerblichen Wirtschaft (SVA). Der Antrag kann nur vor Vollendung des 60. Lebensjahres gestellt werden. Wird diese Zusatzversicherung bereits innerhalb der ersten vier Wochen nach der Verständigung der SVA über den Beginn der Pflichtversicherung beantragt, wird sie bereits ab Beginn der Pflichtversicherung wirksam, ansonsten erst mit dem Ersten des folgenden Monats nach Beantragung.

Ansprüche aus der Zusatzversicherung hat man aber nicht sofort, sondern erst nach sechs Monaten. Diese sechsmonatige Wartezeit entfällt lediglich im Falle eines Arbeitsunfalles.

Der Beitrag für die Krankenzusatzversicherung beträgt 2,5% der vorläufigen Beitragsgrundlage (es erfolgt keine spätere Nachbemessung), wobei aber ein Mindestbeitrag vorgesehen ist (für 2016 € 30,05).

Bei Arbeitsunfähigkeit wegen Krankheit (zB nach einem Unfall) gebührt Krankengeld aus der Zusatzversicherung:

- Das tägliche Krankengeld beträgt für 2016 mindestens € 29,23. Ab einer vorläufigen monatlichen Beitragsgrundlage von ca € 1.600,-- beträgt das tägliche Krankengeld 60% der täglichen Beitragsgrundlage.

Kapitel 6
Fragen zum Gewerberecht und zu den Rechtsformen

6.1 Brauche ich eine Gewerbeberechtigung?

Ob Sie eine Gewerbeberechtigung brauchen werden, hängt von der Art Ihrer selbstständigen Tätigkeit ab. Grundsätzlich lässt sich sagen, dass nicht alle Arten selbstständiger Tätigkeit mit der Erlangung einer Gewerbeberechtigung verbunden sind, denn viele selbstständige Tätigkeiten unterliegen nicht der Gewerbeordnung.

Vor allem einige Berufsgesetze aus den freien Berufen wie zB Ärzte, Architekten, Steuerberater, Notare und Rechtsanwälte enthalten Sondervorschriften zur Berufsausübung (welche in der Regel noch um einiges strenger sind als die Gewerbeordnung). Die freien Berufe unterliegen daher nicht der Gewerbeordnung.

Auch die sogenannten Neuen Selbstständigen wie zB Künstler, Vortragende und Schriftsteller unterliegen nicht der Gewerbeordnung. Diese Berufe benötigen sogar überhaupt keine Berechtigung zur Ausübung ihrer Tätigkeit – sie unterliegen somit auch keinen Sondervorschriften zur Berufsausübung.

6.1.1 Tätigkeiten außerhalb der Gewerbeordnung

Zuerst ist also in gewerberechtlicher Hinsicht zu prüfen, ob die angestrebte Tätigkeit überhaupt der Gewerbeordnung unterliegt oder nicht. Nicht der Gewerbeordnung unterliegen vor allem folgende selbstständige Tätigkeiten:

- Nachhilfelehrer, Vortragende, Schriftsteller, Künstler und wissenschaftliche Gutachter;
- Architekten, Ärzte, Notare, Rechtsanwälte, Steuerberater, Journalisten, Apotheker, Hebammen, Heilmasseure, Psychologen, Tierärzte, Zahnärzte;
- Land- und Forstwirte, Buschenschank;
- Bergbau, Eisenbahn, Luftfahrtsunternehmen, Schifffahrtsunternehmen;
- Industrieunternehmen.

Eine Besonderheit gibt es bei jenen Unternehmen, die zwar grundsätzlich als Gewerbe zu klassifizieren sind, aber als Industrieunternehmen eingestuft werden. Hier entfällt nämlich in der Regel das Erfordernis eines Befähigungsnachweises. Bei einigen Tätigkeiten gilt diese Ausnahme für Industriebetriebe allerdings nicht, so etwa bei Baumeistern und bei Zimmermeistern.

Ein Industriebetrieb liegt dann vor, wenn folgende Kriterien zutreffen (unter Betrachtung des Gesamtbildes):

- Hoher Kapitaleinsatz;
- hoher maschineller Einsatz;
- Serienfertigung;
- hohe Mitarbeiteranzahl.

6.1.2 Gewerbsmäßige Ausübung der Tätigkeit

Die Gewerbeordnung ist zudem nur dann anzuwenden, wenn die jeweilige Tätigkeit gewerbsmäßig ausgeübt wird. Gewerbsmäßigkeit liegt vor, wenn die Tätigkeit selbstständig, regelmäßig und in Ertragserzielungsabsicht ausgeführt wird.

Selbstständig: Selbstständigkeit liegt immer dann vor, wenn die Tätigkeit auf eigene Rechnung und Gefahr ausgeübt wird, also das typische Unternehmerrisiko getragen wird. Selbstständig handelt somit jeder, der das Unternehmerrisiko auch für Verluste oder für den Verdienstausfall trägt.

Regelmäßig: Regelmäßigkeit liegt immer dann vor, wenn die Absicht der Wiederholung gegeben ist. Doch bereits die einmalige Handlung kann als regelmäßige Tätigkeit gelten, wenn auf die angesprochene Wiederholungsabsicht geschlossen werden kann oder die Tätigkeit einen längeren Zeitraum hindurch andauert (zB ein Beratungs- oder Planungsprojekt). Auch ein Anbieten von Leistungen an einen größeren Personenkreis gilt aufgrund dieser Definition als eine gewerbliche Tätigkeit.

Ertragserzielungsabsicht: Diese liegt immer dann vor, wenn Preise verlangt werden, die nicht bloß die eigenen Kosten abdecken sollen. Es kommt dabei jedoch nicht darauf an, ob tatsächlich Gewinne erwirtschaftet werden oder nicht. Auch im Falle von Verlusten kann daher eine gewerbliche Tätigkeit vorliegen. Was zählt, ist also lediglich die Absicht.

6.1.3 Arten von Gewerbeberechtigungen

Nun können Sie beurteilen, ob die gewünschte selbstständige Tätigkeit der Gewerbeordnung unterliegt oder nicht. Falls die angestrebte Tätigkeit der Gewerbeordnung unterliegt, gilt es in einem nächsten Schritt zu überprüfen, ob es sich dabei um ein freies, ein reglementiertes oder ein Teilgewerbe handelt. Je nach Art der Gewerbeform müssen Sie unterschiedliche Voraussetzungen zur Erlangung der Gewerbeberechtigung erfüllen (dazu mehr unter *Tz 6.2* zur Frage „Wie komme ich zu einer Gewerbeberechtigung?"):

Freie Gewerbe: Für alle freien Gewerbe (zB der Handel mit Waren) ist kein Befähigungsnachweis vorgeschrieben. Sie dürfen daher bereits bei Vorliegen der allgemeinen Antrittsvoraussetzungen ausgeübt werden.

Die freien Gewerbe sind in der Gewerbeordnung nicht abschließend aufgezählt. Vielmehr handelt es sich dabei um alle Gewerbe, die nicht unter die Gruppe der reglementierten Gewerbe oder der Teilgewerbe fallen (Negativdefinition). Bei der Neuschaffung eines freien Gewerbes ist daher insbesondere darauf zu achten, dass nicht in die Befugnisse von bestehenden reglementierten Gewerben eingegriffen wird.

Reglementierte Gewerbe: Bei den reglementierten Gewerben muss bei der Anmeldung ein Befähigungsnachweis erbracht werden. Die reglementierten Gewerbe sind in der Gewerbeordnung erschöpfend aufgezählt. Einige besonders vertrauensbedürftige Tätigkeiten bedürfen überdies einer Zuverlässigkeitsprüfung.

Diese „Zuverlässigkeitsgewerbe" sind: Baumeister, Brunnenmeister, chemische Labore, Elektrotechniker, Pyrotechniker, Gas- und Sanitärtechniker, Hersteller von Arzneimitteln, Inkassobüros, Reisebüros, Sicherheitsgewerbe, Sprengungsunternehmen, Vermögensberater, Waffengewerbe und Zimmermeister.

! Webseitentipp

Listen zu reglementierten und zu freien Gewerben in Österreich finden Sie im Internet auf der Homepage des Bundesministeriums für Wirtschaft, Familie und Jugend: www.bmwfw.gv.at. Dort klicken Sie auf „Unternehmen", dann auf „Gewerbe". Schon erscheinen die beiden Listen zu den freien Unternehmenstä tigkeiten und zu den reglementierten Gewerben.

Teilgewerbe: Teilgewerbe stellen einzelne Tätigkeiten von sonst reglementierten Gewerben dar, bei denen jedoch davon ausgegangen werden kann, dass deren Ausführung auch durch Personen erfolgen kann, die die Befähigung nur auf vereinfachte Art nachweisen können (zB durch eine Lehrabschlussprüfung anstatt einer Meisterprüfung). Zu den Teilgewerben zählen unter anderem Änderungsschneidereien, Erdbauunternehmen und Nagelstudios.

Anmeldegewerbe: Grundsätzlich stellen alle Gewerbe sogenannte Anmeldegewerbe dar, das heißt, dass das Gewerbe bereits unmittelbar nach der Anmeldung ausgeübt werden darf (sofern alle Voraussetzungen vorliegen). Der Anmelder muss also nicht auf die Erteilung der Gewerbeberechtigung warten, sondern kann seinen Geschäftsbetrieb sofort aufnehmen. Leider gibt es hier einige Ausnahmen wie etwa bei den Rauchfangkehrern. Rauchfangkehrerbetriebe dürfen nur dann gegründet werden, wenn ein Bedarf gegeben ist.

Die oben angeführten „Zuverlässigkeitsgewerbe" dürfen erst mit rechtskräftigem Bescheid der Gewerbebehörde ausgeübt werden.

Im Zweifel erkundigen Sie sich am besten bei Ihrer örtlichen Wirtschaftskammer. Die hilft Ihnen sicher weiter.

6.2 Wie komme ich zu einer Gewerbeberechtigung?

Um die Berechtigung zu erhalten, ein Gewerbe in Österreich ausüben zu dürfen, müssen Sie Ihr Gewerbe zuerst einmal anmelden. Dazu brauchen Sie einige Unterlagen und Sie müssen zudem allgemeine und unter Umständen auch besondere Voraussetzungen erfüllen. Schon das Fehlen einer einzigen Voraussetzung bewirkt, dass durch die Gewerbeanmeldung nicht die Berechtigung zur Ausübung der Tätigkeit erlangt wird. Allerdings kann ein Antrag auf Nachsicht gemeinsam mit der Gewerbeanmeldung gestellt werden.

6.2.1 Die Gewerbeanmeldung

Um eine Gewerbeberechtigung zu lösen, müssen Sie das gewünschte Gewerbe zunächst anmelden. Eine Gewerbeberechtigung wird hierbei grundsätzlich bereits durch eine formlose Anmeldung bei der zuständigen Bezirksverwaltungsbehörde erlangt (Bezirkshauptmannschaft oder Magistrat). Im Grunde genügt also bereits ein formloses Schreiben für die Anmeldung.

Mittlerweile ist es sogar möglich, dass die Daten bei der Wirtschaftskammer im Zuge der NeuFöG-Beratung (*siehe hierzu Tz 7.1* zur Frage „Wie nutze ich die Gebührenbefreiungen des NeuFöGs?") aufgenommen und direkt elektronisch an das Magistrat bzw die Bezirkshauptmannschaft weitergeleitet werden. Diese Gewerbeanmeldung per Mausklick ist in wenigen Minuten erledigt.

Bei Einzelunternehmen muss die Anmeldung enthalten:

- Bezeichnung des Gewerbes
- Standort des Unternehmens
- Reisepass bzw Geburtsurkunde und Staatsbürgerschaftsnachweis/Aufenthaltsberechtigung
- Heiratsurkunde, falls der aktuelle Name von der Geburtsurkunde abweicht
- Meldezettel, falls kein Wohnsitz im Inland vorliegt
- Strafregisterauszug (nicht älter als drei Monate), falls der Anmelder nicht mindestens seit fünf Jahren in Österreich wohnhaft ist
- Erklärung über das Nichtvorliegen von Gewerbeausschlussgründen
- Eventuell einen Befähigungsnachweis
- Eventuell eine Bestätigung nach dem Neugründungsförderungsgesetz seitens der Wirtschaftskammer Österreich (Gebührenbefreiung)
- Eventuell ein urkundlicher Nachweis über akademische Grade

Bei Gesellschaften muss die Anmeldung enthalten:

- Anzeige der Bestellung des gewerberechtlichen Geschäftsführers und Beibringung derselben Dokumente wie bei der Gewerbeanmeldung durch einen Einzelunternehmer (siehe oben)
- Vorlage des Firmenbuchauszugs (nicht älter als sechs Monate)
- Bei Funktion des gewerberechtlichen Geschäftsführers als Angestellter: Anmeldebestätigung bei der Gebietskrankenkasse mit Nachweis einer Beschäftigung im Ausmaß von mindestens der Hälfte der gesetzlichen Normalarbeitszeit
- Angabe der Dienstgeberkontonummer
- Nachweis der schriftlich erteilten Anordnungsbefugnis und Einverständniserklärung des gewerberechtlichen Geschäftsführers

Mit Erlangung der Gewerbeberechtigung – also in den meisten Fällen bereits mit Anmeldung bzw spätestens nach drei Monaten – ist der Gewerbeinhaber Pflichtmitglied bei der Österreichischen Wirtschaftskammer. Dafür ist jährlich eine Grundumlage an die Kammer zu entrichten. Die Höhe dieser Grundumlage hängt im Wesentlichen von der gewählten Rechtsform und der jeweiligen Fachgruppe ab, der man angehört. Die Höhe der Grundumlage ist damit recht unterschiedlich.

6.2.2 Allgemeine Gewerbeantrittsvoraussetzungen

Die allgemeinen Voraussetzungen zum Gewerbeantritt für Einzelunternehmer sind:

- **Eigenberechtigung = Handlungsfähigkeit:** Diese wird grundsätzlich bereits mit Erlangung des 18. Lebensjahres erlangt. Bei Personen, die unter Sachwalterschaft stehen, hat der Sachwalter einen gewerberechtlichen Geschäftsführer zu bestellen.
- **Staatsangehörigkeit** eines Mitgliedstaates der EU oder eines Vertragsstaates des EWR, bzw Vorliegen einer gültigen Aufenthaltsberechtigung in Österreich.
- **Wohnsitz** im Inland bzw in einem Land, in dem die Zustellung und die Vollstreckung von Verwaltungsstrafen durch Übereinkommen gesichert ist.
- **Fehlen persönlicher Ausschlussgründe:** solche wären zB strafgerichtliche Verurteilung zu einer Freiheitsstrafe von mehr als drei Monaten, Finanzvergehen mit hoher Geldstrafe, Eröffnung eines Konkurses, der mangels Masse abgewiesen wurde (allerdings werden in diesem Fall nur die letzten drei Jahre vor Gewerbeanmeldung beurteilt) sowie Entzug der Gewerbeberechtigung durch die Gewerbebehörde oder durch das Gericht.

Die allgemeinen Voraussetzungen zur Gewerbeausübung für Gesellschaften sind:

- **Bestellung eines gewerberechtlichen Geschäftsführers**, der zumindest im Ausmaß der Hälfte der wöchentlichen Normalarbeitszeit im Betrieb beschäftigt wird und sich auch entsprechend im Betrieb betätigen kann bzw Bestellung des unternehmensrechtlichen Geschäftsführers zum gewerberechtlichen Geschäftsführer.

- **Erfüllung der allgemeinen Voraussetzungen:** Der gewerberechtliche Geschäftsführer muss die gleichen allgemeinen Voraussetzungen zur Gewerbeausübung erfüllen wie auch der Einzelunternehmer (siehe oben).

6.2.3 Besondere Gewerbeantrittsvoraussetzungen

Die besonderen Voraussetzungen zur Ausübung reglementierter Gewerbe in Österreich sind:

- **Befähigungsnachweis:** Bei allen reglementierten Gewerben ist ein Befähigungsnachweis zu erbringen. Damit weist der Anmelder nach, dass er über die notwendigen fachlichen und kaufmännischen Fähigkeiten, Kenntnisse und Erfahrungen verfügt, um das entsprechende Gewerbe auszuüben. Der Befähigungsnachweis wird vor allem durch Zeugnisse über erfolgreich abgelegte Prüfungen erbracht (zB Meisterprüfungszeugnis). Was als Befähigungsnachweis für das jeweilige Gewerbe gilt, ist genau mittels Verordnung festgelegt.

> **!**
> **Besonderheit: Individuelle Befähigung**
>
> *Neben dem mittels Verordnung festgelegten – also standardisierten - Befähigungsnachweis, ist auch der sogenannte Nachweis der individuellen Befähigung möglich. Hierbei muss der Gewerbeanmelder beweisen, dass er über die Fähigkeiten, Kenntnisse und Erfahrungen verfügt, um das Gewerbe ausüben zu können. Normalerweise wird dies bei jahrelanger Praxiserfahrung zutreffen.*
>
> *Bei Bau- und Zimmermeistern ist die Feststellung der individuellen Befähigung jedoch nicht möglich, hier ist immer der entsprechende, per Verordnung festgelegte Befähigungsnachweis zu erbringen!*

- **Zuverlässigkeitsprüfung:** Bei den bereits im Rahmen der vorherigen Frage genannten „Zuverlässigkeitsgewerben" ist für die Ausübung des Gewerbes eine Zuverlässigkeitsprüfung vorgeschrieben. Insbesondere dürfen keine Umstände vorliegen, die an der ordnungsgemäßen Ausübung der Tätigkeit zweifeln lassen könnten.
- **Bedarfsprüfung:** Eine Bedarfsprüfung ist beim Gewerbe der Rauchfangkehrer vorgesehen. Dieses Gewerbe darf nur dann ausgeübt werden, wenn von der Behörde ein entsprechender Bedarf festgestellt wird.
- **Haftungsabsicherung:** Die Berufsgruppen der Versicherungsvermittler (Versicherungsagenten, -makler und -berater), der Vermögensberater und der Immobilientreuhänder (vor allem Immobilienmakler) müssen zur Gewerbeanmeldung eine Vermögensschadenhaftpflichtversicherung nachweisen können.

6.3 Brauche ich einen gewerberechtlichen Geschäftsführer?

Bei der Mehrzahl der österreichischen Rechtsformen brauchen Sie einen gewerberechtlichen Geschäftsführer, um ein Gewerbe ausüben zu können.

Beim Einzelunternehmen besteht dieses Erfordernis nicht, sofern der Einzelunternehmer selbst die nötigen Voraussetzungen zur Gewerbeausübung mitbringt.

Eine Besonderheit besteht bei der Gesellschaft nach bürgerlichem Recht (GesbR). Hier kann gar kein gewerberechtlicher Geschäftsführer bestellt werden. Vielmehr müssen hier in der Regel sämtliche Gesellschafter die notwendigen Voraussetzungen zur Gewerbeausübung erfüllen (Ausnahmen bestehen für sogenannte Gelegenheitsgesellschaften, welche vor allem im Baugewerbe üblich sind).

6.3.1 Verpflichtende Bestellung

In folgenden Fällen müssen Sie einen gewerberechtlichen Geschäftsführer bestellen:

- Sofern der Einzelunternehmer nicht über den für die Ausübung eines reglementierten Gewerbes erforderlichen Befähigungsnachweis verfügt (bzw er keinen Wohnsitz im Inland hat und die Zustellung von Verwaltungsstrafmandaten nicht sichergestellt ist), ist verpflichtend ein gewerberechtlicher Geschäftsführer zu bestimmen.
- Kapitalgesellschaften (GmbH, AG) und eingetragene Personengesellschaften (OG und KG) benötigen immer einen gewerberechtlichen Geschäftsführer. Dieser kann auch Gesellschafter sein – er muss es aber nicht. Bei der GmbH können unternehmensrechtlicher und gewerberechtlicher Geschäftsführer dieselbe Person oder zwei unterschiedliche Personen sein.
- Im Falle des Fortbetriebs eines Unternehmens bei Fehlen der persönlichen Voraussetzungen zur Gewerbeausübung durch den Fortbetriebsberechtigten ist in der Regel ein gewerberechtlicher Geschäftsführer zu bestellen. Unter Umständen kann hier aber von der Bestellung eines Geschäftsführers abgesehen werden, wenn mit der Ausübung des Gewerbes keine Gefahren für das Leben oder die Gesundheit von Menschen verbunden sind. Unter einem Fortbetriebsrecht versteht man das Recht, einen Gewerbebetrieb aufgrund der Berechtigung einer anderen Person fortzuführen. Dieses Recht steht vor allem dem Ehegatten und den Kindern nach dem Tod des bisherigen Gewerbeberechtigten zu.
- Bei Ausscheiden des bisherigen gewerberechtlichen Geschäftsführers ist ein neuer Geschäftsführer – bei Einzelunternehmen innerhalb eines Monats und bei Gesellschaften (Kapital- und Personengesellschaften) innerhalb von sechs Monaten – zu bestellen und der Gewerbebehörde anzuzeigen.

6.3.2 Basiswissen zum gewerberechtlichen Geschäftsführer

Der gewerberechtliche Geschäftsführer haftet dem Gewerbeinhaber gegenüber für die fachlich einwandfreie Ausübung des Gewerbes und der Behörde gegenüber für die Einhaltung der gewerberechtlichen Vorschriften. Durch diese Verantwortlichkeit des gewerberechtlichen Geschäftsführers werden sogar eventuelle Zwangs- und Ordnungsstrafen nicht gegen den Gewerbeinhaber, sondern gegen den Geschäftsführer verhängt. Bei wissentlicher Duldung bzw bei Vorsatz und grober Fahrlässigkeit durch den Gewerbeinhaber ist dieser aber ebenso strafbar (zB wenn er es bei der Auswahl des gewerberechtlichen Geschäftsführers an der nötigen Sorgfalt hat fehlen lassen).

Der gewerberechtliche Geschäftsführer muss die für die Ausübung des Gewerbes notwendigen persönlichen Voraussetzungen aufweisen (*siehe hierzu Tz 6.2* zur Frage „Wie komme ich zu einer Gewerbeberechtigung?“). Außerdem muss er in der Lage sein, sich entsprechend im Betrieb zu betätigen – er muss demnach Anordnungsbefugnis vom Gewerbeinhaber zugesprochen bekommen.

Bei Einzelunternehmen muss der gewerberechtliche Geschäftsführer ein mindestens zur Hälfte der wöchentlichen Normalarbeitszeit im Betrieb beschäftigter und voll sozialversicherungspflichtiger Arbeitnehmer sein.

In Personen- und Kapitalgesellschaften muss der gewerberechtliche Geschäftsführer entweder über Vertretungsbefugnis verfügen (als im Firmenbuch eingetragener voll haftender Gesellschafter oder als unternehmensrechtlicher Geschäftsführer) oder ebenfalls ein mindestens zur Hälfte der wöchentlichen Normalarbeitszeit im Betrieb beschäftigter und voll sozialversicherungspflichtiger Arbeitnehmer sein.

Im Zusammenhang mit der notwendigen Betätigung des gewerberechtlichen Geschäftsführers kann sich noch ein weiteres Problem ergeben, wenn dessen Wohnsitz zu weit von dem Unternehmen entfernt liegt, sodass eine persönliche Präsenz und entsprechende Betätigung objektiv gar nicht gegeben sein kann. In diesem Fall kann die Funktion des gewerberechtlichen Geschäftsführers nicht ausgeübt werden.

6.4 Brauche ich eine Betriebsanlagengenehmigung?

Laut der österreichischen Gewerbeordnung ist eine gewerbliche Betriebsanlage jede örtlich gebundene Einrichtung, die der Entfaltung einer regelmäßigen gewerblichen Tätigkeit dienen soll. Um eine gewerbliche Betriebsanlage kann es sich daher nur handeln, wenn diese regelmäßig genutzt wird und nicht nur vorübergehend an diesem Standort bleiben soll – wobei es nur auf die Absicht ankommt und nicht auf die tatsächliche Nutzung.

Für manche dieser Betriebsanlagen benötigen Sie eine Genehmigung, für andere nicht (je nachdem ob eine Gefährdung bzw Belästigung davon ausgehen kann oder nicht). Sinn eines Genehmigungsverfahrens ist es, Gefährdungen und Belästigungen der Anrainer, Kunden und der Umwelt durch die Vorschreibung von Auflagen zu unterbinden. Eventuell darf an dem gewählten Standort die gewünschte Betriebsanlage gar nicht errichtet werden.

6.4.1 Genehmigungspflichtige Betriebsanlagen

Genehmigungspflichtig ist eine Betriebsanlage immer dann, wenn diese wegen ihrer Betriebsweise, wegen ihrer Ausstattung oder sonst irgendwie dazu geeignet ist,

- das Leben oder die Gesundheit von Menschen, Eigentum oder sonstige Rechte von Nachbarn und Anrainern zu gefährden;
- die Nachbarn durch Geruch, Lärm, Rauch, Staub, Erschütterung oder in anderer Weise zu belästigen und/oder
- eine nachteilige Wirkung auf die Beschaffenheit von Gewässern hat.

Für eine Genehmigungspflicht ist bereits die bloße Möglichkeit der Beeinträchtigung und Gefährdung ausreichend – eine tatsächliche Beeinträchtigung muss nicht vorliegen! Kann allerdings von einer Betriebsanlage keine Gefahr oder Beeinträchtigung ausgehen, ist auch kein Genehmigungsverfahren notwendig. Beispiele dafür sind reine Bürobetriebe, Friseurstudios und Handelsbetriebe ohne Reparaturbetrieb (sofern keine Anrainerbelästigung durch erheblichen Lieferverkehr zu erwarten ist).

TIPP

Mit der Errichtung der Betriebsanlage bis zur Erteilung der Genehmigung warten!

Mit der Errichtung einer gewerberechtlichen Betriebsanlage darf erst nach Vorliegen der Genehmigung der zuständigen Behörde begonnen werden. Sonst kann es passieren, dass der Betreiber der Anlage wieder schließen muss. Zusätzlich droht dem Betreiber eine Verwaltungsstrafe im Falle des Zuwiderhandelns.

Beachten Sie immer auch, dass neben einer Betriebsanlagengenehmigung noch weitere Bewilligungen notwendig sein können – so zB bau-, wasser- und abfallrechtliche Bewilligungen. Holen Sie auch diese bereits im Vorfeld ein!

Ebenfalls zu erwähnen ist, dass eine erteilte Betriebsanlagengenehmigung nicht an einen bestimmten Betreiber gebunden ist. Die Genehmigung ist vielmehr mit dem spezifischen Standort verknüpft. Eine Betriebsanlage kann also nicht ohne weiteres verlegt werden, sondern es wäre eine neuerliche Genehmigung für den neuen Standort einzuholen.

6.4.2 Antrag auf Betriebsanlagengenehmigung

Ein Betriebsanlagengenehmigungsverfahren wird nicht von Amts wegen durchgeführt, sondern ist vom Betreiber zu beantragen. Zuständig für die Genehmigung ist normalerweise die Bezirkshauptmannschaft bzw das Magistrat. Unter Umständen können auch das Bundesland bzw das Wirtschaftsministerium zuständig sein. Das Bundesland ist beispielsweise zuständig bei Tankstellen, bei Lagerung von brennbaren Stoffen, bei Verarbeitung von Rohöl, bei Betriebsanlagen, die sich über zwei oder mehrere Bezirke erstrecken und bei nachteiliger Einwirkung auf Gewässer. Das Wirtschaftsministerium ist zuständig, wenn sich die Betriebsanlage über zwei oder mehrere Bundesländer erstreckt.

Für die Einreichung sind folgende Unterlagen notwendig:

- Antrag auf Genehmigung der Betriebsanlage mit Angabe des Standorts und personenbezogener Daten
- Betriebsbeschreibung mit allen wichtigen Informationen zur Betriebsanlage
- Grundstückseigentümerverzeichnis inkl jener angrenzender Nachbargrundstücke
- Lageplan
- Grundrissplan
- Etwaiger Lüftungsplan
- Maschinen- und Geräteliste
- Emissionserklärung mit Angaben zu Lärm-, Geruchs- und sonstiger Emissionen
- Abfallwirtschaftskonzept
- Eventuell Mitteilung einer Abwassereinleitung

TIPP

Nutzen Sie die periodisch stattfindenden Projektsprechtage!

Die bei den Bezirksämtern bzw der örtlichen Wirtschaftskammer eingerichteten, periodisch abgehaltenen Projektsprechtage ermöglichen die Erörterung von in Zusammenhang mit der Betriebsanlagengenehmigung stehenden Fragen und Problemen. Falls Sie beabsichtigen, eine gewerbliche Betriebsanlage zu errichten, dann empfiehlt es sich, dort vorbeizuschauen. Dort haben Sie die Möglichkeit, sämtliche mit der Betriebsanlage in Zusammenhang stehende Fragen und Probleme mit einem Sachverständigen zu besprechen. Zudem bieten diese Projektsprechtage auch eine Hilfestellung bei der Erarbeitung der Einreichunterlagen. Es kann hilfreich sein, wenn Sie alle vorhandenen Unterlagen dorthin mitnehmen. Dann kann beurteilt werden, ob die Errichtung der Betriebsanlage überhaupt möglich ist bzw unter welchen Auflagen voraussichtlich möglich sein wird.

6.5 Welche Rechtsformen gibt es?

Eine wichtige Entscheidung bei der Gründung eines eigenen Unternehmens in Österreich ist die der Rechtsform. Unternehmen können in Form unterschiedlicher Rechtsformen am Markt tätig werden. Die Rechtsform bestimmt unter anderem die Eigentumsverhältnisse, die Risikoverteilung unter den Gesellschaftern und die Entscheidungsfindung der Gesellschafter.

6.5.1 Einteilung der Unternehmens- und Gesellschaftsformen

Grundsätzlich ist zu unterscheiden zwischen Einzelunternehmen und Gesellschaften.

- **Einzelunternehmen:** Einzelunternehmen machen in Österreich den weitaus größten Teil aller Unternehmen aus, da sie einfach und schnell zu gründen sind und auch keine hohen Gründungskosten verursachen. Eine wichtige Besonderheit des Einzelunternehmens ist, dass nur eine Person Inhaber des Unternehmens ist. Dadurch wird auch nur dieser einen Person der Gewinn bzw Verlust zugerechnet. Der Einzelunternehmer haftet unbeschränkt mit seinem Privatvermögen für sämtliche Unternehmensverbindlichkeiten.
- **Personengesellschaften:** Die Gesellschafter einer Personengesellschaft haften (ausgenommen Kommanditisten einer KG) für Verbindlichkeiten der Gesellschaft genauso wie der Einzelunternehmer unbeschränkt mit ihrem Privatvermögen. Außerdem haften sie solidarisch, das bedeutet jeder Gesellschafter haftet gegenüber den Gläubigern für die gesamten Verbindlichkeiten. Der Gläubiger hat die Möglichkeit, bei einem Gesellschafter alleine Befriedigung seiner Ansprüche zu erlangen. Der in Anspruch genommene Gesellschafter kann in der Folge einen Regressanspruch gegenüber den anderen Gesellschaftern geltend machen.

  Aufgrund dieser unbeschränkten Haftung der Gesellschafter sieht das Gesetz keine zwingenden Regelungen über die Aufbringung von Gesellschaftskapital vor, es bestehen demnach bei Personengesellschaften keine Mindestkapitalvorschriften wie es sie etwa bei den Kapitalgesellschaften gibt.

  Aufgrund des personenbezogenen Aufbaus ist die Mitgliedschaft bei Personengesellschaften mangels anderer Regelung im Gesellschaftsvertrag nicht übertragbar und nicht vererblich. Bei Ausscheiden auch nur eines unbeschränkt haftenden Gesellschafters wird die Gesellschaft grundsätzlich aufgelöst. Allerdings kann der Gesellschaftsvertrag Abweichendes vorsehen (was in der Regel auch zu empfehlen ist).
- **Kapitalgesellschaften:** Bei Kapitalgesellschaften steht im Unterschied zu den Personengesellschaften die Kapitalbeteiligung im Vordergrund. Die Gesellschafter haften für Verbindlichkeiten nicht mit ihrem Privatvermögen, sondern ihre Haftung ist auf die Einlage beschränkt (es sei denn, es wurde eine Nachschusspflicht vereinbart – was bei der AG allerdings nicht möglich ist, sondern nur bei der GmbH).

Aufgrund dieser beschränkten Haftung sieht das Gesetz zwingende Regelungen über die Aufbringung von Gesellschaftskapital vor, wobei diese Regelungen bei Aktiengesellschaften strenger sind als bei Gesellschaften mit beschränkter Haftung (da die GmbH eine personalistischere Struktur aufweist als die AG). Insbesondere sieht das Gesetz ein bestimmtes Mindestkapital für Kapitalgesellschaften vor.

Durch den kapitalistischen Aufbau ist die Mitgliedschaft bei Kapitalgesellschaften übertragbar und auch vererblich. Bei Aktiengesellschaften ist die Übertragung von Anteilen grundsätzlich leichter ist als bei Gesellschaften mit beschränkter Haftung. Bei letzteren ist zur Übertragung von Anteilen ein Notariatsakt erforderlich. Bei Ausscheiden eines Gesellschafters wird die Gesellschaft im Unterschied zu den Personengesellschaften nicht aufgelöst.

Unterschiede zwischen Personen- und Kapitalgesellschaften gibt es auch im Rahmen der gesetzlichen Organisationsvorschriften. Für Personengesellschaften gibt es solche nur sehr eingeschränkt (aufgrund der unbeschränkten Haftung). Für Kapitalgesellschaften hingegen gelten äußerst detaillierte Organisationsregelungen (bei Aktiengesellschaften wiederum detaillierter als bei Gesellschaften mit beschränkter Haftung). Diese Organisationsvorschriften betreffen vor allem die Willensbildung der Gesellschaft.

Bei den Kapitalgesellschaften erfolgt die Willensbildung zwingend durch sogenannte Organe. Die wichtigsten Organe sind die Geschäftsführung bei der GmbH bzw der Vorstand bei der AG, der Aufsichtsrat (welcher bei der AG immer und bei der GmbH nur ab Erreichen einer bestimmten Größe verpflichtend ist), sowie die Generalversammlung bei der GmbH bzw die Hauptversammlung bei der AG. Grob skizziert hat der Vorstand der AG mehr Macht als der Geschäftsführer der GmbH. Umgekehrt ist jedoch die Generalversammlung der GmbH (und damit die Gesellschafter) bedeutender als die Hauptversammlung der AG. Die Generalversammlung der GmbH kann der Geschäftsführung Weisungen erteilen, die Hauptversammlung der AG hat diese Möglichkeit nicht. Bei den Personengesellschaften sind keine derartigen Organe vorgesehen. Die Geschäftsführung und Vertretung der Gesellschaft obliegt hier grundsätzlich jedem persönlich haftenden Gesellschafter. Ein allgemeines Willensbildungsorgan wie die Generalversammlung ist aufgrund der personalistischen Struktur nicht notwendig. Auch besteht unabhängig von der Größe der Personengesellschaft niemals eine gesetzliche Verpflichtung zur Errichtung eines Aufsichtsrates.

Abhängig von der gewählten Gesellschaftsform ist auch die Form des Vertrages. Gesellschaftsverträge von Personengesellschaften können formlos abgeschlossen werden, sogar ein mündlicher Vertrag ist theoretisch möglich (wenn auch aufgrund der eingeschränkten Beweisbarkeit nicht zu empfehlen). Im Gegensatz dazu gelten für Kapitalgesellschaften strenge Formvorschriften. Der Gesellschaftsvertrag ist in Notariatsaktsform abzuschließen – bei sonstiger Unwirksamkeit.

6.5.2 Übersicht über die wichtigsten österreichischen Rechtsformen

Einzelunternehmen

- Verpflichtender Firmenbucheintrag erst ab einem Jahresumsatz von über € 700.000,-- (Ausnahmen bestehen für Freiberufler und für Land- und Forstwirte)
- Freiwilliger Firmenbucheintrag jederzeit möglich (interessant vor allem bei Verwendung eines Fantasienamens für das Unternehmen)
- Einfach und kostengünstig zu gründen
- Personenidentität mit dem Inhaber
- Unbeschränkte Haftung des Einzelunternehmers mit seinem gesamten Vermögen
- Kein Mindestkapitalerfordernis
- Sozialversicherungspflicht gemäß GSVG
- Gewinne werden dem Einzelunternehmer zur Besteuerung zugerechnet, ebenso kann er gegebenenfalls die Verluste verwerten
- Keine Offenlegungspflicht des Jahresabschlusses
- Möglichkeit der Einnahmen-Ausgaben-Rechnung bis € 700.000,-- Jahresumsatz (Freiberufler können auch über € 700.000,-- Jahresumsatz noch den Gewinn mittels Einnahmen-Ausgaben-Rechnung ermitteln)
- Entscheidungen trifft der Einzelunternehmer selbst

Offene Gesellschaft (OG)

- Verpflichtender Firmenbucheintrag
- Gründung durch mindestens zwei Personen (natürliche Personen und/oder juristische Personen wie zB eine GmbH)
- Zwingender Abschluss eines (formfreien) Gesellschaftsvertrages
- Unbeschränkte Solidarhaftung aller Gesellschafter
- Kein Mindestkapitalerfordernis
- Gesellschafter sind als natürliche Personen sozialversicherungspflichtig nach dem GSVG
- Gewinne werden den einzelnen Gesellschaftern anteilig zur Besteuerung zugerechnet
- Keine Offenlegungspflicht des Jahresabschlusses
- Möglichkeit der Einnahmen-Ausgaben-Rechnung bis € 700.000,-- Jahresumsatz (Freiberufler können auch über € 700.000,-- Jahresumsatz noch den Gewinn mittels Einnahmen-Ausgaben-Rechnung ermitteln)
- Entscheidungsfindung durch die Gesellschafter (grundsätzlich Einzelgeschäftsführungsbefugnis); Ausnahmen und abweichende Regelungen im Gesellschaftsvertrag sind möglich

Kommanditgesellschaft (KG)

- Verpflichtender Firmenbucheintrag
- Gründung durch mindestens zwei Personen (natürliche Personen und/oder juristische Personen wie zB eine GmbH)
- Zwingender Abschluss eines (formfreien) Gesellschaftsvertrages
- Unbeschränkte Solidarhaftung der Komplementäre
- Beschränkte Haftung der Kommanditisten mit der im Firmenbuch eingetragenen Haftsumme
- Kein Mindestkapitalerfordernis
- Komplementäre sind als natürliche Personen sozialversicherungspflichtig nach dem GSVG
- Kommanditisten können abhängig von der Gestaltung der Gesellschafterstellung sozialversicherungspflichtig sein oder reine Kapitaleinkünfte beziehen; auch eine Dienstnehmereigenschaft ist möglich
- Gewinne werden den einzelnen Gesellschaftern anteilig zur Besteuerung zugerechnet
- Keine Offenlegungspflicht des Jahresabschlusses
- Möglichkeit der Einnahmen-Ausgaben-Rechnung bis € 700.000,-- Jahresumsatz (Freiberufler können auch über € 700.000,-- Jahresumsatz noch den Gewinn mittels Einnahmen-Ausgaben-Rechnung ermitteln)
- Entscheidungsfindung durch die Komplementäre (grundsätzlich Einzelgeschäftsführungsbefugnis); Ausnahmen und abweichende Regelungen im Gesellschaftsvertrag sind möglich

Gesellschaft nach bürgerlichem Recht (GesbR)

- Diese Gesellschaftsform besitzt keine eigene Rechtsfähigkeit. Vertragspartner sind daher immer nur die einzelnen Gesellschafter aber niemals die GesbR selbst.
- Kein Firmenbucheintrag möglich
- GesbR ist nicht möglich bei einem Jahresumsatz von über € 700.000,-- (Ausnahmen bestehen für Gelegenheitsgesellschaften und Freiberufler)
- Über € 700.000,-- Jahresumsatz ist die GesbR als OG oder KG ins Firmenbuch einzutragen
- Gesellschaftsvermögen steht im Miteigentum der Gesellschafter
- Gründung durch mindestens zwei Personen
- Zwingender Abschluss eines (formfreien) Gesellschaftsvertrages
- Unbeschränkte Haftung aller Gesellschafter
- Kein Mindestkapitalerfordernis
- Gesellschafter sind als natürliche Personen grundsätzlich sozialversicherungspflichtig nach dem GSVG

- Gewinne werden den einzelnen Gesellschaftern anteilig zur Besteuerung zugerechnet
- Keine Offenlegungspflicht des Jahresabschlusses
- Möglichkeit der Einnahmen-Ausgaben-Rechnung
- Entscheidungsfindung durch die Gesellschafter (grundsätzlich alle Gesellschafter gemeinsam); im Gesellschaftsvertrag können abweichende Regelungen getroffen werden.

Gesellschaft mit beschränkter Haftung (GmbH)

- Verpflichtender Firmenbucheintrag
- Gründung durch nur eine Person möglich
- Zwingender Abschluss eines Gesellschaftsvertrages (bzw Errichtungserklärung im Falle einer Ein-Mann-GmbH) in Form eines Notariatsaktes
- Beschränkte Haftung aller Gesellschafter mit der eingezahlten Stammeinlage laut Firmenbuch; für nicht eingezahlte Stammeinlagen haften alle Gesellschafter solidarisch
- Mindeststammkapital € 35.000,--, wovon € 17.500,-- mindestens einbezahlt werden müssen, um eine Gründungsprüfung zu vermeiden
- Wenn die Gründungsprivilegierung während der ersten 10 Jahre in Anspruch genommen wird, genügt ein Stammkapital von € 10.000,-- (Bareinzahlung mindestens € 5.000,--). Nach 10 Jahren muss das Stammkapital auf € 35.000,-- (Bareinzahlung 17.500,--) aufgestockt werden.
- (Gesellschafter-)Geschäftsführer sind sozialversicherungspflichtig nach dem GSVG oder ASVG (je nach Beteiligungsausmaß)
- Gewinne sind durch die Gesellschaft selbst zu versteuern (Körperschaftsteuer in Höhe von 25%); werden Gewinne ausgeschüttet, unterliegen diese zusätzlich der Kapitalertragsteuer in Höhe von 27,5% (Steuerbelastung dann in Summe 45,625%)
- Offenlegungspflicht des Jahresabschlusses beim Firmenbuch binnen 9 Monaten (allerdings mit Erleichterungen für kleine GmbHs)
- Einnahmen-Ausgaben-Rechnung nicht möglich; es muss immer eine doppelte Buchführung durchgeführt werden
- Aufsichtsratspflicht ab Erreichen einer bestimmten Größe
- Prüfungspflicht des Jahresabschlusses ab Erreichen einer bestimmten Größe
- Vertretung der GmbH durch ihre Organe (Geschäftsführung, Generalversammlung und eventuell Aufsichtsrat).

Aktiengesellschaft (AG)

- Verpflichtender Firmenbucheintrag
- Gründung durch nur eine Person möglich

- Zwingender Abschluss eines Gesellschaftsvertrages in Form eines Notariatsaktes (bei der AG Satzung genannt)
- Beschränkte Haftung aller Gesellschafter (Aktionäre) mit ihrer Einlage (diese scheint nicht im Firmenbuch auf)
- Mindestnennbetrag des Grundkapitals € 70.000,--
- Bei der AG ist immer eine Gründungsprüfung durchzuführen, ob nun das erforderliche Kapital zur Gänze bar eingezahlt wurde oder nicht
- Vorstände sind sozialversicherungspflichtig nach dem ASVG (allerdings mit Besonderheiten)
- Gewinne sind durch die Gesellschaft selbst zu versteuern (Körperschaftsteuer in Höhe von 25%); werden Gewinne ausgeschüttet, unterliegen diese zusätzlich der Kapitalertragsteuer in Höhe von 27,5%
- Offenlegungspflicht des Jahresabschlusses beim Firmenbuch (ohne Erleichterungen für kleine AGs; für große AGs gelten sogar zusätzliche Offenlegungspflichten)
- Keine Einnahmen-Ausgaben-Rechnung möglich; es muss immer eine doppelte Buchführung geführt werden
- Aufsichtsratspflicht unabhängig von der Größe der AG
- Prüfungspflicht des Jahresabschlusses unabhängig von der Größe der AG
- Vertretung der AG durch ihre Organe (Vorstand, Hauptversammlung und Aufsichtsrat)

6.6 Wie wähle ich die passende Rechtsform aus?

Eine wesentliche Entscheidung bei der Gründung eines Unternehmens ist die Wahl der passenden Rechtsform. Die Wahl hängt dabei von vielen unterschiedlichen Einflussfaktoren ab – und nicht nur von der zukünftigen steuerlichen Belastung, auf die die Wahl der Rechtsform oftmals reduziert wird.

Klar ist leider: Die in jeder Hinsicht optimale Rechtsform gibt es nicht. Mit jeder Rechtsform sind ganz bestimmte Vor- und Nachteile verbunden. Die Wahl der passenden Rechtsform ist deshalb immer eine Einzelfallentscheidung. Wägen Sie nicht nur abgabenrechtliche, sondern auch gesellschaftsrechtliche und betriebswirtschaftliche Kriterien sorgfältig gegeneinander ab.

6.6.1 Abgabenrechtliche Auswahlkriterien

Steuerrecht: Bei der Wahl der Rechtsform darf die Betrachtung der steuerlichen Konsequenzen nicht fehlen. Bei Einzelunternehmen und Personengesellschaften (falls die Gesellschafter natürliche Personen sind) fällt Einkommensteuer an, bei Kapitalgesellschaften im Gegensatz dazu Körperschaftsteuer. Näheres zum abgabenrechtlichen Günstigkeitsvergleich erfahren Sie unter *Tz 5.4* zur Frage „Wie hoch ist meine Abgabenbelastung?".

Zu beachten ist bei der steuerlichen Betrachtung immer auch die Möglichkeit bzw Unmöglichkeit von Verlustausgleichen und Verlustvorträgen. Verlustausgleiche mit den persönlichen Einkünften des Gesellschafters sind nur bei den Personengesellschaften und beim Einzelunternehmen möglich, da Verluste (wie auch Gewinne) bei den Kapitalgesellschaften nicht dem Gesellschafter zugerechnet werden. Kapitalgesellschaften sind eigene Rechtspersönlichkeiten (sogenannte juristische Personen) und als solche werden diese selbst besteuert und nicht der einzelne Gesellschafter. Dadurch ist auch kein Verlustausgleich mit Gewinnen aus anderen Einkünften des Gesellschafters möglich.

Verluste bei Kapitalgesellschaften sind uneingeschränkt vortragsfähig, das heißt diese können in späteren Jahren mit Gewinnen der Kapitalgesellschaft verrechnet werden (allerdings müssen in jedem Jahr mindestens 25% der Gewinne versteuert werden).

Bei Personengesellschaften und Einzelunternehmen sind Verluste seit 2016 ebenfalls zeitlich unbeschränkt vortragsfähig und können in späteren Jahren sowohl mit Gewinnen aus der Personengesellschaft bzw dem Einzelunternehmen als auch mit anderen Einkünften (zB Vermietungseinkünften) verrechnet werden (keine zwingende Versteuerung von mindestens 25% der Gewinne wie bei der Kapitalgesellschaft).

Sozialversicherungsrecht: Ebenfalls bei der Rechtsformwahl zu beachten ist das Sozialversicherungsrecht. Je nach Rechtsform und Ausgestaltung kann eine Sozialversicherungspflicht nach dem ASVG (Allgemeines Sozialversicherungsgesetz) oder nach dem GSVG (Gewerbliches Sozialversicherungsgesetz) ausgelöst werden, letzteres beispielsweise durch eine wesentliche Beteiligung an einer GmbH von mehr als 25% und gleichzeitige Geschäftsführerstellung.

Selbstanstellung: Ein weiteres Kriterium für die Wahl der Rechtsform kann die Möglichkeit für die Gesellschafter sein, selbst ein Dienstverhältnis mit der Gesellschaft einzugehen. Diese Möglichkeit besteht lediglich bei Kapitalgesellschaften. Hier ist als Vorteil die begünstigte Besteuerung des 13. und 14. Bezugs zu nennen. In der Praxis ist es jedoch fast immer günstiger, eine Beteiligung von mehr als 25% einzugehen und auf ein lohnsteuerpflichtiges Dienstverhältnis zu verzichten, um eine Versicherung nach dem GSVG zu erreichen.

Betriebliche Vorsorge: Bei Kapitalgesellschaften besteht im Unterschied zu Personengesellschaften und Einzelunternehmen die Möglichkeit, beispielsweise an Gesellschafter-Geschäftsführer Pensionszusagen zu erteilen, was vor allem unter steuerlichen Gesichtspunkten attraktiv sein kann.

Zu beachten ist hier allerdings das Risiko einer sogenannten verdeckten Gewinnausschüttung, die den Vorteil einer Pensionszusage sehr schnell in einen Nachteil verwandeln kann. Wichtig ist in diesem Zusammenhang die **Fremdüblichkeit** der Pensionszusage, was bedeutet, dass sie auch fremden Geschäftsführern in dieser Form und in dieser Höhe gewährt worden wäre. Insbesondere darf die Pensionszusage gemeinsam mit der staatlichen Pension den letzten Aktivbezug nicht übersteigen und die Pensionszusage selbst darf 80% des letzten Aktivbezuges nicht übersteigen. Werden diese und/oder andere Bedingungen nicht eingehalten, kann die Pensionszusage als verdeckte Gewinnausschüttung gewertet werden. Das Resultat: Die verdeckte Gewinnausschüttung ist steuerrechtlich wie eine offene Gewinnausschüttung zu behandeln.

6.6.2 Gesellschaftsrechtliche Auswahlkriterien

Anwendbarkeit: Die erste Frage, die sich bei der Wahl der Rechtsform stellt, ist, ob für die gewünschte Tätigkeit überhaupt alle Rechtsformen zur Verfügung stehen. Bei manchen Tätigkeiten sieht der Gesetzgeber nämlich entweder eine bestimmte Rechtsform verpflichtend vor oder aber er schließt einige Rechtsformen aus. Vor allem sind hiervon einige freiberufliche Tätigkeiten betroffen. Beispielsweise dürfen Notare keine Kapitalgesellschaft gründen, da die Haftung des Einzelnen nicht beschränkt werden darf.

Einschränkungen gibt es auch für bestimmte Bankgeschäfte, Tabaktrafiken, Fahrschulen und Rauchfangkehrerbetriebe. Die drei letztgenannten dürfen ebenfalls nicht in Form einer Kapitalgesellschaft ausgeübt werden. Gewisse Bank- und Versicherungsgeschäfte müssen hingegen zwingend als Kapitalgesellschaft bzw sogar zwingend als AG ausgeübt werden.

Haftung: In einem weiteren Schritt ist zu entscheiden, ob das finanzielle Risiko alleine getragen oder beschränkt werden soll. Dies ist auch stark von der Branche abhängig, in der man tätig ist. Ein Unternehmen, das Gefahrengüter transportiert, wird wahrscheinlich bestrebt sein, das Haftungsrisiko zu beschränken. Eine nebenberufliche Tätigkeit als Handelsvertreter wird hingegen wahrscheinlich nicht als GmbH, sondern als Einzelunternehmen organisiert. Eine Haftungsbeschränkung lässt sich zB durch die Gründung einer GmbH bzw einer GmbH & Co KG erreichen oder bezüglich privater Liegenschaften mit einem gegenseitigen Belastungs- und Veräußerungsverbot.

Geschäftsführung und Vertretung: Zu überlegen ist hier vor allem, ob die Geschäftsführung und Vertretung des Unternehmens in die Hände von Dritten gelegt werden soll oder nicht. Bei der OG und der KG ist die Selbstorganschaft vorherrschend, ein Nicht-Gesellschafter als Geschäftsführer ist hier nicht vorgesehen (es können jedoch Prokuristen bestellt werden). Bei der GmbH und der AG hingegen können auch Nicht-Gesellschafter zu Geschäftsführern bzw Vorständen gemacht werden. Dies wird insbesondere dann von Vorteil sein, wenn man selbst nicht das nötige Know-how zur Geschäftsführung besitzt. Allerdings wird sich diese Frage in der Regel nur bei größeren Gründungsvorhaben stellen.

Offenlegungspflichten: Ein weiterer Aspekt ist jener der Publizität. Kapitalgesellschaften müssen ihren Jahresabschluss zum Firmenbuch einreichen – wobei für kleine GmbHs Erleichterungen bestehen. Somit sind die Jahresabschlüsse auch gegenüber Mitbewerbern offengelegt.

Entnahmemöglichkeiten: Ein für viele Gründer wichtiger Punkt können Entnahmemöglichkeiten bzw Entnahmebeschränkungen sein. Einzelunternehmer sowie unbeschränkt haftende Gesellschafter dürfen grundsätzlich über den zugewiesenen Gewinn hinaus Kapital entnehmen (zu beachten sind hier aber entsprechende gesetzliche und gesellschaftsvertragliche Regelungen). Für beschränkt haftende Gesellschafter einer Personengesellschaft (also für Kommanditisten) gilt, dass bei einer Entnahme des Kapitals die Haftung in Höhe der dann nicht geleisteten Haftsumme wieder auflebt. Bei den Kapitalgesellschaften ist eine Kapitalentnahme von vornherein ausgeschlossen (Gewinnausschüttungen sind aber natürlich möglich). Das Vermögen der Gesellschaft ist bei Kapitalgesellschaften streng vom Vermögen der einzelnen Gesellschafter zu trennen.

Übertragbarkeit der Anteile: Ein weiteres Auswahlkriterium kann die Übertragbarkeit der Anteile sein. Anteile an einer GmbH und an einer AG sind leichter übertragbar als Anteile an einer OG bzw KG. So kann bei Kapitalgesellschaften die Unternehmenskontinuität leichter gewahrt werden.

Treuepflichten: Die Gesellschafter haben sich grundsätzlich loyal zu verhalten und im Interesse der Gesellschaft zu handeln. Bei den Personengesellschaften ist diese Treuepflicht deutlich stärker ausgeprägt als bei den Kapitalgesellschaften. So unterliegt beispielsweise ein unbeschränkt haftender Gesellschafter einer Personengesellschaft einem Wettbewerbsverbot. Ein Gesellschafter darf also ohne Einwilligung der anderen Gesellschafter im selben Geschäftszweig keine Geschäfte abschließen.

Bei Kapitalgesellschaften ist im Rahmen der Treuepflicht kein Wettbewerbsverbot ableitbar (Ausnahmen bestehen für Geschäftsführer einer GmbH bzw für Vorstände einer AG). Die Gesellschafter dürfen jedoch die Gesellschaft dabei nicht schädigen.

6.6.3 Betriebswirtschaftliche Auswahlkriterien

Gründung mit Partnern vs. Alleingang: Möchte man alleine selbstständig werden oder aber mit einem oder mehreren Gleichgesinnten? Personengesellschaften können nicht alleine gegründet werden, sondern es bedarf zumindest eines weiteren Gesellschafters.

GmbH und AG können auch durch nur eine Person gegründet werden. Das Einzelunternehmen muss sogar alleine gegründet werden.

Finanzierungsmöglichkeiten: Vergessen Sie nicht die Frage nach den benötigten finanziellen Mitteln. Da man beim Einzelunternehmen oftmals auf sich alleine gestellt ist, kann die Gründung einer Gesellschaft aus finanzierungsrelevanten Gründen durchaus sinnvoll sein. So lässt sich das Potential an Finanzmitteln leicht vervielfachen – allerdings mit dem Nachteil, dass den anderen Gesellschaftern ebenfalls Kapitalanteile und damit Mitspracherechte zustehen.

Exkurs: Die Stille Gesellschaft!

Natürlich können sich an einem Einzelunternehmen (bzw an einer Personen- oder Kapitalgesellschaft) auch ein oder mehrere stille Gesellschafter beteiligen, die aber nicht nach außen hin in Erscheinung treten und somit auch keine Mitspracherechte besitzen.

Die Stille Gesellschaft kann als typische (echte) oder als atypische (unechte) Stille Gesellschaft ausgestaltet sein. Bei der typischen Stillen Gesellschaft ist der Stille nur am Gewinn bzw Verlust des Unternehmens beteiligt. Bei der atypisch Stillen Gesellschaft ist der Stille sowohl am Gewinn bzw Verlust als auch am Vermögen des Unternehmens beteiligt. Die Vergütung ist bei Beteiligung als typischer Stiller Gesellschafter steuerlich absetzbar für den Unternehmer. Bei der Vergütung für einen atypisch Stillen Gesellschafter ist das nicht der Fall. Hier gilt die Beteiligung als steuerliche Mitunternehmerschaft und ist demnach für den Unternehmer nicht steuerlich absetzbar.

Kosten: Nicht zuletzt spielt die Frage nach den Gründungskosten und den laufenden Kosten der jeweiligen Rechtsform eine Rolle. Am günstigsten ist die Gründung eines Einzelunternehmens, da keine Firmenbucheintragung notwendig ist und kein Gesellschaftsvertrag abgeschlossen werden muss. Auch die laufenden Kosten sind meist gering. Wird die jährliche Umsatzschwelle von € 700.000,-- nicht überschritten, kann die Buchführung in Form einer Einnahmen-Ausgaben-Rechnung erfolgen. Unter bestimmten Voraussetzungen ist sogar die noch einfachere Pauschalierung möglich (in der Regel bei Umsätzen bis € 220.000,--, allerdings gibt es auch spezielle Branchenpauschalierungen, wo andere Umsatzgrenzen gelten). Beachten Sie aber, dass die einfachste Vorgehensweise nicht unbedingt auch zum steuerlich günstigsten Ergebnis führt!

Die GmbH und insbesondere die AG sind da um einiges aufwendiger und damit teurer. Der Abschluss des Gesellschaftsvertrages muss in Notariatsaktsform erfolgen und der Firmenbucheintrag ist verpflichtend. Auch die höheren laufenden Kosten schlagen zu Buche. Bei Kapitalgesellschaften ist zwingend eine doppelte Buchführung vorgesehen, und zwar unabhängig vom Jahresumsatz. Bei der AG sind sogar die Einrichtung eines Aufsichtsrates sowie die Bestellung eines Abschlussprüfers verpflichtend.

Transportiertes Image: Schlussendlich kann auch das transportierte Image einer Rechtsform ein Mitgrund für die Wahl sein. Die Rechtsform einer AG vermittelt nach außen einen hohen Grad an Professionalität. In der Praxis muss das Image als Kriterium zur Wahl der Rechtsform aber eine eher untergeordnete Rolle spielen und darf niemals alleine ausschlaggebend sein.

Kapitel 7
Fragen zu sonstigen rechtlichen Problemen

7.1 Wie nutze ich die Gebührenbefreiungen des NeuFöGs?

Das Neugründungsförderungsgesetz (NeuFöG) wurde bereits im Jahr 1999 ins Leben gerufen, um Neugründern den Weg in die Selbstständigkeit zu erleichtern. Vor allem erspart sich der Neugründer dadurch eine Reihe von Gebühren und Abgaben, die unmittelbar mit der Gründung des Unternehmens zusammenhängen. Zusätzlich entfallen auch bestimmte Lohnnebenkosten im ersten Jahr der Selbstständigkeit, die Sie für Ihre Mitarbeiter zu entrichten haben.

7.1.1 Die Befreiungen für Neugründer

Im Rahmen des NeuFöGs kommt es zu folgenden Gebühren- und Abgabenbefreiungen (Achtung: dies gilt nur für Neugründungen, im Falle von Betriebsübernahmen gilt Abweichendes!):

- **Stempelgebühren und Bundesverwaltungsabgaben:** Unter anderem kommt es zu Befreiungen im Zusammenhang mit der Gewerbeanmeldung und mit der Genehmigung einer gewerblichen Betriebsanlage.
- **Gerichtsgebühren für die Eintragung ins Firmenbuch:** Eintragungen ins Firmenbuch, die unmittelbar mit der Gründung des Unternehmens im Zusammenhang stehen, sind von den Gerichtsgebühren befreit. Dies gilt sowohl für Einzelunternehmen als auch für Gesellschaften.
- **Gerichtsgebühren für die Eintragung ins Grundbuch:** Zu einer Gerichtsgebührenbefreiung für Eintragungen ins Grundbuch kommt es nur dann, wenn eine Gesellschaft vorliegt (im Falle der Gründung eines Einzelunternehmens kommt es demnach zu keiner solchen Befreiung). Außerdem muss die Übertragung von Grundstücken auf gesellschaftsvertraglicher Grundlage und unter Gewährung von Gesellschaftsrechten oder Anteilen am Vermögen der Gesellschaft erfolgen.
- **Grunderwerbsteuer für die Einbringung von Grundstücken:** Zu einer Grunderwerbsteuerbefreiung kommt es ebenfalls nur dann, wenn eine Gesellschaft vorliegt und die Übertragung von Grundstücken auf gesellschaftsvertraglicher Grundlage und unter Gewährung von Gesellschaftsrechten oder Anteilen am Vermögen der Gesellschaft erfolgt (Sacheinlage aus Anlass der Neugründung).
- **Diverse Lohnnebenkosten:** Diese Begünstigung kann grundsätzlich in den ersten 36 Monaten ab Gründung in Anspruch genommen werden. Allerdings ist beachtlich, dass die Befreiung selbst nur für maximal 12 Monate zur Anwendung kommt und diese Frist mit der Beschäftigung des ersten Dienstnehmers beginnt. Befreit

sind der Dienstgeberbeitrag zum Familienlastenausgleichsfonds (DB), Zuschläge zum Dienstgeberbeitrag (DZ), Wohnbauförderungsbeiträge des Dienstgebers und Beiträge zur gesetzlichen Unfallversicherung. Alles in allem ersparen Sie sich knapp 7% an Lohnnebenkosten. In den ersten 12 Monaten ab Gründung gibt es keine Einschränkung in Bezug auf die Anzahl der Dienstnehmer. Im zweiten bzw dritten Jahr nach Gründung gilt die Befreiung nur noch für die ersten 3 Dienstnehmer.

7.1.2 Die Voraussetzungen zur Förderung

Um in den Genuss der Befreiungen des NeuFöGs zu kommen, müssen einige Voraussetzungen erfüllt werden:

- **Ansuchen um Befreiung:** Der Neugründer muss eine Gründungsberatung bei der jeweiligen Interessenvertretung (in der Regel WKO) in Anspruch nehmen. Kann der Neugründer keiner gesetzlichen Berufsvertretung zugeordnet werden – wie beispielsweise die Neuen Selbstständigen (zB Schriftsteller und Künstler) – ist die Beratung durch die Sozialversicherungsanstalt der gewerblichen Wirtschaft in Anspruch zu nehmen.

  Im Anschluss an die Beratung erhält der Gründer das Formular NeuFö 1 (NeuFö 3 bei Betriebsübernahmen). Die Vorlage dieses Formulars bei den betreffenden Behörden ist Voraussetzung für die oben angeführten Begünstigungen. Es ist in der Regel jeweils ein Original des amtlichen Vordruckes vorzulegen. Wichtig ist, dass das Formular bereits im Zeitpunkt des Anfallens der Abgaben, Gebühren und Beiträge vorgelegt wird, da eine spätere Vorlage nicht rückwirkend abgabenbefreiend wirkt. Eine Ausnahme stellt die Befreiung von den lohnabhängigen Abgaben dar. Hier ist das Formular NeuFö 1 nur in der Lohnverrechnung zu hinterlegen und muss nur auf Verlangen des Finanzamtes oder der Gebietskrankenkasse gezeigt werden.
- **Operative Tätigkeit des Betriebes:** Wird ein Unternehmen noch nicht operativ am Markt tätig (es werden noch keine Leistungen am Markt angeboten), kommt es auch zu keiner Förderung. Die Befreiungen können erst ab Auftreten am Markt in Anspruch genommen werden. Bereits angefallene Gebühren und Abgaben werden aber nicht rückerstattet.
- **Schaffung einer noch nicht vorhandenen betrieblichen Struktur:** Um in vollem Umfang vom NeuFöG zu profitieren, muss eine vorher noch nicht vorhandene betriebliche Struktur geschaffen werden. Ist dies nicht der Fall, kann es maximal zu einer Förderung der Übernahme eines bestehenden Betriebes kommen. Hier ist der Förderumfang jedoch geringer als bei einer Neugründung, vor allem steht die Befreiung von den Lohnnebenkosten nicht zu.
- **Erzielung betrieblicher Einkünfte:** Der neu gegründete Betrieb muss der Erzielung betrieblicher Einkünfte dienen, was beispielsweise bei einer bloßen Vermietung und Verpachtung nicht der Fall ist.

- **Keine vormals beherrschende Betätigung des Betriebsinhabers:** Der Einzelunternehmer bzw der unbeschränkt haftende Personengesellschafter bzw der GmbH-Geschäftsführer darf innerhalb der letzten 15 Jahre nicht in der jeweiligen Branche als Einzelunternehmer, unbeschränkt haftender Personengesellschafter oder wesentlich beteiligter GmbH-Geschäftsführer tätig gewesen sein. Die Betriebsinhaberschaft darf binnen zwei Jahren auch nicht auf eine Person übergehen, die sich in vergleichbarer Art betätigt hat.
- **Keine Erweiterung des Betriebes um bestehende Betriebe:** Innerhalb des ersten Jahres dürfen keine bestehenden Betriebe übernommen werden. Ansonsten fällt die gesamte Förderung rückwirkend weg.

7.2 Wann muss ich mich ins Firmenbuch eintragen lassen und was bringt mir das?

Das Firmenbuch ist ein öffentliches Verzeichnis, das von den Landesgerichten (bzw in Wien vom Handelsgericht) geführt wird. Es dient der Veröffentlichung von Rechtstatsachen. Dabei handelt es sich vor allem um Eintragungen, die für Geschäftspartner relevant sein können (zB lässt sich durch die Einreichpflicht des Jahresabschlusses bei Kapitalgesellschaften die Bonität ermitteln). Das Firmenbuch liefert auch Informationen zu Beschränkungen von Vertretungsrechten, Identitäten der Gesellschafter (ausgenommen Aktiengesellschaften), Einlagenhöhen, Haftungssummen etc. Die Bestellung eines Prokuristen ist nur möglich, wenn das Unternehmen im Firmenbuch eingetragen wurde.

Aufgrund der mit der Firmenbucheintragung verbundenen Kosten und Pflichten (insbesondere Notariats- und Gerichtskosten) und der doch eher bescheidenen Vorteile, sind freiwillige Firmenbucheintragungen eher die Ausnahme. Für ein Einzelunternehmen kann eine Eintragung aber interessant sein, wenn eine Fantasiefirmenbezeichnung gewünscht wird.

7.2.1 Die Eintragungspflicht

Eine Eintragungspflicht besteht für bestimmte Rechtsformen oder bei Überschreiten bestimmter Umsatzschwellen. Zudem kann man sich auch jederzeit freiwillig ins Firmenbuch eintragen lassen:

- **Kapitalgesellschaften** (AG, GmbH) und **Personengesellschaften** (OG, KG) müssen sich **immer** ins Firmenbuch eintragen lassen. Sie entstehen überhaupt erst mit Firmenbucheintragung.
- Für **Einzelunternehmer** besteht eine Eintragungspflicht ab dem zweitfolgenden Geschäftsjahr dann, wenn der Jahresumsatz zweimal hintereinander **€ 700.000,--** überschritten hat bzw ab dem folgenden Geschäftsjahr, wenn der Jahresumsatz einmalig € 1.000.000,-- überschritten hat.

- Überschreitet eine **GesbR** die oben angeführten Schwellenwerte, muss die Gesellschaft **als OG oder KG** zum Firmenbuch angemeldet werden. Die GesbR selbst kann mangels Rechtsfähigkeit nicht ins Firmenbuch eingetragen werden.
- **Ausnahmen** von diesen Grundsätzen bestehen **für freiberuflich Tätige** (zB Steuerberater, Ärzte und Notare), wenn sie in Form eines Einzelunternehmens oder einer GesbR organisiert sind. Sie sind auch bei Überschreiten der Umsatzgrenzen nicht verpflichtet, sich ins Firmenbuch eintragen zu lassen.

7.2.2 Der Eintrag ins Firmenbuch

Die Firmenbuchanmeldung erfolgt in der Regel bei einem Notar, da die Unterschriften auf der Firmenbucheingabe beglaubigt sein müssen. Angemeldet wird die Gesellschaft zur Eintragung ins Firmenbuch durch sämtliche Gesellschafter (bei OG und KG) oder durch sämtliche Geschäftsführer (bei der GmbH).

Eingetragen werden unter anderem:

- Firma (der Name des Unternehmens, unter dem die Geschäfte betrieben werden)
- Rechtsform
- Unternehmenssitz
- Geschäftszweig nach eigenen Angaben
- Tag des Abschlusses des Gesellschaftsvertrages
- Name und Geburtsdatum des Einzelunternehmers bzw der vertretungsbefugten Gesellschafter
- Name und Geburtsdatum der Geschäftsführer und ggf der Prokuristen sowie Beginn und Art der Vertretungsbefugnis
- Kommanditisten der KG mit der Höhe der Haftsummen (= Einlage, die im Firmenbuch aufscheint – im Unterschied zur intern vereinbarten Einlage zwischen den Gesellschaftern)
- Gesellschafter einer GmbH (auch nicht vertretungsbefugte) samt Stammeinlage und darauf geleistete Einzahlung
- Höhe des Grund- bzw Stammkapitals bei Kapitalgesellschaften
- Änderungen der genannten Punkte
- Beschränkungen von Vertretungsbefugnissen

Vor allem für die Eintragung einer GmbH ins Firmenbuch sind zahlreiche Unterlagen notwendig:

- Liste der Gesellschafter
- Liste der Geschäftsführer
- Gesellschaftsvertrag in notarieller Ausfertigung
- Nachweis der Bestellung der Geschäftsführer (wenn außerhalb des Gesellschaftsvertrages bestellt)

- Beglaubigte Musterzeichnungserklärungen sämtlicher Geschäftsführer
- Bankbestätigung über die Einzahlung des Stammkapitals
- Erklärung der Geschäftsführer, dass sich die Einlagen in deren freien Verfügung befinden
- Steuerliche Unbedenklichkeitsbescheinigung des Finanzamts
- NeuFö-Blatt zur Gebührenbefreiung
- Eventuell Gutachten der Wirtschaftskammer über den Firmenwortlaut

7.2.3 Der Firmenname

Das Gesetz definiert: „*Die Firma ist der in das Firmenbuch eingetragene Name eines Unternehmers, unter dem er seine Geschäfte betreibt und die Unterschrift abgibt*". Ist jemand nicht im Firmenbuch eingetragen, kann er demnach auch keine Firma führen.

Allerdings kann davon unabhängig jederzeit eine Geschäftsbezeichnung geführt werden, wobei in diesem Fall zusätzlich der Familienname und zumindest ein ausgeschriebener Vorname verpflichtend zu verwenden sind. Solche Geschäftsbezeichnungen dürfen jedoch nicht den Eindruck einer Firma erwecken.

Im Firmenbuch eingetragene Unternehmer dürfen neben einer Personenfirma (also Vor- und Zuname) auch eine Sachfirma (durch unterscheidungskräftige Sachbezeichnungen) und sogar eine Fantasiefirma (durch unterscheidungskräftige und aussprechbare Buchstabenkombinationen) wählen. Dies gilt für alle Rechtsformen, auch für das Einzelunternehmen.

Bei Unternehmen, die im Firmenbuch eingetragen sind, ist darauf zu achten, dass entsprechende Zusätze auf allen Geschäftspapieren verwendet werden:

- Eingetragenes Unternehmen bzw e.U. bei eingetragenen Einzelunternehmen;
- Offene Gesellschaft, Kommanditgesellschaft, OG oder KG bei Personengesellschaften;
- Gesellschaft mit beschränkter Haftung, Aktiengesellschaft, GmbH oder AG bei Kapitalgesellschaften.

7.3 Worauf muss ich bei Abschluss eines Mietvertrages achten?

Durch einen Mietvertrag wird jemandem der Gebrauch einer an sich unverbrauchbaren beweglichen oder unbeweglichen Sache auf eine gewisse Zeit gegen Entgelt überlassen. Der Mietvertrag kann dabei sowohl schriftlich als auch mündlich abgeschlossen werden. Nur im Falle einer Befristung sieht das Gesetz zwingend einen schriftlichen Abschluss vor. Aus Beweisgründen ist jedoch immer die Schriftlichkeit angeraten!

7.3.1 Mietvertrag und Mietrechtsgesetz (MRG)

Mietverträge können unbefristet oder befristet abgeschlossen werden. Im Falle einer Befristung sind die Vertragspartner an die gesamte Vertragsdauer gebunden, das heißt, dass vor dem Endtermin das Vertragsverhältnis nur aus besonderen Gründen oder einvernehmlich aufgelöst werden kann.

Im Falle von Mietverträgen über Geschäftsräumlichkeiten kann die Befristung ohne zeitliche Ober- und Untergrenze festgelegt werden. In der Regel wird jedoch ein unbefristeter Mietvertrag mit kündigungsfreier Zeit vereinbart. Meist handelt es sich dabei um mindestens drei, zumeist aber um fünf Jahre an kündigungsfreier Zeit, in der beide Vertragsparteien nicht kündigen dürfen.

Vor Abschluss eines Mietvertrages über Geschäftsräumlichkeiten ist abzuklären, ob und in welchem Umfang das Mietrechtsgesetz gilt. Durch den Mieterschutz des Mietrechtsgesetzes ist gewährleistet, dass dem Mieter besondere Schutzrechte eingeräumt werden, die nicht zu seinem Nachteil abgeändert werden dürfen (zB Kündigungsschutz, geregelte Mietzinsbildung, Weitergaberechte und Erhaltungspflichten).

Die gesetzliche Anwendbarkeit des Mietrechtsgesetzes kann vertraglich ausgeschlossen werden. Umgekehrt ist es aber möglich, die Anwendung des Mietrechtsgesetzes vertraglich zu vereinbaren.

Anwendbar ist das Mietrechtsgesetz bei Neuabschluss eines Mietvertrages immer dann, wenn sich in einem Gebäude mehr als zwei Wohnungen bzw mehr als zwei Geschäftsräumlichkeiten befinden.

! Wichtig

Wenn ein Mietvertrag als Gründungsgeschäft abgeschlossen wird, fällt dies in den Anwendungsbereich des Konsumentenschutzgesetzes (sofern der Vermieter ein Unternehmer und der Gründer eine natürliche Person ist). Das bedeutet, dass Sie besonderen Schutz genießen (zB wäre eine Überwälzung von Erhaltungspflichten des Vermieters auf den Mieter nicht wirksam).

7.3.2 Gebühren und Steuern bei Mietverträgen

Umsätze aus der Vermietung von Geschäftsräumen sind grundsätzlich umsatzsteuerfrei. Der Vermieter kann allerdings zur Umsatzsteuer optieren (und korrespondierend den Vorsteuerabzug geltend machen), jedoch nur, wenn der Mieter nachweislich vorsteuerabzugsberechtigt ist. Im Falle der Optionsausübung unterliegen die Mieten dem Normalsteuersatz von 20%.

Falls Sie als Mieter nicht vorsteuerabzugsberechtigt sind (zB Kleinunternehmer, Ärzte, Versicherungsmakler etc), ist eine umsatzsteuerpflichtige Vermietung der Geschäftsräume an Sie nicht möglich. Schriftliche Mietverträge sind gebührenpflichtig. Bei befristeten Mietverträgen beträgt die Gebühr 1% des auf die Vertragsdauer entfallenden Entgeltes, maximal jedoch das Entgelt für 18 Jahre. Bei unbefristeten Mietverträgen beträgt die Gebühr ebenfalls 1%, hier jedoch vom dreifachen des Jahresentgeltes (Entgelt = Gesamtentgelt inkl Betriebskosten und Umsatzsteuer).

Der Mietvertrag muss zur Vergebührung dem Finanzamt angezeigt werden (vom Vermieter). Das amtliche Formular kann im Internet unter www.bmf.gv.at abgerufen werden (suchen Sie in der Formulardatenbank nach dem Formular Geb1).

7.3.3 Tipps zum Mietvertragsabschluss

Das Mietobjekt ist hinsichtlich **Zustand im Übernahmezeitpunkt**, der genauen Räumlichkeiten und Nutzflächen samt Verwendungsmöglichkeiten (am besten unter gleichzeitiger Vorlage von Bestandsplänen), der eventuellen Mitbenützungsrechte etc im schriftlichen Mietvertrag möglichst genau zu beschreiben. Wird branchenfrei vermietet, so ist dies für den Mieter günstiger, weil er den Unternehmensgegenstand ändern darf.

Bei Mietverhältnissen auf unbestimmte Zeit wird stets eine **Aufkündigungsmöglichkeit** (eine Kündigung genügt beim Mieter in schriftlicher Form, der Vermieter muss im Anwendungsbereich des MRG gerichtlich kündigen) durch beide Vertragspartner vereinbart. Diese sollte so gewählt werden, dass dem Mieter auch ausreichend Zeit bleibt, ein alternatives Mietobjekt in der Region zu finden. Einseitige Kündigungsverzichtszeiträume für den Mieter vermeiden Sie nach Möglichkeit. Berücksichtigen Sie als Mieter auch, dass die Mietdauer innerhalb der wirtschaftlichen Nutzungsdauer Ihrer Mieterinvestitionen liegt. Bedenken Sie aber auch ein mögliches vorzeitiges Ausstiegsszenario, falls sich Ihr Geschäft nicht wie erhofft entwickelt. Ist der Mietvertrag befristet, so kann der Mieter nach Ablauf dieser Befristung den Mietvertrag nur verlängern, wenn der Vermieter damit einverstanden ist. Bis zum Befristungsende kann der Mieter den Vertrag nicht vorzeitig auflösen (ausgenommen bei Unbrauchbarkeit des Mietobjekts).

Es versteht sich von selbst, dass der **Mietpreis** je m² Nutzfläche dem Zustand des Mietobjekts, der Lage und dem Standort entsprechend fair und angemessen sein soll (mit Angaben darüber, wie die Miete vom Vermieter umsatzsteuerrechtlich behandelt wird). Stellen Sie gegebenenfalls Erkundigungen über die Preislage (zB bei Gemeinde (Magistrat), ortsansässigen Maklern oder angrenzenden Geschäftsmietern) an.

Fast jeder Mietvertrag enthält eine **Indexklausel** (Wertanpassungsklausel) zur Wertsicherung des Mietpreises. Je höher der Schwellenwert für die Indexanpassung, umso besser und günstiger ist das für den Mieter (10% wären ideal, Werte unter 5% sind bedenklich). Als Berechnungsbasis dient meist der Verbraucherpreisindex (VPI). Ein höherer Schwellenwert bedeutet für den Mieter, dass seine Miete nicht jedes Jahr erhöht werden kann, sondern erst, wenn der vereinbarte Schwellenwert überschritten wird – dann jedoch in voller Höhe, entsprechend der VPI-Veränderung seit der letzten Anpassung.

Hinsichtlich Aufzählung (zB Gebäudeversicherung, Grundsteuer, Müllbeseitigung, Wasserbezugskosten, Kanalgebühren, Reinigung allgemein, Strom allgemein, Rauchfangkehrerkosten, Schneeräumung usw) und Höhe der **Betriebskosten** sollte auf das Mietrechtsgesetz §§ 21 ff Bezug genommen werden. Die eigenen Strom- und Heizkosten sind hier nicht enthalten. Eine genaue, verursachungsgerechte Zuordnung der Energiekosten des Mietobjekts zum Mieter sollte mit entsprechenden Zählern (zB Stromzähler) oder Messgeräten gewährleistet werden.

Bei **Mieterinvestitionen** (bauliche Veränderungen) in das Bestandsobjekt ist eine Vereinbarung über die Abfindung dieser Investitionen bei Beendigung des Mietverhältnisses sinnvoll. Wird nichts vereinbart, ist eine Rückforderung des Investitionszeitwertes durch den Mieter nur möglich, wenn die Investitionen zum Vorteil des Vermieters getätigt wurden. Denken Sie auch daran, dass für Umbauten und Adaptierungen im Vorhinein die Zustimmung des Vermieters einzuholen ist. Eventuell bietet es sich an, eine entsprechende Vorbewilligung über geplante Umbauten bei Vertragsabschluss zu vereinbaren. Falls das MRG nicht voll angewendet werden kann, ist auch an die Einholung einer Vorbewilligung für das Anbringen von Geschäftsschildern zu denken.

Eine Regelung über den genauen Zustand des Mietobjektes bei späterer **Rückgabe** an den Vermieter darf nicht fehlen (beispielsweise eine Vereinbarung, dass das Mietobjekt nicht durch den Mieter neu auszumalen ist). Falls das Gebäude sanierungsbedürftig ist und das MRG voll angewendet werden kann, kann der Vermieter befristet den **Mietzins erhöhen**, wenn notwendige Reparaturen nicht in der Mietzinsreserve gedeckt sind.

Zu regeln ist weiters, wie eine Kautionshinterlegung erfolgen kann (zB Hinterlegung eines Sparbuches, Beibringung einer Bankgarantie) und wer die Kosten der Mietvertragserrichtung trägt (meist ist das der Mieter).

Im Falle eines Mietvertragsabschlusses über Geschäftsräumlichkeiten ist die **Beiziehung eines Rechtsanwaltes** unbedingt zu empfehlen!

7.4 Was ist bei der Anstellung von Mitarbeitern zu beachten?

Selbst wenn Sie Ihr Unternehmen zunächst alleine starten, kommt hoffentlich irgendwann der Zeitpunkt der Einstellung des ersten Mitarbeiters, weil Sie sich vor Aufträgen kaum retten können.

Leider passieren bei der Aufnahme von Personal aber viele schwerwiegende rechtliche Fehler. So kommt es bereits zu Mangelhaftigkeiten im Bewerbungsgespräch, es wird kein schriftlicher Dienstvertrag abgeschlossen oder der Mitarbeiter wird nicht rechtzeitig vor Arbeitsbeginn bei der Gebietskrankenkasse angemeldet. Außerdem ist auf eine korrekte Entgelteinstufung laut Kollektivvertrag zu achten und es sind laufende Arbeitszeitaufzeichnungen zu führen.

7.4.1 Rechtliche Probleme im Bewerbungsgespräch

Bereits vor Begründung eines Arbeitsverhältnisses treffen Sie als Arbeitgeber vorvertragliche Aufklärungs-, Schutz- und Sorgfaltspflichten, die unbedingt einzuhalten sind, und zwar

- **Aufklärungspflichten:** Der Arbeitnehmer muss bereits vor dem Bewerbungsgespräch über relevante Faktoren das Arbeitsverhältnis betreffend informiert werden (zB erforderliche Führerschein-Typen, spezielle Eignungsanforderungen).
- **Schutz- und Sorgfaltspflichten:** Gemäß Datenschutzgesetz dürfen nur jene personenbezogenen Daten abgefragt werden, die auf einen berechtigten Zweck des Arbeitgebers schließen lassen und dabei keine schutzwürdigen Interessen des Arbeitnehmers verletzen. ZB hat eine Schwangere auf die Frage nach einer Schwangerschaft grundsätzlich sogar das Recht zur Lüge, das heißt die Bewerberin darf die Schwangerschaft verneinen, ohne dass hieraus negative Rechtsfolgen entstehen können. Zudem hat der Arbeitgeber im Bezug auf die Bewerbungsunterlagen und das Bewerbungsgespräch eine Verpflichtung zur Geheimhaltung, die sogar die Dauer des Arbeitsverhältnisses übersteigt.

Beispiel: Geschlechtsspezifische Diskriminierung

Eine weibliche Interessentin für eine Lehre in einer Zimmerei wird am Telefon darauf hingewiesen, dass eine Bewerbung aussichtslos ist, da Mädchen körperlich zu schwach und für den Beruf ungeeignet sind. Folge: Der OGH hat in einem solchen Fall (Urteil vom 23. April 2009) den Unternehmer aufgrund dieser Aussage zu einem pauschalen Schadenersatz von € 500,-- verurteilt.

Besonderheit: Ersatz der Vorstellungskosten!

Stellt sich ein Bewerber ohne Aufforderung des Unternehmers vor, besteht kein Anspruch auf Ersatz der Vorstellungskosten. Dies gilt auch dann, wenn der Unternehmer den Arbeitsplatz über ein Zeitungsinserat oder das AMS ausschreibt und sich in der Folge jemand bewirbt. Nur wenn der Unternehmer eine bestimmte Person direkt dazu auffordert oder ein Vorstellungsgespräch stattfindet, obwohl die Stelle schon besetzt ist, hat der Bewerber Anspruch auf Ersatz seiner durch den Vorstellungstermin entstandenen Kosten.

7.4.2 Dienstzettel und Dienstvertrag

Der Arbeitgeber hat dem Arbeitnehmer unverzüglich bei Beginn des Dienstverhältnisses eine schriftliche Aufzeichnung über die wesentlichen Rechte und Pflichten aus dem Dienstverhältnis in Form eines Dienstzettels auszuhändigen. Dieser Dienstzettel dient jedoch nicht als Beweisgrundlage, sondern lediglich dazu, die bereits vorher vereinbarten Rechte und Pflichten aus dem Dienstverhältnis wiederzugeben. Das bloße Unterfertigen eines Dienstzettels bewirkt daher keine Vereinbarung und damit auch keine negativen Rechtsfolgen für den Dienstnehmer!

Bestimmungen werden nur dann Gegenstand des Arbeitsvertrages, wenn diese zuvor unabhängig vom Dienstzettel vereinbart wurden (natürlich ebenfalls schriftlich!). Eine Unterschrift auf den Dienstzettel stellt lediglich eine Bestätigung des Empfangs des Dienstzettels seitens des Arbeitnehmers dar; es handelt sich um keine Willenserklärung!

Der Dienstzettel muss enthalten (gesetzliche Mindestanforderungen):

- Name und Anschrift des Arbeitgebers
- Name und Anschrift des Arbeitnehmers
- Beginn des Arbeitsverhältnisses
- Bei befristeten Dienstverhältnissen das Ende des Arbeitsverhältnisses
- Kündigungsfristen und -termine
- Gewöhnlicher Arbeitsort
- Vorgesehene Dienstverwendung
- Anfangsbezug
- Jährlicher Urlaubsanspruch
- Wöchentliche Normalarbeitszeit
- Name und Anschrift der betrieblichen Mitarbeitervorsorgekasse
- Zugrundeliegender Kollektivvertrag

TIPP

Schriftlichen Dienstvertrag abschließen!

Problematisch kann es werden, wenn Vereinbarungen nur mündlich getroffen werden (bei Streitigkeiten steht dann Aussage gegen Aussage und es obsiegt fast immer der Arbeitnehmer). Achten Sie bei Dienstverträgen immer auf Schriftlichkeit. Durch Abschluss eines Dienstvertrages entfällt auch die Verpflichtung zur Ausstellung eines Dienstzettels (sofern der Dienstvertrag zumindest die gesetzlichen Mindestangaben eines Dienstzettels enthält).

Wird ein schriftlicher Dienstvertrag abgeschlossen, so muss dieser natürlich mindestens dieselben Angaben enthalten wie ein Dienstzettel, damit keine Pflicht zur zusätzlichen Ausstellung eines Dienstzettels gegeben ist.

Daneben sollte der Dienstvertrag noch weiterführende Vereinbarungen enthalten, wie beispielsweise

- Vereinbarung einer Probezeit und/oder einer Befristung
- Eventuelle Gewinnbeteiligungen
- Regelungen über Sachbezüge
- Wettbewerbsverbote und Konkurrenzklauseln
- Rückersatz von Ausbildungskosten
- Regelungen zur Internetnutzung
- Verschwiegenheitspflichten

TIPP

Vermeiden Sie unklare und unrichtige Formulierungen im Vertrag!

Unpräzise oder unklare Formulierungen werden zum Nachteil desjenigen ausgelegt, der sich ihrer bedient hat. Da Sie als Dienstgeber den Dienstvertrag formulieren, müssen Sie unbedingt unpräzise und unklare Formulierungen vermeiden.

Eine Konkurrenzklausel für die Zeit nach Beendigung des Dienstverhältnisses ist bei nur geringem Einkommen (also bei einem Brutto-Einkommen von monatlich weniger als dem 17-fachen der täglichen Höchstbeitragsgrenze im ASVG) gesetzlich nicht zulässig. Werden solche oder ähnliche – nicht gesetzlich gedeckte – Formulierungen in den Dienstvertrag aufgenommen, kann es dadurch zur Ungültigkeit des gesamten Dienstvertrages kommen. Deshalb ist auch eine Formulierung am Ende des Vertrages zu empfehlen, wonach die Gültigkeit der restlichen Bestimmungen durch unrichtige Vertragsteile nicht beeinträchtigt wird. Klären Sie dies alles am besten mit Ihrem Steuerberater oder Rechtsanwalt.

7.4.3 Meldung von Arbeitsverhältnissen

Der Dienstgeber hat jeden Dienstnehmer unbedingt vor Arbeitsantritt bei der Gebietskrankenkasse anzumelden. Wer zum ersten Mal Arbeitnehmer beschäftigt, muss im Vorfeld bei der Gebietskrankenkasse eine Dienstgeberkontonummer beantragen. Dann muss die Anmeldung von Mitarbeitern via Datenfernübertragung über ELDA (elektronisches Meldesystem der Gebietskrankenkassen) vorgenommen werden. Bei Unzumutbarkeit oder Ausfall von ELDA kann die Anmeldung auch via Fax erfolgen.

Zur Meldung des Arbeitsverhältnisses hat der Arbeitgeber zwei Möglichkeiten: Er kann entweder gleich eine Vollanmeldung durchführen, oder er übermittelt vorerst nur eine Mindestangabenmeldung (Aviso-Meldung) und reicht eine Vollanmeldung innerhalb von sieben Tagen ab Beschäftigungsbeginn nach.

Die Avisomeldung vor Beschäftigungsbeginn muss unbedingt enthalten:

- Dienstgeberkontonummer;
- Name und Geburtsdatum der beschäftigten Person;
- Ort und Tag der Beschäftigungsaufnahme.

Fallweise Beschäftigte (kommen zB häufig im Gastgewerbe vor) sind wie folgt zu melden: Vor Arbeitsantritt muss eine Mindestangabenmeldung erfolgen. Erst nach Ablauf des jeweiligen Monats muss innerhalb von sieben Tagen im Rahmen einer kombinierten An- und Abmeldung aller Beschäftigungstage eines Monats die Vollmeldung erstattet werden.

Bei Lehrlingen dürfen die Anmeldungen zur Berufsschule und zur Lehrlingsstelle nicht vergessen werden. Nach Eintritt in das Lehrverhältnis ist der Lehrling binnen zwei Wochen bei der zuständigen Berufsschule und binnen drei Wochen bei der Lehrlingsstelle anzumelden. Der Anmeldung zur Lehrlingsstelle ist ein schriftlicher Lehrvertrag in vierfacher Ausfertigung verpflichtend anzuhängen.

In der Baubranche sind die Meldeverpflichtungen noch um ein Vielfaches komplizierter. Dort gibt es die sogenannte Bauarbeiter-Urlaubs- & Abfertigungskasse (kurz BUAK), an die sowohl der Eintritt als auch der Austritt von Arbeitern (nicht jedoch Angestellten), sowie der Urlaubsverbrauch und Bezugsänderungen monatlich zu melden sind. Diese laufenden Meldungen funktionieren vollelektronisch über Direktdatenaustausch. Näheres hierzu erfahren Sie auf der Homepage der BUAK unter www.buak.at. Außerdem gibt es Baustellenmeldungen, Meldungen der Arbeitszeiten usw – wenn Sie also eine Baufirma gründen möchten, konsultieren Sie unbedingt schnellstmöglich einen Steuerberater!

Im Falle der Beschäftigung von Mitarbeitern aus Drittländern sind Sondervorschriften zu beachten, wie zB das Vorhandensein einer Beschäftigungsbewilligung bzw einer Arbeitserlaubnis.

7.4.4 Die Einstufung im Kollektivvertrag

Der Kollektivvertrag regelt vor allem Ansprüche des Arbeitnehmers, die sich so nicht im Gesetz finden. Der Kollektivvertrag wird zwischen der Interessenvertretung der Arbeitnehmer und der Interessensvertretung der Arbeitgeber ausgehandelt. Die Lohntafel als Teil des Kollektivvertrages wird zumeist jährlich neu vereinbart und regelt die Mindestgehälter und Mindestlöhne der Arbeitnehmer. Ihre Arbeitnehmer dürfen niemals weniger verdienen als der anzuwendende Kollektivvertrag zur entsprechenden Lohngruppe regelt, sonst machen Sie sich des Lohn- und Sozialdumpings schuldig. Achten Sie auch auf die richtige Einstufung Ihrer Mitarbeiter gemäß ihrer Verwendung im Unternehmen, ihrer Ausbildung und ihrer Praxiszeiten. Verstöße werden mit hohen Strafen geahndet.

Neben den Mindestgehältern enthalten die Kollektivverträge auch Regelungen zu Sonderzahlungen (Urlaubsgeld, Weihnachtsremuneration), Überstundenzulagen, Gründe für Dienstverhinderungen, Durchrechnungszeiträume, zulässige Arbeitszeiten und vieles mehr.

Tipp

Kollektivvertrag genau studieren!

Jeder Arbeitgeber sollte seinen Kollektivvertrag (bzw seine Kollektivverträge) kennen. Beschäftigen Sie sich auch dann damit, wenn Sie einen Steuerberater mit der Lohnverrechnung beauftragt haben. Die Mitarbeiter des Steuerberaters rechnen immer nur im Nachhinein auf Basis Ihrer Informationen und Handlungen ab. Fehler können dann oft nicht mehr straffrei korrigiert werden. Ihren Kollektivvertrag finden Sie übrigens auf der Homepage der Wirtschaftskammer Österreich unter www.wko.at. Dort klicken Sie auf den Menüpunkt „Service" und dann auf „Arbeitsrecht und Kollektivverträge".

Die dabei vielleicht wichtigste Frage ist, welchem Kollektivvertrag die jeweilige Tätigkeit unterliegt.

Falls ein Arbeitgeber mehrere Gewerbeberechtigungen besitzt (also zB die Gewerbeberechtigung für das Bäcker- und das Konditorgewerbe), dann gilt:

- Falls organisatorisch und fachlich getrennte Betriebsabteilungen vorliegen, findet jener Kollektivvertrag Anwendung, der der jeweiligen Betriebsabteilung fachlich entspricht. In diesem Fall können demnach mehrere Kollektivverträge nebeneinander bestehen.
- Falls eine solche organisatorisch und fachlich getrennte Betriebsabteilung nicht gegeben ist, ist auf **alle** Arbeitnehmer jener Kollektivvertrag anzuwenden, der für den Betrieb die höhere wirtschaftliche Bedeutung hat.
- Falls weder eine organisatorische und fachliche Trennung noch eine höhere wirtschaftliche Bedeutung eines Bereiches auszumachen ist, gilt jener Kollektivvertrag für **alle** Arbeitnehmer, der die größere Zahl an Arbeitnehmern umfasst.

Zu beachten ist außerdem, dass Bestimmungen in Kollektivverträgen durch Dienstverträge weder aufgehoben noch beschränkt werden dürfen. Vereinbarungen in Dienstverträgen können für den Arbeitnehmer jedoch günstiger sein.

7.4.5 Pflicht zur Führung von Arbeitszeitaufzeichnungen

Der Arbeitgeber ist dazu verpflichtet, Aufzeichnungen über die geleisteten Arbeitsstunden seiner Mitarbeiter zu führen, und zwar am besten händisch (nicht Excel, da nachträglich leicht änderbar). Insbesondere sind in diesen Arbeitszeitaufzeichnungen auch die täglichen Ruhepausen einzutragen (spätestens nach sechs Stunden Arbeit muss der Arbeitnehmer für mindestens eine halbe Stunde pausieren!). Der Arbeitgeber kann jedoch auch anordnen, dass der Arbeitnehmer die Aufzeichnungen selbst führt, dennoch sind die Aufzeichnungen vom Arbeitgeber monatlich zu kontrollieren. Es empfiehlt sich, die monatlichen Arbeitszeitaufzeichnungen vom Mitarbeiter unterzeichnen zu lassen.

7.5 Brauche ich Allgemeine Geschäftsbedingungen (AGB)?

Die Allgemeinen Geschäftsbedingungen – kurz AGB genannt – sind standardisierte Vertragsbedingungen, die Sie einem Vertrag zugrunde legen können. Die Verwendung solcher AGB ist vor allem dann sinnvoll, wenn Sie voraussichtlich eine Vielzahl gleich lautender Verträge abschließen werden.

Beabsichtigen Sie, sowohl Geschäfte mit Unternehmern als auch mit Privatpersonen unter Zugrundelegung von Allgemeinen Geschäftsbedingungen abzuschließen, ist es ratsam, zwei gesonderte AGB-Versionen zu erstellen; dies deshalb, weil Privatpersonen als Verbraucher im Sinne des Konsumentenschutzgesetzes gelten und dadurch zahlreiche zwingende Sonderregelungen anzuwenden sind.

7.5.1 Der Vertragsabschluss mit Allgemeinen Geschäftsbedingungen

Bei Abschluss von Verträgen genügt es für das Wirksamwerden von Allgemeinen Geschäftsbedingungen noch lange nicht, dass Sie über solche verfügen. Vielmehr müssen solche AGBs ausdrücklich mit dem Kunden vereinbart werden. Der Kunde muss die Möglichkeit haben, noch vor Abschluss des Vertrages in diese Einsicht zu nehmen. Fehlt ein (deutlicher!) Hinweis auf die AGB bzw kann der Kunde nicht Einsicht nehmen, werden die AGB von vornherein nicht Vertragsinhalt.

Im Vertrag muss daher ein klarer Hinweis auf die Geltung der AGB vorhanden sein. Lassen Sie Ihre Kunden die Verträge vor Unterzeichnung wirklich immer lesen (das schafft zusätzlich auch gleich Vertrauen). Die Übermittlung von Allgemeinen Geschäftsbedingungen zusammen mit der Rechnung ist sinnlos, weil viel zu spät!

Zudem ist im Falle von Vertragsabschlüssen mit AGB darauf zu achten, dass diese inhaltlich überhaupt Vertragsbestandteil werden können, ganz besonders bei Geschäften mit Verbrauchern im Sinne des Konsumentenschutzgesetzes (also vor allem bei Geschäften mit Privatpersonen). Werden hierbei ungewöhnliche Vertragsklauseln verwendet, mit denen der Vertragspartner nicht zu rechnen brauchte, werden diese gar nicht Vertragsbestandteil. Gemeint sind hier primär besonders nachteilige oder versteckte Formulierungen.

Erwähnt werden muss auch, dass undeutliche Formulierungen in AGB im Zweifelsfall zum Nachteil des Verfassers ausgelegt werden. Bei Geschäften mit Verbrauchern im Sinne des Konsumentenschutzgesetzes sind unklare Formulierungen sogar zur Gänze unwirksam.

INTERNETTIPP

Auf der Homepage der Wirtschaftskammer Österreich (www.wko.at) erhalten Sie Muster-AGBs für unterschiedlichste Branchen. Dazu brauchen Sie nur oben im Suchfeld „AGB" einzugeben. Leider sind viele Informationen nur WKO-Mitgliedern zugänglich (mit Mitgliedsnummer und Passwort).

7.5.2 Allgemeine Geschäftsbedingungen bei Vertragsabschlüssen im Internet

Im Falle von Vertragsabschlüssen über das Internet (also wenn Sie zB einen Webshop betreiben) gilt grundsätzlich das oben Gesagte. Die Geltung von AGB muss auch hier im Vorfeld bereits vertraglich vereinbart worden sein. Es muss daher ausdrücklich darauf hingewiesen werden, dass die AGB Bestandteil des Vertrages sind.

Auch muss der Kunde die Möglichkeit haben, Kenntnis von den AGB zu erlangen. In der Praxis geschieht dies meist durch Zurverfügungstellung eines eigenen Links, der zu den AGB weist. Damit die AGB gültig vereinbart werden können, muss dieser Link natürlich vor dem Vertragsabschluss abrufbar und leicht auffindbar sein. Der Hinweis, dass AGB auf Wunsch zugesendet werden können, reicht für deren Wirksamkeit nicht aus!

TIPP

Vereinbarung der AGB durch Anklicken!

Die Webseite sollte so eingerichtet werden, dass der Kunde bei Vertragsabschluss die AGB durch Setzen eines Hakens akzeptieren muss, um den Vertrag abschließen zu können.

7.6 Was muss rechtlich bei Werbung und Verkauf beachtet werden?

Bei Werbung und Verkauf lauern viele rechtliche Probleme auf den Unternehmer, unter anderem

- **Geschäftsfähigkeit des Kunden:** Darf Ihr Kunde überhaupt das jeweilige Geschäft rechtsgültig abschließen?
- **Verbraucherschutz:** Bei Geschäften mit Privatpersonen ist das Konsumentenschutzgesetz anzuwenden, das dem Schutz von Privatpersonen vor der Übervorteilung durch Unternehmer dient.
- **Vertragsabschluss mit Allgemeinen Geschäftsbedingungen:** *siehe dazu Tz 7.5* zur Frage „Brauche ich Allgemeine Geschäftsbedingungen (AGB)?".
- **Gewährleistung, Garantie und Produkthaftung:** Diese Verpflichtungen können Unternehmen mitunter finanziell schwer belasten.
- **Vertragsrücktritt:** Das Gesetz sieht in einigen wenigen Fällen auch die Möglichkeit des Rücktritts von einem bestehenden Vertrag vor.
- **Besonderheiten im Fernabsatz und elektronischen Geschäftsverkehr:** Im Fernabsatz und elektronischen Geschäftsverkehr (zB bei Betreiben eines Webshops) treffen den Unternehmer umfangreiche Informationspflichten.
- **Versenden von Werbe-E-Mails:** Der Gesetzgeber untersagt das wahllose Versenden von Massen-E-Mails.

7.6.1 Die Geschäftsfähigkeit

Nur wenn der Kunde voll geschäftsfähig ist, kann er alle (erlaubten) Arten von Geschäften rechtsgültig mit Ihnen abschließen. Ist er aber besachwaltet oder ist Ihr Kunde noch nicht alt genug, darf er nur eingeschränkt Geschäfte eingehen.

- **Kinder unter 7 Jahren** sind grundsätzlich nicht geschäftsfähig. Diese dürfen nur alterstypische Geschäfte abschließen. Ansonsten brauchen Sie für Geschäftsabschlüsse ihren gesetzlichen Vertreter.
- **Unmündige** Kinder im Alter von 7 bis 13 Jahren können ebenfalls alterstypische Geschäfte abschließen. Zusätzlich dürfen Sie Geschäfte eingehen, die sie bloß berechtigen, aber nicht verpflichten. Für alle anderen Geschäfte ist wiederum die Zustimmung des gesetzlichen Vertreters notwendig.

- **Minderjährige** im Alter von 14 bis 17 Jahren können zusätzlich noch über die ihnen zur Verfügung stehenden Mittel frei verfügen (also auch über ihr Arbeitseinkommen). Die Befriedigung ihrer Lebensbedürfnisse darf durch das Geschäft aber nicht gefährdet werden. Ein nagelneues Moped kann ein Minderjähriger im Normalfall also nicht rechtsgültig erwerben. Sie als Verkäufer müssen in einem solchen Fall mit der rückwirkenden Aufhebung des Vertrages durch den gesetzlichen Vertreter rechnen.
- **Volljährige** ab 18 Jahren sind voll geschäftsfähig, sofern sie nicht unter Sachwalterschaft stehen. Personen, die unter Sachwalterschaft stehen, sind im Wirkungsbereich der Sachwalterschaft einem Unmündigen gleichgestellt.

7.6.2 Der Verbraucherschutz

Um den Verbraucherschutz müssen Sie sich nur Gedanken machen, wenn Sie Geschäfte mit Privatpersonen abschließen. Dann findet das Konsumentenschutzgesetz Anwendung, dessen Zweck der Schutz von Privatpersonen ist. Bei Geschäften zwischen Unternehmern ist dieses Gesetz nicht anzuwenden.

Achtung

Auch wenn die Person zwar beruflich Unternehmer ist, das Geschäft aber als Privatperson abschließt, greift das Konsumentenschutzgesetz!

Die wesentlichsten Schutzbestimmungen des Konsumentenschutzgesetzes sind:

- **Rücktrittsrecht bei Haustürgeschäften:** Hat eine Privatperson einen Vertrag mit einem Unternehmer abgeschlossen, und geschah dies nicht in den Räumlichkeiten des Unternehmers (also zB beim Verbraucher zuhause oder im Rahmen einer Werbefahrt), kann diese binnen einer Woche vom Vertrag schriftlich zurücktreten. Der Rücktritt ist ausgeschlossen, wenn die Geschäftsanbahnung durch die Privatperson erfolgt ist.

TIPP

Rücktrittsbelehrung im Vertrag aufnehmen!

Sie als Unternehmer müssen, sofern Sie einen Kaufvertrag außerhalb Ihrer Geschäftsräumlichkeiten abschließen, im Vertrag unbedingt eine Belehrung über das Rücktrittsrecht aufnehmen. Die einwöchige Rücktrittsfrist beginnt nämlich erst dann zu laufen, wenn Sie den Verbraucher über sein Rücktrittsrecht belehrt haben. Weisen Sie den Kunden nicht auf die Möglichkeit des Vertragsrücktritts hin, dann kann er also sogar noch nach Wochen vom Vertrag zurücktreten!

- **Kostenvoranschläge:** Hierbei sind zwei Fallkonstellationen zu unterscheiden: der verbindliche Kostenvoranschlag und der unverbindliche Kostenvoranschlag. Bei Geschäften mit Privatpersonen ist im Zweifel immer ein verbindlicher Kostenvoranschlag anzunehmen. Um einen unverbindlichen Kostenvoranschlag kann es sich daher nur dann handeln, wenn dies ausdrücklich erklärt wurde (durch

Bezeichnung als unverbindlicher Kostenvoranschlag oder durch sonstige gewählte Formulierungen wie zB durch Angabe von Zirka-Preisen). Der verbindliche Kostenvoranschlag darf überhaupt nicht überschritten werden, der unverbindliche nur um maximal 10 bis 15%. Erkennt der Unternehmer, dass es zu einer höheren Überschreitung der Kosten kommt, muss er dies dem Kunden umgehend mitteilen. Der Kunde kann dann entscheiden, ob weitergearbeitet werden soll oder nicht. Für die Erstellung eines Kostenvoranschlages durch den Unternehmer hat der Verbraucher nur dann zu zahlen, wenn er vorher auf diese Zahlungspflicht hingewiesen worden ist (bei Geschäften mit Unternehmern gilt im Zweifelsfall ein angemessenes Entgelt als vereinbart).

- **Unzulässige Vertragsbestandteile:** Einige Vorschriften des Konsumentenschutzgesetzes richten sich vor allem gegen bestimmte Vertragsbestimmungen, da diese von den wenigsten Verbrauchern überhaupt gelesen werden – schon gar nicht, wenn sie nur in den Allgemeinen Geschäftsbedingungen vorkommen. Um den Verbraucher zu schützen, erklärt das Gesetz daher vor allem ungewöhnliche und grob benachteiligende Vertragsbestandteile für nichtig. Beispiele hierfür sind ein Vorbehalt zur Preiserhöhung, unangemessen hohe Lieferfristen, Ausschluss von Haftungen für Schäden und der jederzeit mögliche Rücktritt des Unternehmers vom Vertrag.
- **Verträge über wiederkehrende Leistungen:** Bei Verträgen, durch die sich der Unternehmer zur wiederholten Lieferung von beweglichen körperlichen Sachen (wozu auch Energie zählt) und der Verbraucher zu wiederholten Geldzahlungen verpflichten, kann der Verbraucher unter Einhaltung einer zweimonatigen Frist zum Ablauf des ersten Jahres und nachher jeweils zum Ablauf eines halben Jahres kündigen.

7.6.3 Gewährleistung, Garantie und Produkthaftung

Als Unternehmer sollten Sie die genauen Unterschiede und Rechtsfolgen von Gewährleistung, Garantie und Produkthaftung kennen:

- **Gewährleistung:** Hierbei hat der Käufer dann Ansprüche, wenn der Verkäufer eine zum Zeitpunkt des Verkaufs mangelhafte Ware geliefert hat. Eine Gewährleistungsverpflichtung gibt es nur bei entgeltlichen Geschäften. Kommt der Mangel innerhalb von sechs Monaten zum Vorschein, wird vermutet, dass der Mangel bereits zum Zeitpunkt der Übergabe bestanden hat. Nach Ablauf dieser Frist muss dies vom Käufer bewiesen werden. Die Geltendmachung von Gewährleistungsansprüchen muss bei beweglichen Sachen binnen zwei Jahren erfolgen, bei unbeweglichen Sachen (zB Einbau von Fenstern) beträgt die gesetzliche Gewährleistungsfrist drei Jahre. Bei Geschäften mit Privatpersonen kann diese Frist vertraglich nicht verkürzt werden, bei Geschäften mit Unternehmern sehr wohl. Der Kunde kann im Falle eines Gewährleistungsanspruches primär Austausch bzw Verbesserung des mangelhaften Produktes einfordern. Ist dies nicht zumutbar, kann auch eine Preisminderung bzw eine Aufhebung des Vertrages erwirkt werden.

- **Garantie:** Die Gewährleistung stellt eine gesetzlich verpflichtende Haftung dar. Die Garantie ist demgegenüber eine freiwillige Haftungsübernahme. Ohne eine Garantieerklärung hat der Käufer auch keine Garantieansprüche. Der Inhalt der Garantie kann beliebig gestaltet werden.
- **Produkthaftung:** Gewährleistung und Garantie betreffen das fehlerhafte Produkt selbst. Die Produkthaftung betrifft im Gegensatz dazu die Folgeschäden durch fehlerhafte Produkte. Ersetzt werden müssen dabei Personenschäden und private Sachschäden – unternehmerische Sachschäden müssen nicht ersetzt werden. Damit es zur Produkthaftung kommen kann, muss das Produkt bereits im Zeitpunkt des Inverkehrbringens (also egal ob verkauft oder verschenkt) fehlerhaft gewesen sein.

TIPP

Regressansprüche vertraglich absichern!

Die Produkthaftung trifft grundsätzlich zwar immer den Hersteller. Ist dieser aber nicht feststellbar, dann haften Sie als Verkäufer. Sichern Sie daher insbesondere Regressansprüche mit ausländischen Herstellern vertraglich ab.

7.6.4 Der Vertragsrücktritt

Ein Vertrag kommt grundsätzlich durch übereinstimmende Willenserklärung mindestens zweier Vertragsparteien zustande. Dabei verpflichten sich die Vertragspartner zur Einhaltung der getroffenen Vereinbarung; ein einseitiger Vertragsrücktritt ist deshalb nicht möglich, außer es wurde ausdrücklich vereinbart. Eine etwaige vertragliche Einräumung eines Rücktrittsrechts wird in der Regel an bestimmte Bedingungen geknüpft. Zumeist ist im Falle des Rücktritts eine Stornogebühr zu bezahlen (um die Kosten der Rückabwicklung zumindest teilweise zu decken).

Unter gewissen Umständen kann ein Rücktrittsrecht jedoch auch per Gesetz eingeräumt werden, und zwar primär bei den sogenannten Haustürgeschäften, in Gewährleistungsfällen (siehe oben), bei Vertragsabschlüssen im Fernabsatz und im elektronischen Geschäftsverkehr *(siehe hierzu Tz 7.6.5)*.

Doch es gibt auch noch zwei weitere Fälle, die nicht unerwähnt bleiben sollen:

- **Schuldnerverzug:** Schuldnerverzug liegt immer dann vor, wenn der Schuldner die Leistung bei Fälligkeit am genannten Ort in der vereinbarten Art und Weise nicht erbringt. Schuldner kann gleichermaßen der Verkäufer wie der Käufer sein, da beide eine Leistung schulden – der eine die Ware, der andere Geld. In so einem Fall hat der Gläubiger die Wahl zwischen dem Bestehen auf Einhaltung des Vertrages und Rücktritt vom Vertrag unter Setzung einer angemessenen Nachfrist. Eine solche Nachfristsetzung ist nicht notwendig bei sogenannten Fixgeschäften (zB Lieferung einer Geburtstagstorte für eine Geburtstagsfeier). Hier gilt immer Rücktritt als vereinbart.
- **Nichteintritt maßgeblicher Umstände:** Verbraucher können auch dann von einem Vertrag zurücktreten, wenn maßgebliche Umstände, die der Unternehmer als

wahrscheinlich dargestellt hat, doch nicht eintreten. Beispielsweise kann es sich hierbei um Förderzusagen oder Steuerbegünstigungen handeln, die dann doch nicht gewährt werden (zB wenn Sie als Vermögensberater Ihren Kunden dies bei einem Anlageprodukt in Aussicht stellen). Die Rücktrittsfrist beträgt eine Woche. Wurden Informationspflichten verletzt, verlängert sich die Frist auf einen Monat.

7.6.5 Besonderheiten im Fernabsatz und im elektronischen Geschäftsverkehr

Die Bestimmungen zum Fernabsatz haben Sie dann einzuhalten, wenn Sie beispielsweise Produkte über das Telefon oder über Kataloge verkaufen – der Kunde also nicht in Ihren Geschäftsräumlichkeiten einkauft. Dabei ergeben sich einige Besonderheiten:

Informationspflichten

Der Verbraucher muss noch vor Vertragsabschluss über folgende Punkte aufgeklärt werden:

- Name und Anschrift des Unternehmens
- Wesentliche Eigenschaften der Ware oder Dienstleistung
- Preis der Ware oder Dienstleistung inklusive Steuern
- Allfällige Lieferkosten
- Einzelheiten über die Zahlung, Lieferung und Erfüllung
- Bestehen eines Rücktrittsrechts
- Allfällige Kosten für den Einsatz des Fernkommunikationsmittels
- Gültigkeitsdauer des Angebots bzw des Preises
- Mindestlaufzeit des Vertrages, wenn dieser eine dauernde oder wiederkehrende Leistung zum Inhalt hat
- Informationen über Kundendienst, Garantie- und Kündigungsbedingungen

Im elektronischen Geschäftsverkehr ergeben sich außerdem zusätzliche Informationspflichten, und zwar auch dann, wenn Sie bloß werbend im Internet auftreten und nicht einmal einen Webshop betreiben:

- Anführung der Fimenbuchnummer und des Firmenbuchgerichts
- Angabe der zuständigen Aufsichtsbehörde
- Anführung der UID-Nummer (Umsatzsteuer-Identifikationsnummer)

Rücktrittsrecht

Von einem im Fernabsatz oder im elektronischen Geschäftsverkehr geschlossenen Vertrag kann der Verbraucher innerhalb von sieben Werktagen ohne Angabe von Gründen zurücktreten. Im Falle physischer Waren beginnt die Rücktrittsfrist mit der Lieferung der Ware, im Falle von Dienstleistungen mit Vertragsabschluss. Für den Rücktritt genügt es, wenn die Rücktrittserklärung vom Kunden innerhalb der Frist abgesandt wird.

Achtung

Bei Verletzung der Informationspflichten durch den Unternehmer beträgt die Rücktrittsfrist sogar drei Monate!

Preisauszeichnung

Preise im elektronischen Geschäftsverkehr müssen leicht lesbar und eindeutig zuordenbar sein. Außerdem muss genau gekennzeichnet werden, ob es sich dabei um Brutto- oder Nettopreise handelt. Bei Geschäften mit Privatpersonen ist verpflichtend auch der Bruttopreis anzugeben. Darüber hinaus muss ersichtlich sein, ob etwaige Versandkosten im Preis bereits enthalten sind.

7.6.6 Besonderheiten beim E-Mail-Versand

Bei traditionellen Werbeaussendungen mittels Briefen, die via Post zugestellt werden, entstehen eine Reihe von Kosten für das werbende Unternehmen (Postgebühren, Papier, Druck etc). Im Falle von E-Mail-Werbung fallen all diese Kosten nicht an. Es macht keinen großen Unterschied, ob an fünf oder an 1.000 Empfänger E-Mails verschickt werden. Deshalb hat der Gesetzgeber mit dem Telekommunikationsgesetz eine Regelung geschaffen, um die E-Mail-Flut einzudämmen.

Aufgrund dieses Gesetzes dürfen E-Mails an mehr als 50 Empfänger oder zu Zwecken der Direktwerbung (bereits bei nur einem einzigen Empfänger!) nur dann versendet werden, wenn die Empfänger im Vorfeld zugestimmt haben. Zudem muss die sogenannte Robinson-Liste berücksichtigt werden, die unter www.rtr.at/ecg geführt wird.

An bereits bestehende Kunden dürfen E-Mails ohne Beschränkung der Empfängerzahl versendet werden, wenn der jeweilige Kunde nicht in der Robinson-Liste eingetragen ist, die Werbung für eigene oder ähnliche Produkte erfolgt und der Kunde jederzeit die Möglichkeit hat, den Empfang weiterer E-Mails abzulehnen. Nicht-Kunden müssen dem Empfang von Werbe-E-Mails vorher zugestimmt haben. Es empfiehlt sich, vor der Zusendung solcher Werbe-E-Mails eine schriftliche Einwilligung der Empfänger einzuholen (zB durch ein angekreuztes Zustimmungsfeld auf einem Webformular). Beachtet werden muss in allen genannten Fällen, dass der Empfänger die jederzeitige Möglichkeit hat, den Empfang weiterer E-Mails abzulehnen.

Beim Versand von E-Mails gleich welcher Art (und auch bei jeglicher sonstiger Geschäftskorrespondenz, auch beim klassischen Brief) ist immer auf die gesetzliche Informationspflicht zu achten. Sie sind als Absender verpflichtet, Ihren Firmenwortlaut bzw Ihren Vor- und Nachnamen (bei Einzelunternehmen), die Adresse des Unternehmensstandortes, wichtige Kontaktdaten wie Telefon und E-Mailadresse sowie die Rechtsform und falls vorhanden auch die Firmenbuchnummer und das Firmenbuchgericht anzuführen.

Bei Zuwiderhandeln können hohe Geldstrafen von mehreren zehntausend Euro verhängt werden!

Weiterführende Literatur

Nützliche Webseiten

- www.gruendungswissen.at (Informationen zur Unternehmensgründung)
- www.gruenderservice.at (Informationen zur Unternehmensgründung)
- epu.wko.at (Informationen für Ein-Personen-Unternehmen)
- www.wko.at (Wirtschaftskammer Österreich)
- www.usp.gv.at (Unternehmensservice-Portal Österreich)
- www.bmf.gv.at (Finanzministerium Österreich)
- findok.bmf.gv.at (Rechtsinformationssystem des Finanzministeriums)
- www.sva.or.at (Sozialversicherungsanstalt der gewerblichen Wirtschaft)
- www.arbeiterkammer.at (Arbeiterkammer Österreich)
- www.lehre-foerdern.at (Informationen zur Lehrlingsförderung)
- www.awsg.at (Austria Wirtschaftsservice)
- www.oeht.at (Österreichische Hotel- und Tourismusbank)
- www.kwt.or.at (Kammer der Wirtschaftstreuhänder)
- www.notar.at (Österreichische Notariatskammer)
- www.rechtsanwaelte.at (Österreichische Rechtsanwaltskammer)
- www.rechenstift.at (Fachverband der Buchhaltungsberufe)
- www.nachfolgeboerse.at (Nachfolgebörse Österreich)
- www.franchiseboerse.at (Franchisebörse Österreich)

Kostenlose eBooks & Checklisten

Auf der Webseite www.gruendungswissen.at finden Sie oben unter dem Menüpunkt „eBooks" unzählige nützliche (und vor allem kostenlose) eBooks und Checklisten zu den Themenbereichen:

- Unternehmensgründung
- Franchising
- Betriebsübernahme
- Marketing & PR
- Neukundengewinnung
- Kundenbindung
- Unternehmensfinanzierung
- Businessplan
- Gründungsförderungen

- Steuerrecht
- Sozialversicherung
- etc.

Auf der Webseite www.dbv.at/downloads/ stehen Ihnen im Menüpunkt „Ergänzungen zu dbv-Werken" folgende eBooks und Checklisten zum kostenlosen Download zur Verfügung:

- Checkliste: Fahrplan zur Selbstständigkeit als gewerblicher Einzelunternehmer
- Checkliste: Vorabfragebogen zur Erstellung des Businessplans
- eBook: So schreiben Sie den Textteil Ihres Businessplans

Stichwortverzeichnis

Abfallwirtschaftskonzept 154
Abflussprinzip 88
Abgabenbefreiung 23, 69
Abgabenbelastung 115, 122
Abgabenbetrug 136
Abgabenhinterziehung 136
Abgabenkonto 105
Abgabenverkürzung 135
Ableben 50
Abschreibung 117, 119
Abwasserbeseitigung 128
Abzugsverbote, steuerliche 118
Aktiengesellschaft 159
Alleinstellung 34, 53
Allgemeine Geschäftsbedingungen 177
– Internet 178
Altkunde 103
AMS-Beihilfe 69
Anlagenverzeichnis 92
Anlagevermögen, abnutzbares 119
Anmeldegewerbe 147
Anmeldung
– Mitarbeiter 16, 21
Anordnungsbefugnis 16
Anspruchszinsen 112
Anteile
– Übertragbarkeit 163
Anzeigepflicht 135
Apotheker 145
Arbeiterkammerumlage 107, 123
Arbeitnehmer, ältere 124
Arbeitserlaubnis 176
Arbeitsfreude 45
Arbeitslosenversicherung 123
Arbeitslosenversicherung, freiwillige 143
Arbeitslosenversicherungsbeitrag 107
Arbeitszeitaufzeichnung 177
Arbeitszimmer 118
Architekt 145
Arzt 145
Aufenthaltserlaubnis 15, 20
Aufkündigungsmöglichkeit 171
Aufsichtsrat .... 159 f
Aufsichtsratspflicht .... 159 f
Aufwandsplanung 73, 79
Ausbildungskosten
– Rückersatz 174
Ausfuhr 133
Ausgangsrechnung 93
Auslandsgeschäft
– Umsatzsteuer 132
Ausschlussgründe 149
Außenhandel 132
Austausch 181
Austria Wirtschaftsservice 66
Ausübung, gewerbsmäßige 146
Auszahlungsplan 52
Automatenumsätze 91
Avisomeldung 16, 175
aws Double Equity 68
aws erp-Kleinkredit 68
aws Start-up-Garantie 68
aws Start-up-Prämie 66
aws Start-up-Scheck 67

Bankaufschlag 63
Bankauszug 93
Bankbestätigung 24
– Stammkapital 169
Bankgeschäft 162
Bankkonto
– Eröffnung 23
Barausgaben 92
Bareinnahmen 92
Basiszinssatz 62
Baubranche 176
Bedarfsprüfung 150
Befähigungsnachweis 150
Befreiung
– Ansuchen 166
Beitragsermittlung 122
– Krankenversicherung 137
– Pensionsversicherung 138
– Selbstständigenvorsorge 138
Beitragsvorauszahlung
GSVG 137
Belegaufbewahrung 90
Belegerteilungspflicht 91
Beratung, geförderte 65
Bergbau 145
Berufe, freie 145
Berufsunfähigkeit 50
Beschaffung .... 73 f
Beschäftigungsbewilligung 176

Bestellung
– Organ ... 23
Betriebliche Vorsorge ... 161
Betriebsanlage
– Errichtung ... 153
Betriebsanlage, genehmigungspflichtige ... 153
Betriebsanlagengenehmigung . 14 f, 19, 152
– Antrag ... 14, 24, 154
Betriebsausgaben ... 117
Betriebsausgabenpauschale ... 89
Betriebseröffnung ... 104, 118
Betriebsgebäude ... 120
Betriebskosten ... 172
Betriebsvermögensvergleich ... 89
Bewerbungsgespräch ... 173
– Aufklärungspflichten ... 173
– Schutzpflichten ... 173
– Sorgfaltspflichten ... 173
Branche ... 73 f
Branchenpauschalierung ... 89
Branchenvergleich ... 58
Branchenvergleichszahl ... 59
Break-Even-Point ... 85 f, 102
– Berechnung ... 87
Brennholz ... 128
Bücher ... 128
Buchhalter, selbstständiger ... 97
Buchhaltung ... 88, 96
– Aufzeichnungspflichten ... 90
– Organisation ... 92
Budgetierung ... 103
Bundesverwaltungsabgabe ... 165
Bürgschaft ... 66
Büromaterial ... 117
Büromiete ... 117
Buschenschank ... 145
Businessplan ... 33, 39, 61, 71, 73
– Erstellung ... 71 f
– Zahlenteil ... 75

Cashflow ... 97 f, 102
– Direkte Ermittlung ... 98
– Ermittlung ... 98
– Indirekte Ermittlung ... 98
– Kapitalflussrechnung ... 99
– Praktikermethode ... 99
Cashflow-Planung ... 83
Chancen ... 73 f
Controlling ... 88

Deckungsbeitrag ... 87
Dienstgeberbeitrag ... 14, 18, 23, 107, 109, 166
– Zuschlag ... 14, 18, 23, 107, 166
Dienstgeberkontonummer ... 16
Dienstgeberzuschlag ... 109
Dienstleistung
– Leistungsort ... 134
Dienstleistungsangebot ... 73 f
Dienstnehmer, geringfügig beschäftigter ... 125
Dienstvertrag ... 173
Dienstzettel ... 173
– Mindestanforderungen ... 174
Direktwerbung ... 184
Diskriminierung, geschlechtsspezifische 173
Doppelte Buchführung ... 89
Drittland ... 132
Drogisten ... 89
Durchhaltevermögen ... 45

E/A-Rechnung ... 89
EDV-Daten ... 50
Eigenkapital ... 60
Eigenkapitalanteil ... 102
Eigenkapitalausstattung, gestärkte ... 66
Eigenkapitalfinanzierung ... 59
Eigenkapitalförderung ... 66
Eigenverbrauch ... 126
Einfuhr ... 132
Einfuhrumsatzsteuer ... 132
Eingangsrechnung ... 93
Einkommensteuer ... 108
Einkommensteuererklärung ... 110
Einkommensteuervorauszahlung ... 107
Einkünfte, betriebliche ... 166
Einnahmen-Ausgaben-Rechnung ... 88
Ein-Personen-Unternehmen ... 69
Eintragungspflicht ... 167
Einzahlungsplan ... 52
Einzelunternehmen ... 13, 115, 155, 157
– Abgabenbefreiung ... 13
– Gebühren ... 13
– Gründung ... 13
Eisenbahn ... 145
Elektronischer Geschäftsverkehr ... 183
E-Mail-Marketing ... 54

E-Mail-Versand ... 184
Emissionserklärung ... 154
Empfängerbenennung ... 119
Empfängerortprinzip ... 134
Empfehlungsrate ... 103
Energieaufwand ... 32
Entnahmemöglichkeit ... 163
Erfolgsplanung ... 73, 82
Erschütterung ... 14
Ertragserzielungsabsicht ... 146
Erwerb, innergemeinschaftlicher ... 133

Facebook ... 54
Fachliteratur ... 117
Fahrschule ... 162
Fahrtenbuch ... 92, 121
Fallweise Beschäftigte ... 175
Familie ... 47
Fax ... 16
Fernabsatz ... 179, 183
Finanz Online ... 105
Finanzamt
– Meldung ... 25
Finanzbuchhaltung ... 96
Finanzierung ... 58
Finanzierung, fristenkonforme ... 64
Finanzierung, optimierte ... 29
Finanzierungsmöglichkeit, alternative ... 64
Finanzierungsplanung ... 73, 78
Finanzierungsregel, goldene ... 60
Finanzierungsstruktur ... 58
Finanzordnungswidrigkeit ... 135
Finanzplanung ... 39, 58, 75, 103
Firma ... 168
Firmenbuch ... 14, 167
– Eintrag ... 168
– Eintragung ... 14, 19, 24, 165
– Eintragungspflicht ... 167
Einzelunternehmer ... 167
– freiberuflich Tätige ... 168
– Kapitalgesellschaft ... 167
– Personengesellschaft ... 167
Firmenbuchauszug ... 20
Firmenname ... 169
Firmenwebseite ... 54
Fixkosten ... 86
Fixzinsangebot, alternatives ... 62
Förderung ... 65
– Neugründung ... 13

Forstwirt ... 145
Free Cashflow ... 99, 102
Freies Gewerbe ... 146
Fremdfinanzierung ... 71
Fremdkapitalfinanzierung ... 60
Fremdkapitalzinsen ... 117
Fremdüblichkeit ... 161
Friseur ... 124
Fußgängerfrequenz ... 49
Fußpfleger ... 124

Garantie ... 66, 179, 182
Garantiebestimmung ... 183
Gaststättengewerbe ... 89
Gebäude, gemischt genutztes ... 120
Gebührenbefreiung ... 23, 69, 165
Geburtsurkunde ... 15, 20
Gehaltsverrechnung ... 96
Geldleistungsberechtigte ... 142
Geldleistungsberechtigung ... 141
Gemeinde
– Meldung ... 25
Gemischtwarenhändler ... 89
Generalversammlung ... 159
Gerichtsgebühr ... 13, 18, 23, 165
Geringfügigkeitsgrenze ... 126
Geruch ... 14
Gesamtkapitalrentabilität ... 102
Geschäftsfähigkeit ... 179
Geschäftsführer ... 168
Geschäftsführer, gewerberechtlicher .. 15 f, ... 19, 149, 151 f
– Anmeldung ... 15, 25
– Bestellung ... 151
Geschäftsführervertrag ... 24
Geschäftsführung ... 159, 162
Geschäftsidee ... 28, 36 f, 39, 42
– Zielgruppe ... 40
Geschäftskonzept ... 28, 33, 42
Geschäftsplan ... 71
Geschäftsräumlichkeit ... 170
Geschäftszweig ... 168
Gesellschaft mit beschränkter Haftung . 159
Gesellschaft nach bürgerlichem Recht .. 158
Gesellschafter ... 168
Gesellschaftergeschäftsführer
– Meldung ... 26
Gesellschaftsvertrag ... 22 f, 168
– Abschluss ... 19, 23

Gewährleistung 179, 181
Gewässer 14
Gewerbe
– Anmeldung 15, 20, 25
Gewerbe, reglementiertes 16, 20
Gewerbeanmeldung 148
– Einzelunternehmen 148
– Gesellschaften 149
Gewerbeantritt
– Einzelunternehmer 149
Gewerbeausschlussgrund 15, 20
Gewerbeausübung
– Gesellschaften 149
Gewerbeberechtigung 145
– Arten 146
Gewerbeordnung 145
Gewerberecht 145
Gewerbsmäßigkeit 146
Gewinn- und Verlustrechnung 75
Gewinnbeteiligung 174
Gewinnentwicklung 102
Gewinnermittlung 88
Gewinnfreibetrag 115
Gewinnfreibetrag, investitionsbedingter 116
Gewinnschwelle 86
GmbH 22, 115, 117
– Gründung 22
GmbH & Co KG
– Haftung 162
Google-Anzeige 55
Grundbuch
– Eintragung 165
Gründer
– Förderung 60
– Voraussetzungen 44
Grunderwerbsteuer 18, 23, 165
Grundkapital 160
Grundrissplan 154
Grundstückseigentümerverzeichnis 154
Gründung
– GmbH 22
– KG 18
– OG 18
Gründungsberatung 166
Gründungskonzept 27
Gründungskosten 164
Gründungsprivileg 22
Gründungsprivilegierung 159
Gründungsvorbereitung 27
GSVG
– Beitragsermittlung 137
– Höchstbeitragsgrundlage 139
– Versicherung, freiwillige 142
Gutachter 145

Haftung 162
– GmbH & Co KG 162
Haftungsabsicherung 150
Haftungsprovision 63
Haftungsübernahme 66
Handelsvertreter 89
Handlungsfähigkeit 149
Hauptversammlung 160
Haustürgeschäft
– Rücktrittsrecht 180
Hebamme 145
Heilmasseur 145
Heiratsurkunde 15, 20
Hochpreisstrategie 35

Idee, differenzierende 42
IESG-Zuschlag 107, 123
Image 164
Indexklausel 171
Industriebetrieb 146
Industrieunternehmen 145
Informationspflichten 183
Internet
– AGB 178
Inventur 92
Investition, längerfristige 51
Investitionen 58, 75
Investitionsplanung 73
Investitionszuschuss 66
Investitonsplanung 78

Journalist 145
Jungunternehmer 67

Kalte-Hände-Regelung 91
Kammerumlage 107, 109
Kapitalbedarf 58
Kapitalbedarf, laufender 59
Kapitalbeschaffung 59
Kapitalflussrechnung 99
Kapitalgesellschaft 155
Kapitalraten 62
Kassabuch 91, 93
Kaution 172

Kellner ... 124
Kennzahlen ... 101
KG
– Gründung ... 18
Kilometergeld ... 121
Kinderbetreuungsgeld ... 114
Kindererziehung ... 114
Kleinbetragsrechnung ... 131
Kleinstgewerbetreibende ... 114
Kleinunternehmerregelung ... 130
Kollektivvertrag
– Einstufung ... 176
Kombi ... 121
Kommanditgesellschaft ... 158
Kommanditist ... 158
– Haftsumme ... 168
Kommunalsteuer ... 107, 109
Kommunalsteuererklärung ... 110
Kommunalsteuernummer ... 17, 21, 25
Komplementär ... 158
Konkurrenzklausel ... 174
Konkurrenzprodukt ... 32
Kontoabschlussgebühr ... 62
Kontoführungsgebühr ... 62
Kontokorrentkredit ... 60
Kontokorrentkreditrahmen ... 51, 60
Kopieren ... 30
Körperschaften ... 108
Körperschaftsteuer ... 108
Körperschaftsteuererklärung ... 110
Körperschaftsteuervorauszahlungen ... 107
Kosmetiker ... 124
Kosten ... 75
Kosten, variable ... 86
Kostenbewusstsein ... 47
Kostenentwicklung ... 102
Kostenplanung ... 73
Kostenrelation ... 96
Kostensumme
– Schätzung ... 32
– Senkung ... 32
Kostenvoranschlag ... 180
Kraftfahrzeugsteuer ... 107, 110
Kraftfahrzeugsteuererklärung ... 110
Krankenstandstag ... 103
Krankenversicherung ... 113, 123
– GSVG ... 140
Krankenversicherung, gewerbliche ... 142
Krankenversicherungsbeitrag ... 107
Krankenzusatzversicherung ... 144
Krankheit ... 50
Kredit, langfristiger ... 60
Kreditangebot
– Auswahl ... 63
Kreditaufnahme ... 118
Kreditausschreibung ... 62
Kredite, geförderte ... 64
Kreditlaufzeit ... 62
Kundenbindung ... 56
Kundendienst ... 183
Kundenfluktuation ... 103
Kundenfrequenz ... 49
Kundengewinnung ... 27, 42, 52, 55
Kundennutzen ... 47, 53
Kundenveranstaltung ... 54
Kundenzeitung ... 54
Kündigungsbedingung ... 183
Künstler ... 145
Kurzfristige Erfolgsrechnung ... 95

Lageplan ... 154
Landwirt ... 145
Lärm ... 14
Leasing ... 64
Lebenshaltungskosten ... 59, 118
Lebensmittelhandel ... 89
Lehrling ... 125, 175
Lehrlingsentschädigung ... 125
Lehrlingsförderung ... 69
Leistung, wiederkehrende ... 181
Leistungsort
– Dienstleistung ... 134
Lernfähigkeit ... 46
Lieferkosten ... 183
Lieferschwelle ... 134
Lieferung ... 183
Lieferung, innergemeinschaftliche ... 133
Liquiditätsbedarf ... 75
Liquiditätsgrad ... 102
Liquiditätsplan ... 83
Liquiditätsplanung ... 73, 82
Liquiditätsreserve ... 59
Lohnnebenkosten ... 165
Lohnsteuer ... 107
Lohnverrechnung ... 96
Lohnzettelübermittlung ... 111
Luftfahrtsunternehmen ... 145
Lüftungsplan ... 154

Management ... 73 f
Markenidentität ... 36
Marketing ... 73f
Markt ... 73 f
Marktpotential ... 42
Masseur ... 124
Materialeinkauf ... 117
Materiallager ... 58
Mehrfachversicherung ... 139 f
Meldebestätigung ... 15, 20
Meldung
– Finanzamt ... 104
– SVA ... 17, 21
Mieterinvestitionen ... 172
Mietobjekt ... 171
– Rückgabe ... 172
Mietpreis ... 171
Mietrechtsgesetz ... 170
Mietvertrag ... 169 f
– Befristung ... 169
– Gebühren ... 170
– Geschäftsräumlichkeit ... 170
– Steuern ... 170
Mietvertrag, befristeter ... 170
Mietzins ... 172
Mindestbeitragsgrundlage
– GSVG ... 139
Mindestkörperschaftssteuer ... 108
Mindeststammkapital ... 159
Mindestumsatz ... 85 f
Mitarbeiter
– Anmeldung ... 16, 21, 25
– Anstellung ... 172
Mitarbeiter- und Selbstständigenvorsorge
– Mehrfachversicherung ... 140
Mitarbeiterfluktuation ... 103
Mitarbeiterrekrutierung ... 42
Mitarbeitervorsorgekasse ... 124
Mobile Gruppen ... 91
Monatsauswertung ... 94
Müllbeseitigung ... 128
Musterzeichnungserklärung ... 24, 169

Nachhilfelehrer ... 145
Nachschusspflicht ... 155
Nachtarbeit ... 125
Nächtigungsgeld ... 121
Nachtschwerarbeitsbeitrag ... 125
Nahrungsmittel ... 128
Netzwerk, soziale ... 54
Neuer Selbstständiger ... 106, 139, 145
NeuFö-Blätter ... 13, 18, 22
Neugründer
– Befreiungen ... 165
Neugründung
– Förderung ... 13
Neugründungsförderungsgesetz ... 14
Neukunde ... 103
Notar ... 145
Notariatsaktsform ... 24
Nutzenrelation ... 96

Offene Gesellschaft ... 157
Offene-Posten-Liste ... 95
Offenlegungspflicht ... 135, 162
OG
– Gründung ... 18
Online PR ... 54
OP-Liste ... 95
Ordnungsstrafe ... 152
Organ
– Bestellung ... 23
Organisation ... 73 f

Paragon ... 91
Parkmöglichkeit ... 49
Pauschalierung ... 89
Pauschalraten ... 62
Pensionsversicherung ... 113, 123
– Höherversicherung ... 142
Pensionsversicherungsbeitrag ... 107
Personalaufwand ... 75, 117
Personenbeförderung ... 128
Personengesellschaft ... 108, 155
Pflanzen ... 128
Pkw ... 121
Planbilanz ... 73
Pönalekosten ... 62
Positionierung ... 41, 43, 53, 55
Positionierungsstrategie ... 41
Praktikermethode ... 99
Preisauszeichnung ... 184
Preiskampf ... 29, 41
Preisminderung ... 181
Privatentnahme ... 52, 118
Privatkunde ... 133
Privatpatient ... 141
Probezeit ... 174

Produktangebot .... 73 f
Produkthaftung 179, 182
Produktion 73, 74
Produktivität 36, 103
Profitabilität 36
Projektsprechtag 154
Prüfungspflicht .... 159 f
Psychologe 145

Rauch 14
Rauchfangkehrerbetrieb 162
Rechnungsnummer 131
Rechnungswesen 88
Rechtsanwalt 145
Rechtsform 145, 155, 168
Regelmäßigkeit 146
Registrierkassenpflicht 90
Reglementiertes Gewerbe 147
Regressanspruch 182
Reisekosten 117, 120
Reisepass 15, 20
Repräsentationsaufwendungen 119
Reserve, private 60
Reverse-Charge Leistung 130
Risiken 74
Risiken, existenzielle 50
– Absicherung 50
Risiko, gesundheitliches 52
Risikovorsorge 50
– Maßnahmen 50
Rohertrag 87
Rohertragsplanung 84
Rückgabe
– Mietobjekt 172
Rücktrittsbelehrung 180
Rücktrittsrecht 183
– Haustürgeschäft 180
Rückzahlungsmodalitäten 62
Ruhepause 177

Sachaufwand 75
Sachbezug 124, 174
Sacheinlage 22
Sachleistungsberechtigte 142
Sachleistungsberechtigung 141
Saldenliste 95
Schifffahrtsunternehmen 145
Schlechtwetterentschädigungsbeitrag .. 125
Schriftsteller 89, 145
Schuldentilgungsdauer 102
Schuldnerverzug 182
Schwarzbeschäftigung 80
Schwerarbeit 125
Selbstanstellung 161
Selbstbemessungsabgabe 110
Selbstständigenvorsorge 113
– Beitrag 107
Selbstständigkeit 146
Seminar 54
Sollbesteuerungssystem 128
Sozialversicherung 104
Sozialversicherungsanstalt
– Meldung 106
Sozialversicherungsrecht 161
Sozialversicherungsvorschreibung 111, 113
Spesenverteiler 94
Spezialisierung 36
Staatsangehörigkeit 149
Staatsbürgerschaftsnachweis 15, 20
Stammkapital 22
– Bankbestätigung 169
Standort 47
Standortwahl .... 48 f
Staub 14
Stempelgebühr 13, 18, 23, 165
Steuerberater 145
– Buchhaltung 97
Steuerhinterziehung 135
Steuern 119
Steuernummer 21, 25
– Beantragung 17
Steuerrecht 160
Steuerschuld 128
Steuertarif 108
Steuervorschreibung .... 111 f
Stille Gesellschaft 164
Stornogebühr 182
Strafregisterbescheinigung 15, 20
Strategie 27
Struktur, betriebliche
– Schaffung 166
SVA-Vorauszahlung 107

Tabaktrafik 162
Taggeld 121
Teilgewerbe 147
Telefonkosten 117
Tierarzt 145

Tiere ... 128
Tierzucht ... 128
Treuepflicht ... 163
Trinkgeld ... 124
Trinkgeldpauschale ... 124

UID-Nummer ... 105, 132
Umsatz ... 75
Umsatz, steuerbefreiter ... 129
Umsatzentwicklung ... 75, 102
Umsatzplanung ... 73, 76 f, 84
Umsatzrentabilität ... 102
Umsatzsteuer ... 126 f
– Auslandsgeschäft ... 132
– Höhe ... 128
Umsatzsteuerbefreiung, echte ... 129
Umsatzsteuerbefreiung, unechte ... 129
Umsatzsteuererklärung ... 110
Umsatzsteuerpflicht
– Option ... 130
Umsatzsteuervoranmeldung . 105, 107, 129
Umsetzungsplanung ... 73 f
Unbedenklichkeitsbescheinigung ... 169
Unfallversicherung ... 113, 123, 166
– Höherversicherung ... 143
– Mehrfachversicherung ... 140
Unfallversicherungsbeitrag . 14, 18, 23, 107
Unternehmensblog ... 54
Unternehmensgründung ... 13, 28
– Ablauf ... 13
Unternehmensgründungsprogramm ... 66
Unternehmensorganisation ... 42
Unternehmensprofil ... 73 f
Unternehmenssitz ... 168
Unternehmer ... 127
– Voraussetzungen, persönliche ... 28
– Vorsteuerabzug ... 131
Unternehmereigenschaftten ... 44
Unternehmerortprinzip ... 134
Unterschriftenprobenblatt ... 105
Urlaubsgeld ... 176

Verbesserung ... 181
Verbraucherschutz ... 180
Verkaufspreis ... 32
Verkehrsanbindung ... 49
Verlustentwicklung ... 102
Vermögensschadenhaftpflicht-
versicherung ... 15, 20
Versandhandelsregelung ... 134
Verschwiegenheitspflicht ... 174
Versicherung ... 65
Versicherungsgeschäft ... 162
Vertrag
– Mindestlaufzeit ... 183
Vertragsbestandteil, unzulässiger ... 181
Vertragsrücktritt ... 179, 182
Vertretung ... 162
Vertriebswege, alternative ... 42
Voranmeldungszeitraum ... 107
Vorsorge ... 65
Vorstand ... 160
Vorstellungskosten ... 173
Vorsteuer ... 127, 129
Vorsteuerabzug ... 126, 129, 131
– Ausnahmen ... 130
Vorsteuerpauschale ... 131
Vorsteuerpauschalierung ... 130
Vortrag ... 54
Vortragender ... 145

Wahrheitspflicht ... 135
Wareneingangsbuch ... 92
Wareneinkauf ... 94, 117
Warenlager ... 58
Warenlieferung ... 127
Weihnachtsremuneration ... 176
Werbe-E-Mail ... 179
Werbung ... 41, 179
Wertgewinn ... 31, 34, 36
Wertsumme
– Erhöhung ... 32
– Schätzung ... 32
Wettbewerb ... 73 f
Wettbewerbsintensität
– Analyse ... 42
Wettbewerbsverbot ... 163, 174
Wirtschaftsgut, geringwertiges ... 120
Wohnbauförderungsbeitrag ... 14, 18, 23, 107, 123 f, 166
Wohnsitz ... 149
Wohnungsvermietung ... 128
Working Capital Ratio ... 102

Zahlung ... 183
Zahlungsaufschub ... 51

Zahlungsmittelüberschuss 97
Zahlungsschwierigkeiten,
vorübergehende 51
– Absicherung 51
Zahnarzt 145
Zeitaufwand 32
Zeitschriften 128
Zinsabsicherung 65
Zinsaufschlag 62
Zinsen 75
Zinsenzuschuss 66
Zinsindikator 63
Zinsreserve 81
Zinssatzobergrenze 62
Zinssatzuntergrenze 62
Zollamt 132
Zuflussprinzip 88
Zuschuss 66
Zuverlässigkeitsgewerbe 147, 150
Zuverlässigkeitsprüfung 150
Zwangsstrafe 152
Zwischenrechnung 51